Ernst Peter Fischer
Werner Heisenberg

Ernst Peter Fischer

Werner Heisenberg

Das selbstvergessene Genie

Mit 28 Abbildungen und einer Tabelle

Piper
München Zürich

Für einen Profi

ISBN 3-492-03855-7

Gesetzt aus der Times
Satz: Kösel, Kempten
Druck und Bindung: Ebner, Ulm
Printed in Germany

»Die Wissenschaft erzieht den Menschen
zum wunschlosen Streben nach Wahrheit
und zur Objektivität, sie lehrt Menschen,
Tatsachen anzuerkennen, sich wundern und
bewundern zu können, gar nicht zu reden
von der tiefen Freude und Ehrfurcht, die
die Gesetzmäßigkeit des Naturgeschehens
dem wahren Wissenschaftler schenkt.«

Lise Meitner

Inhalt

Anhang

Hinweis für Leser

Alle im Text erwähnten Wissenschaftler werden in einem biographischen Anhang kurz vorgestellt, ohne daß dies ausdrücklich angemerkt wird. So weit wie möglich soll auf Fußnoten verzichtet werden. Zitate im Text werden so ausführlich vorgestellt, daß sie mit Hilfe der Literaturangaben (im Anhang) gefunden werden können. Wenn zum Beispiel von einem Brief Heisenbergs an Pauli die Rede ist, wird es über die Angabe des Monats leicht möglich sein, die genaue Stelle (Seite) in dem »Wissenschaftlichen Briefwechsel« von Pauli zu finden (der wiederum im Anhang genannt wird). Die grundlegenden physikalischen Begriffe werden in einem Glossar erläutert.

Der Autor dankt der Familie von Martin Heisenberg für ihre großzügige Gastfreundschaft und viele offene Gespräche in einer stimulierenden Atmosphäre. Die Charakterisierung von Werner Heisenberg als selbstvergessen und sein Festhalten an unverwundbaren Freundschaften sind bei dieser Gelegenheit zur Sprache gekommen.

Vorspiel

»Die Bahn entsteht erst dadurch, daß wir sie beobachten«

»Einem gelang es, – er hob den Schleier
der Göttin zu Sais – Aber was sah er?
Er sah – Wunder des Wunders – Sich Selbst.«
Novalis

»Die Bahn entsteht erst dadurch, daß wir sie beobachten.« Nur ein kurzer Satz, den der fünfundzwanzigjährige Werner Heisenberg im Februar 1927 in einem langen Brief an seinen fast gleichaltrigen Kollegen Wolfgang Pauli zu Papier bringt. Aber Heisenberg unterstreicht die Worte eigens, um ihre besondere Bedeutung hervorzuheben, und tatsächlich verbirgt sich in dem als Titel verwendeten Satz eine der wundersamsten Wendungen der modernen Wissenschaft. Sie wird von Menschen vollzogen, die in dem Alter sind, in dem auch Mozart und Schubert ihre großen Werke komponieren. Mit bürgerlichen Maßstäben gemessen gelten sie mehr als Jugendliche denn als Erwachsene. Den kindlich wagemutigen Forschern und ihren Taten gilt es in diesem Buch nachzuspüren und nachzudenken.

In dem zitierten Brief spricht Heisenberg von der Physik. Die Bahn, von der er redet, steht einem Elektron zur Verfügung, das sich im Innersten der materiellen Welt – also in einem Atom – bewegt. Die beiden jungen Theoretiker tauschen ihre Gedanken vor dem damals zwar in wissenschaftlichen Kreisen schon an Ansehen verlierenden, trotzdem aber bis heute unter Laien weitverbreiteten Bild aus, auf dem Elektronen als winzige und punktförmige Elementarteilchen zu sehen

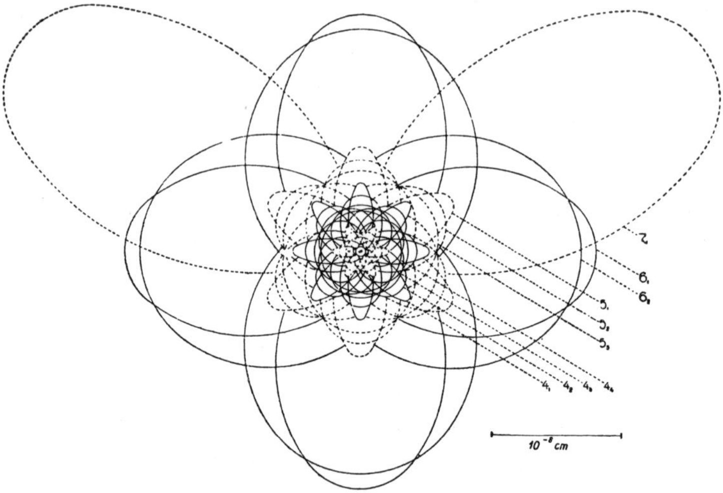

Radium (88)

Abbildung 1: Ein traditionelles Atommodell.
Die Physiker haben bis zum Beginn des 20. Jahrhunderts gebraucht, um sich über die Existenz von Atomen klarzuwerden. Danach fingen sie an, Modelle dieser kleinsten und als unteilbar gedachten Bausteine zu kreieren. Dabei galt es positive und negative Ladungen (Elektronen) zu verteilen. Zunächst glaubte man, die Elektronen trieben sich wie Rosinen im (noch nicht gebackenen) Kuchenteig umher. Doch in Experimenten vor dem Ersten Weltkrieg wurde klar, daß Atome nicht unteilbar, sondern zweigeteilt sind. Sie verfügen über Kern und Schale, wobei die Schale aus Elektronen besteht, von denen man sich vorstellte, daß sie um den Kern rotierten wie die Planeten um die Sonne. Man versuchte, die Bahnen der Elektronen zu berechnen, und störte sich nicht daran, daß das ganze Modell philosophisch äußerst unbefriedigend ist, wie Heisenberg schon in ganz jungen Jahren anmerkte. Schließlich will ein Physiker zuletzt den Kosmos verstehen, in dem er lebt, und das heißt zunächst, er will erklären, wie das Sonnensystem zustande gekommen ist und stabil bleibt. Was aber taugt eine Erklärung, die mit dem beginnt, was am Ende herauskommen soll?

sind, die einen im Vergleich dazu mächtigen Atomkern umlaufen (Abb. 1). Atomkerne hatten von Natur aus einen Ort, und Elektronen hatten von Natur aus eine Bahn, wie man zu Beginn des 20. Jahrhunderts dachte, und beide galt es so genau wie möglich zu berechnen. Dies gehörte zu den Aufgaben der in den frühen zwanziger Jahren tätigen Physiker, und an den Versuchen zu ihrer Lösung beteiligten sich auch die jugendlichen Herren Pauli und Heisenberg, die beide offenbar wesentlich talentierter als ihre meist älteren Kollegen waren und die Fachwelt in höchstes Staunen versetzten. Sie und die anderen erkannten bei ihren Bemühungen bald, daß den Atomen keinesfalls mit den traditionellen Mitteln der klassischen Physik beizukommen war und statt dessen völlig neue Lösungen gebraucht wurden. Es galt den angestammten Boden der Tradition aufzugeben, in ein anderes Land aufzubrechen und einen neuen Kontinent zu suchen. Die jungen Physiker fühlten sich ein wenig wie Christoph Kolumbus, als er sich auf die Suche nach einer Welt im Westen und einen Weg dorthin machte. Sie bewunderten dabei vor allem seine mutige Entscheidung, nicht umzudrehen, sondern weiterzusegeln und die eingeschlagene Route auch dann noch einzuhalten, als der mitgeführte Proviant nicht mehr reichte, um die Rückkehr in den Heimathafen antreten zu können.

Es war dann Heisenberg, der im Frühjahr 1925 – also im Alter von 23 Jahren – genügend Entdeckermut für eine geistige Abenteuerfahrt aufbrachte und den ersten entscheidenden Schritt tat, der seine Wissenschaft in eine phantastische neue Innenwelt führte. Mit diesem Wort ist nicht nur das Innere der real vorliegenden und faßbaren Welt gemeint, in dem die Wissenschafter auf die Atome und ihre unvorstellbare Winzigkeit stoßen (Tab. 1). Mit der Innenwelt ist vor allem gemeint, daß derjenige, der mit seinen Gedanken versucht, den sich hier befindenden Dingen auf den Grund zu gehen,

Tabelle 1: Die Winzigkeit der Atome – Schritte zu ihrer Welt

Objekt	Größenordnung	Meterangaben	
	Sichtbar		
Mensch	Meter	10^{0}	1
Hand	Dezimeter	10^{-1}	0,1
Fingerkuppe	Zentimeter	10^{-2}	0,01
Fingernagelrand	Millimeter	10^{-3}	0,001
Pore in der Haut	100 Mikrometer	10^{-4}	0,0001
	Zwar unsichtbar, aber anschaulich		
Zelle in der Haut	10 Mikrometer	10^{-5}	0,00001
Zellkern	1 Mikrometer	10^{-6}	0,000001
Chromosom	100 Nanometer	10^{-7}	0,0000001
DNA-Faden	10 Nanometer	10^{-8}	0,00000001
DNA-Baustein	1 Nanometer	10^{-9}	0,000000001
	Unanschaulich, aber berechenbar		
Elektronenhülle	100 Picometer	10^{-10}	0,0000000001
innere Elektronen	10 Picometer	10^{-11}	0,00000000001
nichts Materielles	1 Picometer	10^{-12}	0,000000000001
Atomkern von ferne	100 Femtometer	10^{-13}	0,0000000000001
nah am Atomkern	10 Femtometer	10^{-14}	0,00000000000001
Proton im Kern	1 Femtometer	10^{-15}	0,000000000000001

mit dieser Aufgabe nur zurechtkommt, wenn er nicht in dem materiellen Innenraum und seiner Tiefe steckenbleibt, sondern auf dessen Grund den Zugang zu einem geistigen Innenraum findet. Genau dies ist Heisenberg gelungen, und er hatte den Mut, weiterzugehen und den neuen Raum zu betreten, obwohl es dort nur unanschauliche und sogar unwirkliche Größen gab. Der Kolumbus der Innenwelt wurde dadurch nicht verstört, denn welches andere Attribut als »unanschaulich«

konnte in dem neu entdeckten Bereich zur Anwendung kommen, in dem es kein Licht gab, das dem menschlichen Auge vertraut sein konnte?

Heisenberg war ganz allein, als er das lange gesuchte Tor zur Physik der Atome nicht nur finden, sondern auch öffnen und durchschreiten konnte. Heisenberg bereitete dabei den Grund für ein Unternehmen, das heute Quantenmechanik heißt und zu den wichtigsten Entwicklungen der Moderne zählt, und zwar nicht zuletzt deshalb, weil – überspitzt ausgedrückt – ein großer Teil der Volkswirtschaft davon abhängt. Ohne die Quantenmechanik gäbe es keine Mikrochips, ohne Mikrochips gäbe es keine Computer, mit denen wir heute umgehen, und wie die Welt ohne diese Maschinen und die dazugehörige Industrie aussehen würde, kann sich jeder selbst ausmalen. Er wird dabei sehen, wieviel anschauliche Wirklichkeit wir der unanschaulichen Quantenwelt verdanken.

Die Quantenmechanik bestimmt also die Welt, in der wir leben, umfassend und tiefgreifend zugleich, und allein aus diesem Grund ist immer wieder erstaunlich, wie wenig die Öffentlichkeit und ihre Meinungsmacher von den wissenschaftlichen Gedanken kennen und den Personen wissen, denen wir sie verdanken. Die Quantenmechanik hat nicht nur nachhaltige politische und ökonomische Konsequenzen, sie bringt auch ungeheure wissenschaftliche und philosophische Folgen mit sich, auf die es einzugehen gilt, wobei nicht eigens betont werden muß, daß sein Entdecker von alledem so wenig ahnen konnte wie Kolumbus von der Größe des Landes, das er nach seiner Ankunft in Amerika (dem »Indien« seiner Vorstellung) betreten hatte, und der Entwicklung, die es nehmen würde.

Das innere Amerika

Es ist wichtig, sich von Anfang an klarzumachen, daß die Quantenmechanik, die Heisenberg möglich gemacht hat, in der Geschichte der Physik etwas ganz Besonderes, etwas ganz Außergewöhnliches darstellt, das noch nicht seinesgleichen gefunden hat und das, meiner Ansicht nach, auch über gute Chancen verfügt, für lange Zeit etwas wunderbar Außergewöhnliches zu bleiben. Das Aufkommen der Quantenmechanik ist ein wahrhaft singuläres Ereignis, das sich von anderen großen Fortschritten in der Physik deutlich unterscheidet.

Als ein traditionelles Beispiel kann die Entwicklung der Relativitätstheorie durch Albert Einstein herangezogen werden, bei deren Aufstellung es darum ging, die Bewegungsgleichungen, die Isaac Newton im 17. Jahrhundert aufgestellt hatte, so zu verändern, daß sie dem Licht gestatten, sich mit einer konstanten Geschwindigkeit durch den leeren Raum zu bewegen, und zwar so, daß dies für alle Beobachter zutrifft. Die Aufgabe ist zwar ungeheuer schwierig, sie verlangte zudem außergewöhnlich viel kreative Phantasie und intellektuelle Geduld, und Einstein, der sie bewältigt hat, gehört ohne Zweifel zu den Legenden seiner Zunft. Doch trotz alledem: Einsteins Lösungen – die sogenannten Relativitätstheorien, die es in einer speziellen und in einer allgemeinen Form gibt – verlassen den äußeren Boden, auf dem seine Vorgänger gestanden haben, an keiner Stelle. Was Einstein erkennt und als Naturgesetz aufschreibt, kann mit den gleichen Größen formuliert werden, mit denen auch Newton gearbeitet hat. Wie seine Vorgänger handelt Einstein von Massen, er rechnet mit Durchmessern, er fügt Kräfte und Geschwindigkeiten ein, er addiert und multipliziert Zahlen, er zieht Quadratwurzeln aus ihnen – alles Größen und Verfahren, die sämtlich aus dem anschaulichen und gängigen Alltag bekannt und insofern der uns umgebenden physikalischen oder praktischen Wirklichkeit entnommen sind.

In der Quantentheorie reicht das vorne und hinten nicht. Und das Land, das man wirklich verlassen muß, das Heisenberg mutig und entschlossen als erster verlassen hat, ist das Land der konkreten Anschaulichkeit und der äußeren Wirklichkeit. Wer Atome erfassen will, muß auf die raum-zeitliche Beschreibung verzichten, die der Physik nicht nur viele Jahrhunderte hindurch treue Dienste geleistet hat, sondern die auch allen Menschen erstens ganz selbstverständlich vorkommt und zu der es zweitens keine Alternative geben kann – wenigstens nicht auf den ersten Blick. Was kann es denn anderes bei den Atomen – oder sonstwo auf der Welt – geben als objektive Vorgänge, die in Raum und Zeit ablaufen und bei denen sich Gegenstände in Raum und Zeit bewegen? Und was soll uns daran hindern, dieses von uns unabhängige – also objektive – Geschehen durch die Berechnung zum Beispiel von Bahnen zu erfassen?

Genau hier machte Heisenberg die entscheidende Entdeckung. Als er seine »innere« Reise nach Westen antrat, fand er etwas anderes. Er landete auf mathematischen Gefilden, in denen sich Gesetze fanden, die an unsere Realität heran- und in sie hineinreichen, ohne die Wirklichkeit selbst zu sein, die wir vor Augen und Ohren haben (Abb. 2). Die Quantentheorie bestimmt unsere physikalische Welt, ohne ihr mehr als symbolisch anzugehören; sie wirkt auf uns ein aus dem neuen Bereich, den die Physiker erkundeten, nachdem Heisenberg dort eingedrungen war und erste Schritte tun konnte.

Mit anderen Worten: Die Gesetze der Atome werden nicht mit wirklichen Gegebenheiten, sondern mit unwirklichen Gebilden formuliert, die uns bestenfalls als Symbole zur Verfügung stehen und also auf etwas hinweisen, was dahinter liegt und sich unseren äußeren Sinnen entzieht. Wenn es bis heute schwierig ist, solch eine Erklärung zu akzeptieren, wie merk-

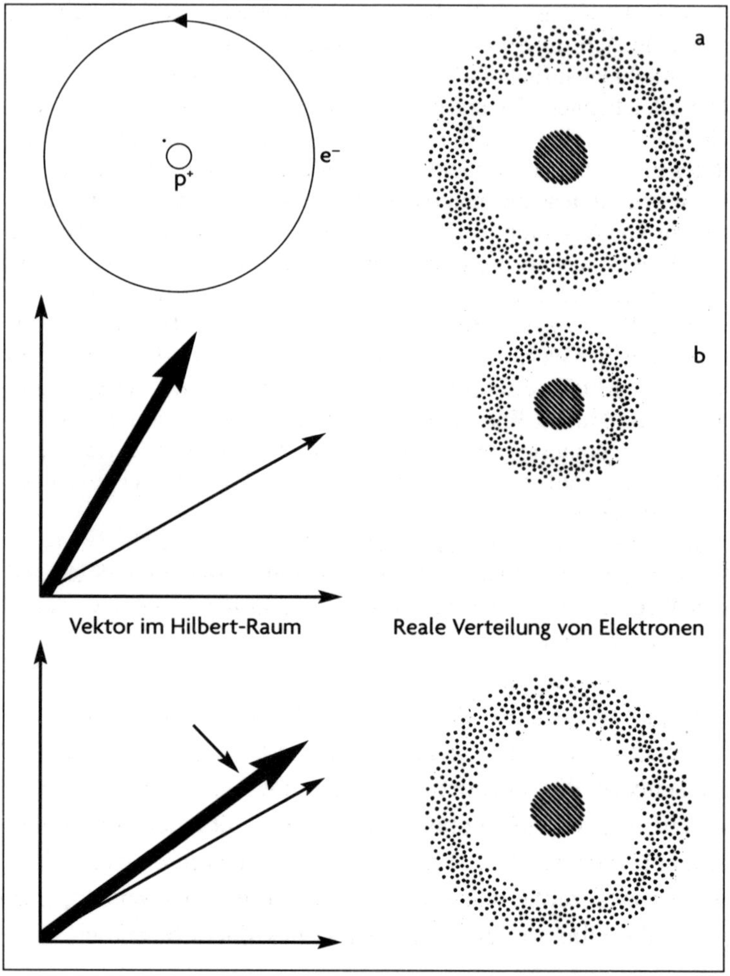

Abbildung 2: Der Hilbert-Raum und seine Vektoren.
Ein Wasserstoffatom sieht im ursprünglichen Modell nach Bohr (1912/13) wie ein kleines Planetensystem aus (vgl. Abb. 1). Das negativ geladene Elektron (e^-) umkreist den positiv geladenen Kern, der in diesem Fall aus einem Proton besteht (p^+). Heisenberg entdeckte dann, daß ein Quantenteilchen gar keine Bahn hat (womit sich auch die Frage anders stellt, was für ein Nichts da zwischen der Bahn und

dem Ort des Kerns ist). Nach der neuen Quantenmechanik gibt es nur einen Bereich, in dem sich das Elektron mit berechenbarer Wahrscheinlichkeit aufhält. Dies gilt ebenso für das Proton (a).

Die Gleichungen der neuen Quantenmechanik handeln nicht von Größen der realen Welt, die sich messen und durch Zahlenwerte ausdrücken lassen. Sie handeln von Gebilden (Funktionen), die in abstrakten Räumen mit imaginären Dimensionen definiert sind. Man spricht von Vektoren in Hilbert-Räumen (b). Eine reale Verteilung von Elektronen im dreidimensionalen Raum unserer Anschauung kann in solch einem mathematischen Raum durch einen Pfeil erfaßt werden. Wenn er sich dreht oder anders bewegt, ändert sich das Geschehen in der Welt, in der wir leben. Was im Hilbert-Raum mit dem Vektor geschieht, erfolgt nach den strengen Gesetzen der Quantenmechanik. Was in Wirklichkeit geschieht, kann nur durch eine zusätzliche Operation mit dem Vektor ermittelt werden. Dabei treten die Elemente auf, die sich zum Beispiel als Wahrscheinlichkeit bemerkbar machen.

Man sollte sich nicht wundern, daß die Atomphysik anders ist als die klassische Physik. Man sollte sich vielmehr wundern, daß jemand den Weg in diesen seltsamen Raum gefunden hat, an dem unsere Wirklichkeit hängt.

würdig muß sich erst derjenige gefühlt haben, der dies als erster erkannt und ganz sicher gewußt hat, daß er recht hat? Als Heisenberg die angedeutete transzendente Welt entdeckte, konnte er eine philosophische Erfahrung mit einem sinnlichen Erlebnis verknüpfen, wie noch erläutert werden wird. Wir wissen zwar nicht, wie er den Weg dorthin finden konnte, aber wir sollten ihn vielleicht um sein Glück dabei beneiden.

Herz über Kopf

Als die Quantentheorie entstand, zirkulierten unter den beteiligten Physikern Begriffe wie »Schock«, »Wahnsinn« und »Schwindel«, und die zentrale väterliche Mitte der grandiosen

Geschichte, der Däne Niels Bohr, sagte jedem, der es hören wollte, daß derjenige, der nicht verrückt würde, wenn man ihm die Quantentheorie erklärt, sie nicht verstanden habe. Selbst als am Ende des 20. Jahrhunderts die so bezeichnete Atomphysik millionenfach experimentelle Bewährungsproben glänzend bestanden hatte und längst Lehrbuchstoff, Geschäftsgrundlage und mehr geworden war, hat einer ihrer prominentesten Vertreter, der legendäre Physiker Richard Feynman, zugegeben, daß er mit der Quantenmechanik zwar umgehen und nahezu alle sich stellenden Probleme mit ihren Vorgaben lösen könne, daß er aber bei alledem das Gefühl nicht loswerde, sie nicht verstanden zu haben.

Wer daraus den Schluß ziehen will, daß derjenige wahrscheinlich kein großes Risiko eingeht, der behauptet, es gebe dann wohl niemanden, der die Quantenmechanik versteht – wer diesen Schluß zieht, scheint auf den ersten Blick recht zu haben. Doch vielleicht ist es ratsam, Vorsicht walten zu lassen und genauer zu fragen, was »verstehen« heißen soll und »womit« jemand verstehen will. Die Atomphysik läßt sich sehr gut mit dem mathematischen Kopf verstehen, wie Heisenberg gesagt haben könnte, ohne daß dabei das Herz folgen kann. Dies betrifft auch die Relativitätstheorie von Einstein, deren Formeln einem geschulten Physiker keine Probleme bereiten, ohne daß sich ihm damit zugleich die tiefere Bedeutung erschließt und ihm quasi von selbst einleuchtet, warum es so etwas wie Gleichzeitigkeit nicht mehr geben kann, warum ein Raum sich ändern soll, wenn Massen auftauchen, oder warum es mit der Lichtgeschwindigkeit eine obere Grenze gibt, die nicht überschritten werden kann.

Wie kann man die Quantentheorie dem Herzen zugänglich machen? Diese Frage stellt sich jedem, der über die Atome oder die Physiker schreibt, die deren seltsame Gesetze in imaginären Welten zu Gesicht bekommen und formelhaft zu Papier gebracht haben. Schon länger wird von ihnen der Verdacht geäußert, daß die Beschreibung der Atome nur in Bildern und Gleichnissen gelingen kann, also mit den Formen der Dichtung. Damit wird ein Vorwurf gegen die Literatur erhoben, der an dieser Stelle laut und deutlich wiederholt werden soll. Schließlich kann es nicht angehen, daß die Naturwissenschaften in deutschen Landen von den Sprachkünstlern dauernd allein gelassen werden. Als die Quantenphysiker ihre neuen, eigentümlichen Gesetze erkundeten, fanden die handelnden Physiker nicht nur kein philosophisches System, das sie auf diese Situation hätte vorbereiten können – die zeitgenössischen Denker meinten darüber hinaus, andere Fragen seien wichtiger. Die Quantenmechanik braucht aber sowohl die Hilfe der schönen Künste als auch die ihrer Deuter, und es kann gar nicht genug Versuche der oftmals als Geisteswissenschaft bezeichneten *anderen Kultur* geben, die dazugehörige Lektion der Atome in einer geeigneten Form als gestaltete Wissenschaft zu präsentieren, die der öffentlichen Wahrnehmung zugänglich ist. Heisenberg selbst hat am Ende seines langen Essays über die »Ordnung der Wirklichkeit« versucht, das Wesentliche seiner Fragestellung mit den Mitteln der Märchen zu beantworten, und geschrieben:

»Auf die Frage, wie denn die Wirklichkeit eigentlich sei, kann man daher kaum anders antworten als auf die alte Frage im Märchen: ›Wie lange dauert denn die Ewigkeit?‹ ›Am Ende der Welt steht ein Berg, ganz aus Diamant, und alle hundert Jahre fliegt ein Vögelchen dorthin und wetzt seinen Schnabel, und wenn der ganze Berg abgetragen ist, dann wird erst eine Sekunde der Ewigkeit vergangen sein.‹«

Der Beobachter und sein Beobachter

Der Rückgriff auf Märchen und Geschichten bei der Darstellung der Atome verrät, was weiter mit der Quantenmechanik zu Ende gegangen ist, nämlich der Traum, es könne eine objektive Beschreibung der Wirklichkeit geben, in der das Subjekt – der Beobachter – nicht auftaucht. Beide getrennt hatte der französische Philosoph René Descartes, als er im 17. Jahrhundert in die Wissenschaft den tiefen Schnitt zwischen der materiellen und der geistigen Welt einführte und das Ganze damit so sehr verletzte, daß wir heute noch an der philosophischen Verletzung leiden und die Wirkung ihrer Wunden bis heute spüren. Erst mit dem Aufkommen der Atomphysik im 20. Jahrhundert wird der erste konkrete Schritt unternommen, den Schaden zu reparieren. Mit der Quantentheorie wird deutlich, daß auch in der Naturwissenschaft nicht vom Einfluß des beobachtenden Subjekts abgesehen werden kann. Es geht Heisenberg und seinen Kollegen wie Heinrich von Ofterdingen, dem Helden des gleichnamigen Romans von Novalis, der beim Gang in ein Bergwerk – also beim Erkunden des Erdinneren – ein Buch findet, in dem seine eigene Geschichte erzählt wird. Im Innersten der Atome findet man keine objektiven Fakten mehr, sondern sein eigenes Wirken. Die Physik handelt eben mehr vom menschlichen Wissen von Atomen und weniger von diesen selbst, und Heisenberg und Pauli sind die ersten Physiker, die dies verstehen und sich gegenseitig klarzumachen versuchen. Schließlich war es diese zunächst überraschende Einsicht, die Heisenberg in dem eingangs zitierten Brief an Pauli formuliert hat, wobei festzuhalten ist, daß Pauli schon vor Heisenberg vermutet hat, was der jüngere Gesprächspartner dann tatsächlich nachweisen und von den Grundlagen einer neuen Theorie her verständlich machen konnte: *»Die Bahn [eines Elektrons] entsteht erst dadurch, daß wir sie beobachten.«*

Ein Wissenschaftler ist ein Beobachter der Dinge, und der Biograph eines Wissenschaftlers beobachtet diesen Beobachter. Er könnte somit – besonders im Falle Heisenberg – für sich reklamieren, das gleiche tun zu dürfen, nämlich zu behaupten, daß es die Lebensbahn des Physikers ohne ihn, den Biographen, gar nicht gibt, daß sie erst dadurch entsteht, daß er sie verfolgt und beschreibt. Er sollte diesen Aspekt seines Tuns auf jeden Fall im Auge behalten und auch wissen, daß solch ein literarisches Spiel mit Heisenberg (und Bohr) schon auf wunderbare Weise gespielt worden ist, und zwar in dem Drama »Copenhagen« des englischen Schriftstellers Michael Frayn (Abb. 3). Frayn konzentriert sich auf ein Treffen von Heisenberg mit Bohr, bei dem es im Zweiten Weltkrieg um die Möglichkeit der Physiker ging, Atomwaffen zu bauen. Die Historiker – also die um Objektivität bemühten Wissenschaftler – können aufgrund der recht dürftigen Quellenlage nicht klären, was die beiden maßgeblichen Physiker ihrer Zeit besprochen haben, die einmal sehr eng befreundet waren, dann aber an einem Punkt ihrer Biographien zwei Nationen angehörten, die sich im Krieg befanden, nachdem die Deutschen Dänemark überfallen und besetzt hatten. Das Gespräch zwischen Bohr und Heisenberg ist von ungeheurer persönlicher, wissenschaftlicher, moralischer und politischer Brisanz, und deshalb schlägt für Frayn an dieser Stelle die Stunde der Literatur. Nur sie kann mit ihrem Formenreichtum herauszufinden versuchen, was Bohr und Heisenberg wirklich miteinander beredet haben, denn nur die Kunst hat die Freiheit, alle möglichen Konstellationen und denkbaren Argumente durchzuspielen, wie dies im Theaterstück auch passiert. Es sind dabei Bohr und Heisenberg persönlich, die sich selbst zu verstehen bemühen, indem sie ihre Handlungen – »now we're all dead and gone« – von einer anderen Welt aus – vom Totenreich her – beobachten, und es ist klar, daß sie scheitern werden,

Abbildung 3: Buchumschlag der Textausgabe von »Copenhagen« mit dem Bild von Heisenberg

vor allem aufgrund der Entdeckung, die Heisenberg berühmt gemacht hat und die als Relation der Unbestimmtheit oder der Unschärfe später noch unsere Aufmerksamkeit erfordern wird.

Zum Witz des Dramas gehört natürlich die Tatsache, daß die Zuschauer im Theater als Beobachter die Beobachter beobachten, die sich beobachten. Eine hoffnungslos verwickelte labyrinthische Lage, für die es aber einen eleganten Ausweg gibt, nämlich den, sich in eine der handelnden Personen zu versetzen. Wer dies tut, versteht besser, was der bislang nur Beobachtete denkt und sagt, bzw. er oder sie bemerkt zugleich, daß es mehr von dem zu verstehen gilt, was die anvisierte Person denkt und sagt. Obwohl Bohrs große moralische Autorität außer Frage steht und der Heisenberg auf der Bühne viel damit zu tun hat, sich gegen Vorwürfe zu verteidigen, die weniger seine Person und mehr sein nationalsozialistisch beherrschtes Land betreffen, wird der Zuschauer immer neugieriger auf diesen Deutschen, dem Frayn das Schlußwort überläßt. In ihm darf Heisenberg seine erstaunlichste wissenschaftliche Leistung in Erinnerung bringen und von »that final core of uncertainty at the heart of things« sprechen, von dieser Unbestimmtheit im Herzen der Dinge, die so charakteristisch für das menschliche Leben ist.

Wer als Biograph hofft, daß er Zugang zu Heisenberg findet, daß sich ihm sein Herz öffnet, muß sich zunächst selbst öffnen. Heisenbergs Leistung ist zu groß, um durch den Kleinkram und all die Nebensächlichkeiten verstellt zu werden, die Biographen gerne in aller Ausführlichkeit anführen.

Stationen der Lebensbahn

Wenn eben davon die Rede war, daß *wir* es sind, die Heisenbergs Bahn so bestimmen, wie *er* es war, der die Bahn eines Elektrons bestimmt hat, so muß doch erwähnt werden, daß damit kein völliger Freibrief erteilt wird. Kein Physiker kann das ändern, was sich an einem Elektron messen läßt. Und kein Biograph kann etwas an den Daten ändern, die Heisenbergs Lebensweg markieren. Seine wichtigsten Stationen sollen jetzt vorgestellt werden, um zu verdeutlichen, in welchem Umfeld sich die folgende Geschichte abspielt:

Werner Heisenberg wird am 5. Dezember 1901 in Würzburg geboren, und dort verbringt er seine Kindheit und die ersten Schuljahre. Es gibt noch einen drei Jahre älteren Bruder Erwin, und beide lernen durch ihren Vater August das Denken eines säkularisierten Protestantismus kennen. Im Jahr 1910 zieht die Familie nach München, weil August Heisenberg Professor für Byzantinistik an der Universität der bayerischen Landeshauptstadt wird. Von 1911 an besucht Heisenberg das humanistische Max-Gymnasium, wobei die kommenden neun Jahre äußerlich durch den Ersten Weltkrieg mit seiner tiefgreifenden Zerstörung der alten europäischen Ordnung und 1918/19 durch den gescheiterten Versuch zur Errichtung einer bayerischen Räterepublik gekennzeichnet sind. Als eine Folge dieser massiven gesellschaftlichen Unruhe entsteht die sogenannte Jugendbewegung, zu der Heisenberg als sehr aktives Mitglied beiträgt, zum Beispiel als Führer einer Jungengruppe und als Mitglied der sogenannten Neupfadfinder. Er verbringt viel Zeit in Zeltlagern und beim Wandern mit den Kameraden in den Bergen, richtet eine Almhütte ein und entwickelt große Geschicklichkeiten als Skiläufer (zu einer Zeit, in der es weder gewalzte Pisten noch die darauf abfahrenden Touristenströme gab).

1920 entscheidet sich Heisenberg – trotz seiner überragenden Fähigkeiten am Klavier und einer tiefen inneren Beziehung zur Musik – zum Studium der Physik, mit dem er an der Universität München beginnt; sein Lehrer ist der berühmte Arnold Sommerfeld, in dessen Seminar er Wolfgang Pauli kennenlernt, der damals bereits als Wunderkind betrachtet wird. Sommerfeld erkennt im ersten Semester das ebenfalls erstaunliche Talent Heisenbergs und ermutigt ihn zu frühen selbständigen Arbeiten, die im Dezember 1921 zu einer ersten fachlichen Publikation führen. Im kommenden Jahr lernt Heisenberg den damals überaus berühmten und von allen bewunderten Dänen Niels Bohr bei Vorträgen in Göttingen kennen, und er hat das Gefühl, daß mit den Gesprächen, zu denen es im Anschluß an Bohrs Seminare kommt, seine eigene und eigentliche wissenschaftliche Entwicklung beginnt. In den kommenden Jahren hält sich Heisenberg vor allem in Göttingen und Kopenhagen auf. 1924 gelingt ihm das, was Wissenschaftshistoriker als den Durchbruch zur Quantenmechanik bezeichnen. Heisenberg erschließt der Physik eine völlig neue Dimension. 1925 erscheinen seine entsprechenden Arbeiten, die zum Teil gemeinsam mit Max Born und Pacual Jordan verfaßt werden. In der folgenden Zeit arbeitet Heisenberg als Assistent bei Bohr in Kopenhagen, und in den intensiven Diskussionen der beiden Physiker wird die sogenannte Kopenhagener Deutung der neuen Physik geboren, zu der Heisenberg das beiträgt, was in die allgemeine Folklore eindringt – nämlich die Unbestimmtheits- oder Unschärferelation (Abb. 4 und 5).

In den kommenden Jahren, die Heisenberg als Professor für Theoretische Physik in Leipzig sehen, gelingen ihm viele Anwendungen der neuen Physik – etwa bei der Erklärung von Eigenschaften des Atomkerns oder bei der Deutung magnetischer Qualitäten von festen Körpern. Doch die Tage des un-

Abbildung 4: Kaffeedose mit »Werner Karl Heisenberg's Uncertain Blend« von Trader Joe's.
Diese Kaffeesorte gab es in den siebziger Jahren in den USA tatsächlich zu kaufen. Heisenbergs zweiter Vorname, der die amerikanische Version seines Namens zu Werner K. Heisenberg machte, sollte an den jüngeren Bruder seiner Vaters erinnern, der eine seltsame Karriere gemacht hat. Zuletzt lebte Onkel Karl in den USA, wo er eine Fabrik für Uniformknöpfe gründete und reich wurde. Werner hat in Notzeiten von dem reichen Onkel aus Amerika profitieren können.

Abbildung 5: Ein Cartoon von S. Harris zum »Uncertainty Principle«

beschwerten wissenschaftlichen Abenteuers sind gezählt. Als Heisenberg im Dezember 1933 in Stockholm den Nobelpreis für Physik (übrigens für das Jahr 1932) entgegennehmen darf, sind in seiner Heimat die Nationalsozialisten an der Macht. Sie ersticken in den kommenden Jahren nahezu jedes geistige Leben in Deutschland – vor allem dann, wenn es sich nicht ihren ideologischen Verfügungen beugte –, üben brutalen Terror gegen Andersdenkende aus und organisieren zuletzt den Holocaust. Mit der Machtergreifung der Nazis beginnen für Heisenberg schwierige und einsame Jahre, weil er sich nicht zur Emigration entschließen kann. Ein Grund für sein Verharren in Deutschland ist die Familie, die er mit Elisabeth Schumacher gründet. Die beiden heiraten 1937 und bekommen insgesamt sieben Kinder. 1939 – kurz vor Beginn des Zweiten Weltkriegs – kauft Heisenberg in Urfeld am Walchensee in Bayern ein Sommerhaus, das der Familie als Zufluchtsort dienen soll und bald auch wird.

Seit 1939 steht die Physik im Zeichen der Atomenergie und der Frage, ob und wie sie durch Kernspaltung genutzt werden kann, und zwar nicht für friedliche Zwecke. Heisenbergs Versuch, darüber mit Bohr in Kopenhagen zu sprechen, scheitert kläglich und sorgt für Unruhe. Heisenberg ist der führende Theoretiker in der deutschen Kernforschung. Es ist seine Aufgabe, den nationalsozialistischen Rüstungsminister zu informieren. Bald wird Heisenberg zum Direktor am Berliner Kaiser-Wilhelm-Institut für Physik ernannt, einem der wichtigsten Einrichtungen zur Atommeilerforschung. Während die Familie in Urfeld bleibt, übernimmt Heisenberg in den vierziger Jahren immer mehr Verpflichtungen und Posten im weit entfernten Berlin. Trotzdem: Eine Atombombe bauen die Nazis nicht, und als Heisenberg nach der Kapitulation zusammen mit neun anderen deutschen Kernforschern auf einem englischen Landsitz (Farm Hall) interniert ist und durch die BBC-Nachrichten vom Abwurf der amerikanischen Atombomben auf Hiroshima und Nagasaki erfährt, reagiert er zunächst überrascht und ungläubig – aus wissenschaftlichen Gründen.

1946 läßt sich Heisenberg zunächst in Göttingen nieder, wo er die Direktion des Kaiser-Wilhelm-Instituts für Physik übernimmt, das bald in das entsprechende Max-Planck-Institut umbenannt wird (und heute zusätzlich seinen Namen trägt). Heisenberg übernimmt in den Nachkriegsjahren zahlreiche Verpflichtungen – unter anderem als Vorsitzender der Kommission für Atomphysik in der Deutschen Forschungsgemeinschaft und als Präsident der Alexander-von-Humboldt-Stiftung. 1957 schließt sich Heisenberg der Öffentlichen Erklärung von 18 Göttinger Naturwissenschaftlern gegen die (geplante) Aufrüstung der Bundesrepublik Deutschland mit Atomwaffen an. In seinem wissenschaftlichen Spätwerk bemüht er sich – so vergeblich wie Einstein – um die Aufstellung einer einheitlichen Feldtheorie. Von einer skeptisch bleibenden Öffentlichkeit aufmerksam registriert wird sein Vorschlag einer »Weltformel«, die von den Kollegen allerdings wenig beachtet wird. Im Jahr der Weltformel – 1958 – zieht er mit seiner Familie und seinem Institut nach München um, wo er bis 1976 lebt, als er durch ein Krebsleiden stirbt. 1969 erscheinen seine Erinnerungen unter dem Titel »Der Teil und das Ganze«, die er im Geiste der altgriechischen Philosophie in dialogischer Form verfaßt. Am Ende der »Gespräche im Umkreis der Atomphysik« drückt Heisenberg seine Hoffnung aus, daß sich immer wieder im Leben »das Vertrauen in die zentrale Ordnung überall gegen Kleinmut und Müdigkeit durchsetzt«. Ohne dieses Vertrauen konnte Heisenberg nicht leben.

1.
Der kreative Physiker

»Die Fähigkeit der Menschen,
zu verstehen, ist unbegrenzt.
Es wird keinen Bereich der Wirklichkeit geben,
in dem der menschliche Geist
nicht doch einen Weg finden wird.«
Werner Heisenberg

Als Werner Heisenberg 1901 geboren wurde, rückten die Atome in das Zentrum der wissenschaftlichen Aufmerksamkeit. Die Physiker konnten zum ersten Mal in der Geschichte nachweisen, daß es diese kleinsten Einheiten des Materiellen wirklich gibt, und sie konnten sogar messen und zählen, wie viele Atome zum Beispiel in einem Luftballon umherschwirren. Obwohl die sich ergebenden Zahlen unvorstellbar groß – und also die Objekte der Begierde selbst unvorstellbar klein – waren, machten sich die Forscher von nun an mit optimistischem Schwung an die Aufgabe, mehr Details aus der Welt der Atome zu erkunden. Sie wollten verstehen, wie sie aufgebaut waren und aussahen, und sie hofften, dies auf dem Boden der klassischen Physik tun zu können, die sich seit vielen hundert Jahren bewährt hatte. Die Physiker der Jahrhundertwende konnten weder wissen noch ahnen, daß ihnen dieses Unterfangen vollständig mißlingen sollte und sie gezwungen sein würden, eine neue Physik zu schaffen, um die Atome verstehen zu können. Sie konnten erst recht nicht wissen, daß der Urheber des neuen Denkens in der Wissenschaft gerade erst geboren worden war und zunächst noch heranwachsen und studieren mußte, bevor er ihnen die wissenschaftliche Basis lieferte, auf der sich eine Theorie der Atome errichten ließ.

Als Heisenberg 1901 geboren wurde, sah das großartige und elegant wirkende Gebäude, das die exakte Wissenschaft der Physik beherbergte, noch grundsolide aus. Es machte den Eindruck, es sei für die Ewigkeit gebaut und könne der »Umwertung aller Werte« trotzen, die Friedrich Nietzsche angekündigt hatte. Nietzsche war im Jahr zuvor, dem letzten des 19. Jahrhunderts, gestorben. Doch der Schein der Sicherheit und Beständigkeit trog. Bereits im Herbst 1900 hatte Max Planck eine gravierende Unstimmigkeit entdeckt – das später nach ihm benannte Quantum der Wirkung –, in deren Folge dem klassischen Gemäuer immer mehr Risse beigebracht wurden. Es stürzte schließlich fast vollständig zusammen, bevor endlich – mit Heisenbergs Hilfe – erkennbar wurde, wie sein Wiederaufbau zu bewerkstelligen war.

Plancks Entdeckung blieb zunächst fast unbemerkt. Niemand ahnte, daß eine dramatische Veränderung mit langfristigen Folgen eingetreten war. Dies lag unter anderem an Planck selbst, der seine eigene Entdeckung lange Zeit hindurch eher als unerheblich und damit völlig falsch einschätzte. Er benötigte und betrachtete den Quantensprung, den er als eine Unstetigkeit der Natur in ihre Gesetze eingeführt hatte, nur als vorübergehende mathematische Hilfestellung, mit der er seiner geliebten Physik eine neue Turnübung beibringen wollte. Bei der Kür sollte das Quantum wieder verschwinden. Mit anderen Worten: Planck traute seinem geistigen Kind nicht zu, der physikalischen Wirklichkeit zu entstammen und ein Teil von ihr zu sein.

Es dauerte bis zum Jahre 1905, bevor der erste Wissenschaftler erkannte, daß es sich tatsächlich genau so verhielt. Gemeint ist Albert Einstein, der damals noch völlig unbekannt war und ein ruhiges und bescheidenes Leben als Angestellter im Berner Patentamt fristete. Nach Feierabend dachte er über einige grundlegende Probleme der Physik nach. Dazu gehörte auch die Frage, wie Licht und Materie miteinander in Wechselwirkung treten. Planck hatte *berechnen* können, wie Strahlen und Körper ihre Energie austauschen, indem er hierbei keinen kontinuierlichen Strom zuließ, sondern diesen Vorgang in diskrete Stufen und Abschnitte einteilte. Einstein wollte nicht nur berechnen, sondern darüber hinaus *verstehen* können, was passiert, wenn zum Beispiel Licht von Körpern eingefangen (absorbiert) wird und sich dabei erwärmt. Um zu diesem Ziel zu gelangen, mußte er Plancks Unstetigkeit viel ernster nehmen, als es sein Entdecker getan hatte. Der Quantensprung – so erkannte Einstein – gehört zur physikalischen Wirklichkeit. Die Energie des Lichts hängt direkt von seiner Größe ab. Was Licht tut, kann nur verstanden werden, wenn man ihm zubilligt, quantenhaft zu sein.

Damit hatte Einstein der ehrwürdigen Wissenschaft der klassischen Physik den Boden unter den Füßen weggezogen, denn diese Disziplin hatte im 19. Jahrhundert alle ihre Kunst darangesetzt, sich vom Gegenteil zu überzeugen, also davon, daß Licht aus dem stetigen Strömen von Wellen entsteht. Diese Gewißheit war dank Einsteins Einsicht jetzt hinfällig, und mit ihrem Verschwinden stürzte das Haus ein, in dem man so lange gewohnt hatte, und man mußte lange warten, bis ein neuer Grund für einen neuen Bau gefunden werden konnte. Man mußte so lange warten, bis Heisenberg mit dem Studium der Physik begonnen hatte und sich der offenen Fragen annehmen konnte. Er vollzog im Alter von 24 Jahren nicht nur die Umwertung der Werte, die mit Planck und Einstein begonnen hatte; mit seinen Beiträgen zur Physik fiel sie – nach dem zögerlichen Anfang – weitaus radikaler aus, als sich selbst ein Nietzsche hätte erträumen können – einmal angenommen, es wäre dem Philosophen eingefallen, sich mit der Physik der Atome auf dem Niveau der Wissenschaft vertraut zu machen.

Mit dem zögerlichen Anfang ist gemeint, daß es – zu Heisenbergs Glück, der gerade erst in die Schule gekommen war – noch einmal mehr als sieben Jahre dauerte, nämlich bis 1912 bzw. 1913, bevor jemand den ersten Nutzen aus Plancks und Einsteins Entdeckung für die Physik der Atome ziehen sollte. Dies war der Däne Niels Bohr, der in dem genannten Jahr verstand, wie er den seit der griechischen Antike als unteilbar eingestuften Grundbausteinen der Materie mit Hilfe des Quantums Form und Stabilität verleihen konnte. Allerdings mußte Bohr dafür einen Preis zahlen. Er war gezwungen, etwas völlig Verrücktes zu tun, nämlich die klassische Physik zu verwerfen. Bohr erklärte sie schlicht und einfach innerhalb eines Atoms für unzureichend und ungültig. Er rückte statt dessen das Quantum der Wirkung in das Zentrum des physikalischen Geschehens und ordnete ihm alle Gesetzmäßigkeiten unter. Seit diesem Augenblick beginnt die rationale Erklärung der Welt an einem irrationalen Ausgangspunkt.

Es ist leicht, diesen Schritt zu beschreiben, aber es ist nicht leicht, sich vorzustellen, wie ungeheuer schwer den Physikern diese Abwendung von der traditionellen Physik – diese Umwertung ihrer Werte – gefallen sein muß. Mit der Schwierigkeit ist keine intellektuelle oder gedankliche Hürde, sondern nur etwas Psychisches gemeint, denn die dazugehörigen mathematischen Strukturen und Gleichungen sind von extremer Einfachheit (was den heutigen Studenten leider jedes Wundern erspart). Die Physiker mußten lernen, seelisch mitzumachen, was ihr Verstand rasch als richtig erkennen und nachrechnen konnte. Sie mußten zudem von Grundsätzen abrücken, die sie für unantastbar hielten, weil diese Prinzipien über alle Maßen erfolgreich waren. Immerhin hatte sich die Wissenschaft seit den Tagen von Newton grandios entwickelt und schließlich im 19. Jahrhundert einen für unübertreffbar gehaltenen Höhepunkt erfahren. In der Physik schien man jetzt nicht nur die Gesetze für die Bewegung (Mechanik) zu kennen, sondern auch die Erscheinungen der Wärme (Thermodynamik) und die Wechselwirkungen von Elektrizität und Magnetismus (Elektrodynamik) zu beherrschen. Die Vertreter der immer exakter werdenden Wissenschaft hatten damit begonnen, ihren Einsichten universale Gültigkeit zu verleihen und zum Beispiel Aussagen wie »Die Energie der Welt ist konstant« zu formulieren, die sie als nahezu heilige Hauptsätze ansahen und entsprechend verehrten.

Sehnsucht nach Ordnung

Die Welt der Physik mit ihren gottgegebenen Gesetzen und die Welt der Politik mit ihrer ähnlich gedachten Monarchie – sie schienen beide zu Beginn des 20. Jahrhunderts sehr festgefügt und für die Ewigkeit errichtet. Doch als Heisenberg heranwuchs, erwiesen sowohl die staatliche als auch die wissenschaftliche Ordnung ihre Brüchigkeit, und der Knabe und Schüler mußte den doppelten Zerfall beobachten und in sich aufnehmen. Verwirrung und Auslösung traten an die Stelle von Beständigkeit und Zuverlässigkeit, und des jungen Heisenbergs wesentliche erste Erfahrungen bestanden darin, daß er sich nur auf seine eigenen Gedanken verlassen, daß er nur sich selbst vertrauen konnte. Er entwickelte dabei ein ungeheures Selbstvertrauen, und mit dieser Qualität gelang ihm noch vor seinem zwanzigsten Geburtstag sein erster eindrucksvoller Auftritt auf der Bühne der Wissenschaft. Ihn gilt es vorzubereiten, wobei selbstverständlich ist und nicht eigens betont wird, daß Heisenberg eine überragende Intelligenz zur Verfügung stand, die er diszipliniert handhabte und mit äußerstem Fleiß trainierte. Das Wort »hochbegabt« reicht nicht aus, um Heisenbergs Talente zu beschreiben, der anscheinend spielend leicht mit den trickreichen Feinheiten der mathematischen Sprache zurechtkam, der offenbar problemlos das Lateinische und Griechische erlernte und dessen hohe Musikalität ihm bald erlaubte, ernsthaft über die Möglichkeit nachzudenken, sein Leben als Pianist zu verbringen.* Die Berge an Schulstoff, vor denen normal talentierte Schüler schier verzweifeln und die ihnen trotz größter Anstrengung die Grenzen der Leistungsfähigkeit aufzeigen und höchste Hindernisse aufbauen – für Heisenberg stellten sie nur Vorübungen für die Phase des lockeren Aufwärmens dar. Schon früh suchte sein hochfliegender und abenteuerlustiger Geist Herausforderungen, die über das hinausgingen, was seine unmittelbare Umgebung bieten konnte. Er entwickelte die Fähigkeit, die Techniken – sowohl der Mathematik als auch des Klavierspiels – so in sich aufzunehmen und seinen Handlungsmöglichkeiten hinzuzufügen, daß er in der Lage war,

* Im Besitz der Familie Heisenberg befindet sich ein Zeichenheft, das Werner Heisenberg in den Jahren 1913/14 benutzt hat. In ihm finden sich zwischen ansprechenden Aquarellen der Würzburger Residenz und höchst sorgfältig ausgeführten Federzeichnungen, etwa der Ronneburg in Oberhessen, auch Hinweise auf die mathematischen Talente des Knaben. Auf einer Seite behandelt er die Gleichung $x^8 = 1$, die er als $x^8 - 1^8 = 0$ umschreibt und für die er acht Lösungen angibt, und zwar 1, -1, i (die Wurzel aus -1), $-i$, $\sqrt{i}$, $-\sqrt{i}$, $\sqrt{-i}$ und $-\sqrt{-i}$. Heisenberg spielt also schon früh mit der imaginären Dimension, die er der Physik später erschließt (vgl. Abb. 9 und die dazugehörigen Passagen). Was hier x genannt wird, sieht in Heisenbergs Heft eher wie ein griechisches Kappa oder wie ein æ aus. Was das Griechische angeht, so hat er in dem Zeichenheft eine Seite mit griechischen Vokabeln gefüllt und ihre deutsche Bedeutung daneben geschrieben – dies allerdings in Stenographie. Dabei entsteht eine seltsame Gleichheit zwischen verschlungenen Zeichen, über die sich der Betrachter wundert, bevor er auf der nächsten Seite den Schaltkreis für eine Taschenlampe vor sich hat.

zum Kern des mathematischen Denkens und in das Reich der musikalischen Kompositionen vorzustoßen, die sich hinter diesen Techniken befinden, die ihren Grund bilden und ihr Wesen ausmachen. Während sich Normalsterbliche noch mit Rechenaufgaben und Fingerübungen abmühten, war der beneidenswerte Heisenberg schon längst im inneren Bereich der Ideen angekommen, um hier die Luft des freien Geistes zu atmen und Mut für eigene Unternehmungen zu fassen.

Es läßt sich leicht vorstellen, daß jemand durch solche intensiven Erlebnisse nachhaltig beeinflußt wird, und niemand sollte sich über Heisenbergs oft unglaublich wirkende Fähigkeit zur Konzentration und sein zielstrebiges Vorgehen in geistigen Dingen wundern. Sobald er sein aus innerem Antrieb selbstgewähltes Ziel im Auge hatte und sich dem zugehörigen zentralen Bereich in der Sphäre der Ideen näherte – Heisenberg kannte nur wenige technische Schwierigkeiten, die ihn daran hindern sollten –, sobald er eine offene Frage gefunden hatte, die ihn ansprach, agierte er losgelöst von der äußeren Welt, die ihn umgab. Er war doch längst entrückt und dem zentralen Bereich auf der Spur, dessen Ordnung ihn so anzog.

Anders ausgedrückt: Wenn Heisenberg einer Sache nachjagte und sich ihr hingab, nahm er keine Rücksicht auf die Welt, selbst wenn sie ihm noch so nah war. Dieses Verhalten führte oft dazu, daß seine Mitmenschen ihn entweder als rücksichtslos oder als äußerst ehrgeizig einschätzten. Dabei war er nur selbstvergessen mit einem Thema befaßt, das seine Kollegen zwar selbst einmal aufgeworfen hatten, das ihnen dann aber sozusagen durch die nicht ganz so flinken Finger geglitten und auf diese Weise für seinen Zugriff liegengeblieben war.

Das geteilte Unteilbare

Wie gesagt: Als Heisenberg geboren wurde, war die Welt der Physik noch in Ordnung. Alles war zusammenhängend festgefügt, und Sprünge waren nicht zugelassen. »Natura non facit saltus«, so hatte es der große Leibniz im 17. Jahrhundert mit aller Überzeugung und Nachhaltigkeit ausgedrückt. Doch um 1900 tauchte genau das Unerwartete auf, nämlich eine Unstetigkeit in Form des schon erwähnten Quantums der Wirkung, wie es heute in den Lehrbüchern der Physik heißt, wobei die Wirkung in der Physik eine sehr genau definierte Größe ist, nämlich das Produkt aus Energie und Zeit. Konkret in Erscheinung tritt dieses Quantum, wenn ein glühender Körper Licht aussendet. Was im Auge des Betrachters wie ein kontinuierlicher Strahl erscheint, besteht »in Wirklichkeit« – im Meßapparat der Physik – aus winzigen Energiepäckchen, deren Größe von dem Quantum bestimmt wird, das seit Planck mit dem Buchstaben h bezeichnet wird.

Diese Einsicht war nicht allein deshalb schwer zu verdauen, weil das sonst so dicht und abgerundet erscheinende Bild der Natur auf einmal häßlich wirkende Löcher bekommen hatte, sondern auch deshalb, weil es mit den Quantensprüngen immer schwieriger wurde, von der durchgängigen Konstanz der Energie überzeugt zu sein und sie nachzuweisen. Planck blieb durchweg eher unglücklich über seinen Vorschlag, der dann aber nach und nach mit Einsteins Hilfe akzeptiert wurde und Planck zuletzt 1918 sogar den Nobelpreis für Physik einbrachte.

Die Akzeptanz der Unstetigkeit und das Einlassen der Physiker auf die Realität der Quantensprünge wurde durch die Erfolge bedingt, die die Physiker bei ihren Versuchen hatten, etwas über Atome zu verstehen. Hinter der Idee von den Atomen verbirgt sich eine keineswegs banale Geschichte. Das

Wort war schon den alten Griechen vertraut, die sich vorstellten, daß die Teilbarkeit der sichtbaren Dinge irgendwann einmal an ihr Ende kommt und etwas Unteilbares übrigläßt, eben ein *Atom*. Die Urheber der Atomidee wußten sehr wohl, daß sie der Welt damit ihre Durchgängigkeit nahmen und sie körnig und lückenhaft machten. Aus diesem Grund hat Aristoteles die Atomlehre auch abgelehnt. Für ihn gab es die Atome ebensowenig wie den leeren Raum, der neben den Atomen sein und dort anfangen mußte, wo sie aufhörten.

Der Vorschlag, daß die Wirklichkeit voller Atome steckt und alles aus ihnen besteht, hatte es also von Anfang an schwer. Die Auseinandersetzung über ihre Existenz zieht sich durch viele Epochen der Geschichte hin und blieb lange ohne Entscheidung. Der Grund dafür liegt darin, daß Atome etwas sind, was nicht mit den Augen gesehen werden kann. Zwar wurden immer neue und wunderbare Argumente für und wider ihr Vorhandensein vorgelegt, aber die Physiker brauchten bis zum Beginn des 20. Jahrhunderts, um in der Lage zu sein, genauer und präziser über die grundlegenden Einheiten der Materie Auskunft geben zu können. Erst als Heisenberg geboren wurde, konnte man einigermaßen Auskunft über ihre Größe, ihr Gewicht und ihre Zahl geben. Damit galt ihre Existenz endlich als gesichert. Die Atome hatten endgültig den Status der Wirklichkeit erlangt, und nun machten sich die Physiker daran, einzelne Details über sie in Erfahrung zu bringen.

Es dauerte nicht lange, bis erste Bilder – oder besser: Bildchen – von den Atomen in den Schulbüchern auftauchten. Hier sah sie der Knabe Heisenberg zum ersten Mal, wobei er sich über die schlichte Weise mokierte, mit der die Illustratoren versuchten, das Phänomen der chemischen Bindung darzustellen. Es war zwar bekannt, daß sich Atome, etwa Kohlenstoff und Sauerstoff, zu Molekülen, der Kohlensäure, zusammenfügen können, aber es blieb offen, wie dies geschah und wie sich zwei oder mehr Atome zu einem größeren stabilen Verband zusammenschlossen. Natürlich konnte niemand wissen, daß erst die von Heisenberg entworfene Quantentheorie eine Basis liefern würde, mit der chemische Bindungen verstanden werden können, aber der in seiner Schulzeit als Unterrichtsstoff präsentierte Vorschlag, die Atome mit Haken und Ösen auszustatten, um sie miteinander zu befestigen, kam ihm jedenfalls ziemlich willkürlich vor. Und Willkür durfte es seiner Ansicht nach bei den grundlegenden Vorgängen in der Natur nicht geben. Wenn sich Atome zusammenschließen, dann mußte dies – so die Überzeugung Heisenbergs in ganz jungen Jahren – als Folge von Naturgesetzen passieren, die zu finden sich ihm als ein großes Ziel darstellte.

Er sollte es erreichen, und zwar zwischen den Jahren 1924 und 1927, in denen er intensiv mit Niels Bohr zusammenarbeitete. Bohr hatte die Atomphysik entscheidend vorangebracht, während Heisenberg noch zur Schule ging und seine mathematischen und musikalischen Talente pflegte. Als Bohr sich um 1912 der Frage, wie Atome aussehen, zuwandte, hatten die Physiker längst verstanden, daß es mit ihrer Unteilbarkeit so eine Sache war. Aus dem ursprünglich Einen waren längst Zwei geworden, was zahlreiche Rätsel aufgab. In den Atomen – dies der unbezweifelbare Befund – mußte es zwei Formen von elektrischer Ladung geben, wobei der negative Anteil offenbar von einem elementaren Baustein getragen wurde, den die Fachwelt als »Elektron« bezeichnete. Historiker legen die Entdeckung des Elektrons offiziell gerne in das Jahr 1897, weil man hier seine Ladung und seine Masse bestimmen konnte. Und seit diesem Jahr schleppte man zwei Riesenprobleme mit sich herum: Wo steckt das Elektron im Atom? Und was ist mit der Idee der Unteilbarkeit, wenn sich Elektronen von Atomen abspalten und in Strömen verfolgen lassen?

Konkret kümmern konnten sich die Physiker nur um die erste Frage, und 1912 unterbreitete der neuseeländische Physiker Ernest Rutherford einen Vorschlag, der zwar so sensationell wie verrückt war, der aber von wunderbar einfachen Experimenten getragen wurde. Rutherford hatte energiereiche Teilchen, die aus radioaktiven Atomen traten, auf eine hauchdünne Goldfolie gelenkt und dabei festgestellt, daß einige Teilchen direkt auf ihn zurückflogen. Das Ergebnis war so verwirrend wie die Vorstellung, eine auf ein Blatt Papier abgefeuerte Revolverkugel würde abprallen und auf den Schützen zurückzusteuern. Dies läßt sich nur verstehen, wenn das Papier nicht gleichmäßig dicht ist, sondern wohldefinierte Stellen besonderer Härte hat. Und so teilte Rutherford seinen verblüfften Kollegen mit, daß ein Atom geteilt – und damit teilbar – ist. Es gibt einen undurchlässigen, harten Kern, so konnte er beweisen, und es gibt eine durchlässige Hülle, die aus Elektronen besteht. Darüber hinaus gibt es ein riesiges Problem: nämlich zu erklären, wie solch ein zweigeteiltes Gebilde stabil sein soll.

Rutherford gilt als selbstbewußt auftrumpfende und eher zu laute Figur unter den großen Wissenschaftlern, und so fiel es seinen Kollegen trotz aller Evidenz zunächst schwer, das Saturn-Modell des Atoms ernst zu nehmen. Tatsächlich schien die Idee der kreisenden Elektronen keinen Sinn zu machen. Die klassische Physik sagt nämlich voraus, daß Ladungen, die in einem elektrischen Feld rotieren, Energie verlieren. Da nun ein Atomkern positiv geladen und also von einem Feld umgeben war, konnte sich kein Elektron auf einer Bahn um ihn halten.

Wohlgemerkt: An der physikalischen Wirklichkeit einer Bahn zu zweifeln kam damals niemandem auch nur annähernd in den Sinn. Der englische Physiker Paul Dirac, der ebenfalls zu den Großen seiner Zunft zählt und mit dem No-

Abbildung 6: Das Foto ist vermutlich 1929 in Japan aufgenommen worden. Es zeigt Heisenberg hoch in der Mitte mit Paul Dirac unten links und einen unidentifizierten Mann rechts. Dirac und Heisenberg sind 1929 zusammen von Kalifornien aus mit dem Schiff über Hawaii nach Japan gefahren. Dirac hat auf der Reise Heisenbergs Kletterkünste bewundert und beschrieben, wie der knabenhafte Ordinarius sogar Pagoden erstiegen hat, um auf ihrer äußersten Spitze unter Mißachtung aller Gefahren auf einem Fuß stehend zu balancieren. Risiken einzugehen ist auch dem älteren Ordinarius nicht auszutreiben gewesen, zum Beispiel als Autofahrer. Heisenberg wollte hinter dem Steuer den schnellsten Weg finden, und so hat er sich ab und zu mehr an der Luftlinie und weniger an der Straßenführung orientiert.

belpreis für sein Fach ausgezeichnet worden ist, hat ausdrücklich darauf hingewiesen, daß es »quite a different kind of intelligence« – eine besondere Form von Intelligenz – brauche, um sich von diesen Vorstellungen zu lösen. Er meinte die Intelligenz von Heisenberg, der aber zu jener Zeit noch in die Schule ging. Bis er sich als Student endlich mit dem Thema befassen konnte, gingen die Physiker anderen Fragen nach, etwa: Konnte sich ein Elektron tatsächlich nicht halten? Gab es keinen Ausweg aus der Stabilitätskrise? Gab es kein Hilfsmittel, die Elektronen dort zu halten, wo sie sein sollten, nämlich an den äußeren Zonen eines Atoms, um sich hier nach anderen Atomen zu strecken und zu versuchen, mit ihnen Bindungen einzugehen, um Moleküle und mehr zu bilden?

Doch, es gab solch ein Hilfsmittel, und zwar das Quantum der Wirkung. Es war gerade seine ungeliebte Unstetigkeit, die sich jetzt als unschätzbar wertvoll erwies. Wenn sich nämlich – so überlegte Bohr als erster – ein Elektron in einem Atom nur sprunghaft ändern kann, dann passiert ohne Einfluß (Energiezufuhr) von außen gar nichts. Die klassische Physik kennt keine Lücken, und also soll sie bei den Atomen nichts zu sagen haben. Das heißt, nicht ganz nichts, aber nur ein wenig. Sie legt nur die Bahn eines Elektrons fest – ihren Radius und ihre Form – und läßt das Gebilde ansonsten in Ruhe.

Es war Bohr klar, daß er wie eine schizophrene Persönlichkeit agierte, die als klassischer Physiker *und* als Quantentheoretiker auftreten konnte, aber damit bewies er nur seine Sympathie für die Atome, die ebenso wie er gespalten waren. Außerdem hatte seine Annahme ungeheuren Erfolg. Mit dem, was bis heute und völlig zu Recht als Bohrsches Atommodell gefeiert wird, vollzog sich einer der entscheidenden Fortschritte in der Geschichte der Physik. Zwar werden die Leser es gemerkt haben, aber trotzdem soll die Tatsache eigens betont werden, daß an dieser Stelle nicht das geringste von einer Logik der Forschung zu sehen oder zu spüren ist. Sie hat hier und an vielen Stellen, an denen Heisenberg eingreift, auch nichts zu suchen.

Heisenbergs erster Auftritt – München 1920

Selbst der revolutionärste Wissenschaftler braucht einen Standpunkt, der mehr oder weniger unangetastet bleibt und es erlaubt, die Dinge zu betrachten, die es zu verstehen und zu begreifen gilt. Vor Bohrs Erfolg basierte alles Fortschreiten auf der Unveränderlichkeit der physikalischen Grundgesetze, und nach Bohrs Erfolg glaubte alles an die Unverletzbarkeit des Wirkungsquantums. Plancks einstmals obskure Größe war mehr oder weniger zum zentralen Heiligtum der Atomphysik geworden, an dem unbedingt festzuhalten war, um die Wissenschaft nicht erneut ins Schleudern kommen zu lassen. Man wunderte sich zwar über die Herkunft der Quantums, war aber froh, dank seiner Existenz wenigstens wieder einigermaßen festen Boden unter den Füßen zu haben. Genau in dem Augenblick tritt nun der noch nicht zwanzigjährige Heisenberg auf und beweist seinem Lehrer Sommerfeld, daß eine wichtige Eigenschaft von Atomen nur verstanden werden kann, wenn an den Quanten etwas geändert wird und neben den ganzen auch halbe Sprünge möglich sind.

So entsetzt Sommerfeld zunächst auf diese scheinbare Willkür auch reagierte, bald mußte er erkennen, daß der Student, der da sein erstes Semester absolvierte, nicht mit normalen Maßstäben gemessen werden konnte. Was Heisenberg vorschlug, war genial und wagemutig zugleich, und Sommerfeld tat von nun an alles, um seinen Schüler auch dann zu fördern, wenn ihm selbst alles im tiefsten Grunde unklar blieb (er hoffte inständig, daß nicht auch noch Viertel-, Achtel- und Sechzehntelquanten oder gar noch kleinere Einheiten auftauchen würden, um zuletzt alles wieder in den kontinuierlichen Brei zurückzuverwandeln, dem man gerade entkommen war).

Das konkrete Problem, an dem sich Heisenberg versuchte, stammt aus dem Bereich, den Physiker als Spektroskopie bezeichnen. Wenn Atome durch Energiezufuhr (Erhitzen) angeregt werden, beginnen sie zu leuchten, und zwar in allen Farben, die das Spektrum zu bieten hat. Die genaue Vermessung des Lichts nennen die Physiker deshalb Spektroskopie, und die Tatsache, daß dabei keine kontinuierlichen Erscheinungen zu sehen sind, wie sie etwa ein Regenbogen bietet, sondern daß Linien erkennbar und gemessen werden, hat den Physikern schon früh Hinweise auf Unstetigkeiten im Atom – auf ihre Quantennatur und die Sprünge ihrer Elektronen – gegeben. »Atombau und Spektrallinien« hieß denn auch das Lehrbuch, in dem Sommerfeld versuchte, seinen Studenten nahezubringen, was er und seine Kollegen auf die Beine gestellt hatten.

Die Spektroskopie hat sich sehr weit im Verlauf des 19. Jahrhunderts entwickelt, und an dessen Ende wurden einige seltsame Effekte sichtbar, die nach einer Erklärung verlangten. Einer von ihnen ist nach dem holländischen Physiker Pieter Zeeman benannt. Zeeman plazierte Atome in starken magnetischen Feldern und beobachtete im Anschluß daran, daß sich dabei alle bekannten Spektrallinien mehrfach aufspalteten. Für diese Entdeckung erhielt er 1902 den Nobelpreis für Physik. Er war damit nach Wilhelm Conrad Röntgen der zweite Preisträger überhaupt.

Die Aufspaltung der Linien gab offenbar Auskunft über den Bau der Atome. Aber wie lautete sie und wie war sie zu verstehen? Der Zeeman-Effekt war in wissenschaftlichen Kreisen in aller Munde, und das Gemurmel ist selbst bis zu dem Schüler Heisenberg vorgedrungen, der schon im Gymnasium über die Aufspaltung der Linien nachdachte. Es gibt ein einziges Schulheft, das von Heisenbergs Schulzeit erhalten geblieben ist, und auf den letzten Seiten findet sich ein sorgfältig gezeichnetes Schema des Zeeman-Effekts, in dem alle Aufspaltungen und viele weitere physikalische Meßgrößen (Parameter) eingezeichnet und eingetragen sind. Einzelne Linien (»Singletts«), so hatte Zeeman bemerkt, können verdoppelt oder verdreifacht werden – zu Dupletts oder Tripletts. Irgend etwas im Atom muß mit dem Magnetfeld in Wechselwirkung treten und die Energie des austretenden Lichts verändern. Aber was war das?

Die korrekte Lösung dieses Problems sollte noch einige Zeit auf sich warten lassen. Sie hat mit einer Eigenschaft zu tun, die um 1920 noch nicht bekannt war und erst ein paar Jahre später von Wolfgang Pauli erkannt wurde. Gemeint ist der sogenannte Spin, der die halben Quanten physikalisch absichert, die Heisenbergs Intuition vorher schon erfaßt und in die Theorie der Atome eingebaut hatte. Genauer muß man an dieser Stelle nicht von Quanten, sondern von Quantenzahlen sprechen, und mit ihnen nutzen die Physiker einen Vorteil der unstetigen, Päckchen für Päckchen erfolgenden Energieumwandlungen in den Atomen. Er besteht darin, daß sich jeder Wert durch eine ganze Zahl ausdrücken läßt. Die Physiker hatten sich daher daran gewöhnt, den Zustand eines Atoms durch seine Quantenzahlen anzugeben, und vor Heisenbergs Erklärung des Zeemann-Effekts gab es sie nur in Form ganzer Zahlen. Es war natürlich schwierig, die Frage nach der Bedeutung halber Quantenzahlen zu beantworten. Gelungen ist dies erst Pauli, als er erkannte, daß den Elektronen eine Eigenschaft zukommt, die sich durch zwei Merkmale auszeichnet: Sie ist klassisch nicht zu beschreiben, und sie muß zweiwertig sein. Wer im Hinterkopf die Quantenbedingung hat, der zufolge Übergänge zwischen Zuständen immer durch ein ganzes Quantum gekennzeichnet sind, kann nun ableiten, daß all dies unter einen Hut zu bringen ist, wenn der Spin der Elektronen durch die beiden halben Zahlen $+\,^1/_2$ und $-\,^1/_2$ charakterisiert wird. Das heißt, so wagemutig Heisenbergs halbe Quantenzahlen waren, sie sprengten den alten Rahmen nicht, aber sie nutzten eine Freiheit, die den anderen entgangen war.

Auf diese nachvollziehbaren Einsichten mußten die Physiker noch jahrelang warten, bis Heisenberg in Sommerfelds Seminar mit dem genialen Blick für richtige Lösungen, der über alle Schwierigkeiten hinwegsieht, vorschlug, die von Zeeman beobachteten Aufspaltungen durch die Annahme zu erklären, man könne den Zustand eines Atoms durch halbe Quantenzahlen festlegen. Was hier erkennbar wird, ist die ungeheure intuitive Fähigkeit Heisenbergs, mit dem er das Ganze bereits richtig wahrnimmt und erfaßt, auch wenn ihm noch kein einziges Detail klar ist. Seinem ketzerischen Vorschlag lag ein inneres Bild des Atoms zugrunde, das unter dem etwas stumpfen Begriff »Rumpfatom« bekannt geworden ist. Heisenbergs Rumpfmodell des Atoms spinnt Bohrs Modell weiter, indem es die Teilung zwischen Kern und Schale – zwischen innen und außen – im Prinzip zwar beibehält, aber ihre Grenzen verschiebt. Heisenberg stellt sich vor, daß bei größeren Atomen viele Elektronen auf ihren Bahnen unterwegs sind und man unterscheiden kann zwischen solchen, die sich näher am Kern bzw. weiter von ihm weg befinden. Es wird von außen – etwa durch Zeemans Magnetfeld – schwierig sein, die inneren Elektronen zu beeinflussen, und deshalb schlägt er sie dem trägen Kern zu. Beide Teile zusammen bilden für ihn den massiven Rumpf des gesamten Atoms, den er nicht weiter beachtet und so in Ruhe läßt, wie es der physikalischen Wirklichkeit entspricht. Für den Zeeman-Effekt kommt es nur auf die äußeren Elektronen an, die nach einem aus der Chemie stammenden Sprachgebrauch auch »Valenzelektronen« heißen. Und warum soll man ihnen nicht auch halbzahlige Quantenwerte zuordnen, wenn damit experimentelle Befunde verständlich werden? Den genauen Sinn kann, wer will, doch später ergründen. Wichtig ist, daß man jetzt erklären kann, was man jetzt erklären will. Heisenbergs selbstvergessenes Vorgehen nahm in seiner Weitsicht keine Rücksicht auf die Befindlichkeiten und Bedenken der Kollegen.

Heisenbergs zweiter Auftritt – Göttingen 1922

Wie gesagt – Heisenbergs Rumpfmodell steht im Rückblick vom Boden seiner eigenen Quantenmechanik aus betrachtet glänzend dar. Aber dies wußte man erst nach 1926 – und noch spielt die Handlung in den frühen zwanziger Jahren, in denen der junge und geniale Student, der wegen seiner äußeren Erscheinung und seiner bevorzugten Freizeitvergnügen oftmals als blonder Bauernjunge eingeschätzt wurde, die Physiker in eine Klemme gebracht hatte. Sein neuartiges und ungewöhnliches Vorgehen konnte nämlich etwas verständlich machen, ohne selbst verständlich zu sein. Weder Sommerfeld noch Pauli fühlten sich wohl bei dem, was Heisenberg selbst gerne sein »Zeemangemüse mit Quantensoße« nannte. Hilfesuchend baten sie den fernen Bohr um eine klärende Stellungnahme, und die kam Anfang 1922 prompt.

Bohr war über Heisenbergs Art der Quantisierung nicht erfreut – »he was not amused«, würde man heute vielleicht sagen –, weil sie seiner Ansicht nach nicht mit den Grundprinzipien der (alten) Quantentheorie zu vereinbaren war. Damals 37 Jahre alt, galt Bohr weltweit als die ganz große Autorität der Atomphysik, und er wurde von den Fachkollegen ebenso hoch eingestuft wie Einstein. Einstein selbst liebte und bewunderte Bohr, und er freute sich sehr, als beide in den Jahren 1921 und 1922 nacheinander mit dem Nobelpreis für Physik ausgezeichnet wurden. Im Juni 1922 wurde Bohr von der Universität Göttingen eingeladen, eine Reihe zusammenhängender Vorträge über den Stand der Atomtheorie zu halten. Damit war die Szene für die Veranstaltung bereitet, die Historiker unter der Bezeichnung »Bohr-Festspiele« kennen und die in der Geschichte der Wissenschaft längst als legendär gilt. Jene Tage spielen für Heisenberg – und also für das vorliegende Buch – deshalb eine besondere Rolle, weil Bohr am Ende seiner dritten Vorlesung Heisenberg ansprach und einlud, einen Spaziergang mit ihm zu machen. »Dieser Spaziergang«, erzählt Heisenberg in seinen Erinnerungen »Der Teil und das Ganze«, »dieser Spaziergang hat auf meine spätere wissenschaftliche Entwicklung den stärksten Einfluß ausgeübt, oder man kann vielleicht besser sagen, daß meine eigentliche wissenschaftliche Entwicklung erst mit diesem Spaziergang begonnen hat.«

Es ist wichtig, sich die Stimmung in Göttingen und konkret im großen Hörsaal des Physikalischen Instituts klarzumachen, in dem sich das Publikum drängte, um etwas über Atome und die neue Quantenphysik zu lernen. Wissenschaftlich gesehen befand man sich im Ungewissen. Das Land der klassischen Physik hatte man zwar verlassen, aber das erwartete Ufer zeigte sich erst in Umrissen. Alle Bemühungen gingen auf schwankendem Grund vonstatten. Und politisch waren zu dieser Zeit noch immer die Nachwirkungen des Ersten Weltkriegs zu spüren, durch die Deutschland und seine Wissenschaftler isoliert worden waren. Der dänische Besuch bedeutete eine heilsame Anerkennung der deutschen Wissenschaft und bot die Chance einer Öffnung zur internationalen Zusammenarbeit. Die ganze Familie Bohr bekundete einen hohen Respekt vor der deutschen Wissenschaft, und Niels schätzte in seinem Fachgebiet vor allem die Arbeiten von Sommerfeld, mit denen sein Atommodell wesentlich verfeinert werden konnte. Sommerfeld selbst hatte das Gefühl, daß Heisenberg unbedingt einmal außerhalb von München über theoretische Physik sprechen sollte, und so nahm er – auf eigene Kosten – seinen Studenten mit nach Göttingen, dessen Universität sich als Zentrum der Mathematik einen internationalen Ruf erworben hatte und weltberühmt war. Die dortigen Kollegen und Assistenten, die großen Göttinger Physiker und viele andere – sie füllten voller Spannung und Erwartung im Frühling 1922 den großen Hörsaal bis auf den letzten Platz, als Bohr mit seinen Ausführungen begann.

»Bohr sprach ziemlich leise«, berichtet Heisenberg, »mit weichem dänischen Akzent, und wenn er die einzelnen Annahmen seiner Theorie erklärte, so setzte er die Worte behutsam, sehr viel vorsichtiger, als wir es sonst von Sommerfeld gewohnt waren, und fast hinter jedem der sorgfältig formulierten Sätze wurden lange Gedankenreihen sichtbar, von denen nur der Anfang ausgesprochen wurde und deren Ende sich im Halbdunkel einer für mich sehr erregenden philosophischen Haltung verlor. Der Inhalt der Vorlesung schien neu und nicht neu zugleich. Wir hatten die Bohrsche Theorie ja bei Sommerfeld gelernt, also wußten wir, worum es sich handelte. Aber was gesagt wurde, klang in Bohrs Mund anders als bei Sommerfeld. Es war ganz unmittelbar zu spüren, daß Bohr seine Resultate nicht durch Berechnungen und Beweise, sondern durch Einfühlen und Erraten gewonnen hatte und daß es ihm jetzt schwerfiel, sie vor der hohen Schule der Mathematik in Göttingen zu verteidigen. Nach jeder Vorlesung wurde diskutiert, und am Ende der dritten Vorlesung wagte ich eine kritische Bemerkung.«

Diese Wortmeldung stellt Heisenbergs zweiten Auftritt in der Welt der Wissenschaft dar; es ist zu empfehlen, ihn nicht zu gering einzuschätzen, und zwar allein deshalb, weil sich mit Sicherheit niemand vor ihm getraut hat, auch nur den geringsten Hauch eines Zweifels an Bohrs Worten zu äußern. Natürlich hat es Diskussionen gegeben, aber wer mit dem Betrieb an einer Universität vertraut ist und sich das damalige Publikum vor Augen hält, wird jede Wette eingehen, daß es dabei zunächst bloß um ein paar Ergänzungen und kleine Verständnisfragen ging – aber eben nur, bis Heisenberg sich meldete, selbstvergessen wie immer, wenn seine Wissenschaft verhandelt wurde. Er ergriff das Wort und widersprach dem Meister klar und deutlich. Heisenberg wies Bohr vor der versammelten Gilde der Wissenschaftler auf einen Fehler hin, und das Auditorium kann nur gestaunt haben und erstarrt sein.

Worum ging es? Bohr hatte über die Aufspaltung der Spektrallinien gesprochen, die beobachtet wird, wenn man Atome nicht magnetischen, sondern elektrischen Feldern aussetzt. Die Physiker sprechen dabei vom Stark-Effekt, und an Bohrs Institut hatte man die dazugehörigen Meßwerte unter der anschaulichen Annahme zu erklären bzw. berechnen versucht, daß ein Atom genau das sei, was Bohr sich darunter vorgestellt hatte, nämlich ein Planetensystem im Kleinen. Genau diesen Gedanken hielt Heisenberg seit Beginn seines Physikstudiums für hinderlich, und bei dem von Sommerfeld vorgeschlagenen Studium der entsprechenden Arbeiten waren ihm weitere Bedenken gekommen und einige Fehler aufgefallen, die er mit seinem Lehrer besprochen hatte. Was Bohr eben gesagt habe, wagte Heisenberg nun in Göttingen einzuwenden, mache wenig Sinn und könne ziemlich leicht widerlegt werden; außerdem seien die dazugehörigen Rechnungen von Bohrs Assistenten unzureichend.

Der junge Student in einer der hinteren Reihen war bei diesen Worten sicher von seinem Platz aufgestanden, und es gehört zum Verständnis der damaligen Situation, sich die plötzliche Stille vorzustellen, die danach im großen Hörsaal in Göttingen herrschte. Wahrscheinlich war erst nur zu hören, wie sich alle umwandten, um denjenigen zu sehen, der so frech gefragt hatte, und weil noch niemand Heisenbergs Gesicht kannte, ging sicher bald das Getuschel los, mit dem sich jeder bei seinem Nachbarn erkundigte, ob er den Knaben da hinten kennen würde und schon einmal gesehen habe. Die »Bohr-Festspiele« hatten ihren Höhepunkt, und die Hauptfigur wankte. Bohr wurde unsicher, er geriet ins Stocken, begann zu murmeln und zeigte sich beunruhigt. Es darf angenommen werden, daß Bohr besser als alle anderen wußte, wie wenig festen Grund seine erfühlten Einsichten über die Atome hatten, und es darf spekuliert werden, daß er mit mehr Sehnsucht als alle anderen auf jemanden wartete, der ihm in dieser Lage weiterhalf. Vielleicht hat Bohr in dem Moment, in dem Heisenberg seinen Finger auf die theoretische Wunde legte, geahnt, daß mit diesem jungen Mann endlich die Tage der alten Quantentheorie gezählt sein könnten. Am Ende der Veranstaltung lud er Heisenberg jedenfalls zu dem schon erwähnten Spaziergang ein.

Natürlich muß man an dieser Stelle vor allem Heisenbergs Mut bewundern, der aus der souveränen Kenntnis der Sache stammte und darauf vertrauen konnte, keine technischen Fehler zu begehen und den inneren Zirkel der Fragen geschaut zu haben. Aber es gilt trotzdem mit wenigstens einer Anmerkung das oben wiedergegebene Zitat aus Heisenbergs Autobiographie zu kommentieren. Heisenberg stellt mit seinen Worten nämlich ganz selbstverständlich fest – er tut dies vielleicht zu sehr nebenbei und also nicht deutlich genug –, daß es so etwas wie den Stil eines Wissenschaftlers gibt. Tatsächlich läßt sich, auch wenn dies an vielen Orten nicht bemerkt oder zur Kenntnis genommen wird, nicht nur in der Malerei und der Literatur, sondern auch in der Wissenschaft ein Stil erkennen, und Heisenberg macht den Lesern seiner Autobiographie klar, daß er das Wort in der Physik so verwendet wie in der Kunst. So wie es zum Beispiel Rembrandts oder Monets Stil gibt, gibt es Einsteins oder Bohrs Stil, wobei Heisenberg den zuletzt genannten mit den folgenden Worten für uns darstellt:

»Bohr benützt die klassische Mechanik oder die Quantentheorie eigentlich ... so, wie ein Maler Pinsel und Farbe benützt. Durch Pinsel und Farbe ist das Bild nicht bestimmt, und die Farbe ist nie die Wirklichkeit; aber wenn man das Bild vorher, wie der Künstler, vor dem geistigen Auge hat, so kann man es durch Pinsel und Farbe – vielleicht nur unvollkommen – auch den anderen sichtbar machen. Bohr kennt das Verhalten der Atome bei Leuchterscheinungen, bei chemischen Prozessen und in vielen anderen Vorgängen ganz genau, und dadurch hat er intuitiv eine Vorstellung von der Struktur der verschiedenen Atome gewonnen; ein Bild, das er nun mit dem unvollkommenen Hilfsmittel der Elektronenbahnen und Quantenbedingungen den anderen Physikern verständlich machen will. Es ist also gar nicht so sicher, daß Bohr selbst an die Elektronenbahnen im Atom glaubt. Aber er ist von der Richtigkeit seiner Bilder überzeugt. Daß es für diese Bilder einstweilen noch keinen angemessenen sprachlichen oder mathematischen Ausdruck gibt, ist doch gar kein Unglück. Es ist im Gegenteil eine außerordentlich verlockende Aufgabe.«

Es würde sich lohnen, Wissenschaftsgeschichte als Stilgeschichte zu schreiben und zum Beispiel Newtons Stil von Einsteins Stil, Bohrs Stil von Sommerfelds Stil und Heisenbergs Stil von Paulis Stil zu unterscheiden, wobei diese Zuordnung nicht auf die Physik beschränkt zu werden braucht und sicher auch für die Chemie und die Biologie zutrifft. Man braucht nur an Darwins Stil in der Biologie, an Pasteurs Stil in der Chemie oder an Warburgs Stil in der Biochemie zu denken. Wer sich dazu entschließt, muß vorher allerdings einem Gedanken Platz einräumen, der in der Wissenschaft sicher zunächst befremdlich wirkt und eher verschreckt. Aber wenn man ernst nimmt, was Heisenberg meint, wenn also Wissenschaft und Kunst so eng zusammengehören, wie er sagt – er hat diesen Gedanken später immer wieder in seinen öffentlichen Vorträgen ausgesprochen, wie im dritten Kapitel ausführlich erörtert werden wird –, dann bedeutet dies nichts anderes, als daß zum Beispiel die Beschreibung eines Atoms nicht nur eine Entdeckung, sondern ebensosehr eine schöpferische Tat ist. Kreativität kennzeichnet nicht nur Dichter und Maler, sondern auch Physiker, und es gibt kein besseres Beispiel dafür als Heisenberg selbst. Unter den kreativen Physikern war er der größte Künstler, und mit diesem Satz ist etwas anderes gemeint als die Tatsache, daß Heisenberg Klavier spielen konnte. Die Quantentheorie, die sein Werk ist, kann nur als kreative Hervorbringung verstanden werden, die ihm in einem dramatischen schöpferischen Akt gelungen ist. Die fertige Theorie liegt natürlich als Abstraktion vor, aber es ist eine Abstraktion, die sich einer Einfühlung verdankt, genau so wie es bei Heisenberg steht, wenn er Bohrs Stil beschreibt.

Heisenbergs dritter Auftritt – Helgoland 1925

Wer mit Bohr spazierengeht, bekommt nicht automatisch eine Einladung nach Kopenhagen, auch wenn man so gut wie Heisenberg argumentiert. Aber während der Bohr-Festspiele in Göttingen sorgte Sommerfeld dafür, daß Heisenberg im folgenden Wintersemester einen Arbeitsplatz in Göttingen bekam, und zwar am Physikalischen Institut, das von Max Born geleitet wurde. Sommerfeld selbst wollte einige Monate in den USA verbringen. Im Oktober 1922 traf Heisenberg bei Born ein. So spannend die Arbeit mit all den neuen Kollegen und im Anblick von tausend ungelösten Fragen auch war – im Laufe des Winters geriet Heisenberg in eine eher depressive Stimmung. Er war zum ersten Mal weiter und länger von zu Hause weg, er vermißte neben den geliebten bayerischen Bergen vor allem die vielen Ausflüge, die er mit seinen Freunden aus der Münchner Jugendgruppe dorthin unternehmen konnte. Heisenberg stürzte sich zwar in die wissenschaftliche Arbeit, doch so zufrieden wie vorher war er mit seinem Leben nicht mehr, und auch Aufenthalte in Kopenhagen konnten daran bis auf weiteres nichts ändern. Zu seinem äußersten Entsetzen mußte Heisenberg zur gleichen Zeit bei den ersten von ihm besuchten Tagungen erkennen, daß die Wissenschaft eine politische Dimension bekam, indem antisemitische Stimmen vor Einsteins Theorie der Relativität warnten und sie einer jüdischen Weltverschwörung zurechneten.

Unabhängig von den unruhigen Tagesereignissen gelang es Heisenberg, die ersten Stufen der akademischen Leiter zu einer Karriere an der Universität zu erklimmen. 1923 legte er – man könnte fast sagen: eher nebenbei – seine Doktorprüfung in München ab, wobei in diesem Zusammenhang gerne davon erzählt wird, daß er keine gute Note bekommen hat und sogar fast durchgefallen wäre. Heisenberg kannte sich in zahlreichen experimentellen Detailfragen nicht aus. Es fiel ihm zum Beispiel schwer, das Auflösungsvermögen eines Mikroskops zu erklären. Doch Sommerfeld half ihm über die Prüfungshürde, und noch im Wintersemester desselben Jahres konnte er seine erste Stelle antreten – Heisenberg wurde Borns Assistent in Göttingen. Unter der Leitung des umfassend gebildeten und sowohl mit mathematischen als auch mit experimentellen Fragen befaßten neuen Lehrers überwand Heisenberg auch das zweite Hindernis auf dem Weg zu einer deutschen Professur, die Habilitation. Im Juni 1924, zwei Jahre nach den Bohr-Festspielen, erhielt er die *venia legendi* für Physik durch die Universität Göttingen, und im September fuhr er nach Kopenhagen, um hier in den kommenden acht Monaten an Bohrs Institut als Stipendiat der Rockefeller-Stiftung zu arbeiten.

Zu diesem Zeitpunkt war zwar bereits sehr viel Detailarbeit erledigt und eine Menge Eigenschaften von Wasserstoff- und Heliumatomen waren erforscht worden, aber die Grundlage, auf der die Physiker – Bohr, Einstein, Born, Pauli und Heisenberg eingeschlossen – all dies damals noch taten, hatte immer noch nahezu nichts mit dem zu tun, was heute als Quantenmechanik bekannt ist. Historiker sprechen daher gerne von der alten Quanten*theorie,* die bis zum Frühjahr 1925 die Basis der Vorgehens war, und zwar so lange, bis Heisenberg sie in einer langen Nacht durchdringen bzw. überwinden und durch etwas völlig Neues ersetzen konnte, eben die neue Quanten*mechanik,* die heute in den Lehrbüchern der Physik steht und seinen Namen trägt.

Um genau zu sein, muß man erwähnen, daß es zwei Versionen dieser Atomtheorie gibt, die völlig äquivalent und gleichberechtigt sind. Die zweite Fassung stammt von dem österreichischen Physiker Erwin Schrödinger, und es schmälert dessen Leistung nicht, wenn auf den historischen Befund hingewiesen wird, daß Schrödingers Version als Reaktion auf Heisenbergs Geniestreich zustande gekommen ist. In der konkreten Praxis, die auf bequeme Rechenverfahren mit einem weitgehend entwickelten mathematischen Apparat angewiesen ist, ziehen die Physiker Schrödingers Darstellung der Methode von Heisenberg zwar häufig vor – was den Helden dieses Buches natürlich nicht erfreuen konnte –, aber dabei darf der entscheidende Punkt von Heisenbergs Leistung nicht vergessen werden, den wir hier als seinen dritten Auftritt bezeichnen. Er kommt auch in den Lehrbüchern nicht zum Ausdruck, die nur zusammenstellen, was Heisenberg handwerklich hinterlassen hat, und die Studierenden üben die von ihm gelieferten Griffe, ohne sich über deren Herkunft zu wundern.

Wer nur nebenbei oder oberflächlich zur Kenntnis nimmt, was Heisenberg 1925 gelungen ist, kann leicht den Eindruck gewinnen, hier hätte einer getan, was viele vor ihm getan haben, nämlich eine mathematische Gleichung, die nicht ganz stimmig für die behandelten Probleme war, durch eine bessere zu ersetzen, die mehr konnte als ihre Vorläuferin. Dies ist Heisenberg zwar auch gelungen, aber der entscheidende Aspekt seiner Leistung besteht darin, daß er nicht nur eine neue Gleichung, sondern eine ganz neue Art von Gleichung aufgestellt und mit ihr der mathematischen Beschreibung der Natur eine neue Dimension gegeben hat: Das Erschließen dieser neuen Dimension stellt den eigentlichen Geniestreich in der Wissenschaft des 20. Jahrhunderts dar, und für ihn werden andere Qualitäten als Fachverstand, Rationalität und technisches Vermögen benötigt, die Heisenberg selbstverständlich zur Verfügung standen.

Wer einen Vergleich mit der Kunst wagen will, könnte sagen, daß alle Bilder der Natur vor Heisenberg in schwarzweiß gehalten waren. Mit ihm kam die Farbe ins Spiel. Oder wenn der Vergleich feiner und genauer sein soll, dann kann man sagen, daß Heisenberg für die Physik bedeutet, was Leonardo da Vinci für die Malerei bedeutet. Vor Leonardo bemühten sich die Maler darum, die Konturen eines Gesichts zum Beispiel möglichst genau zu zeichnen und zu zeigen – Leonardo überließ diese Formwahrnehmung bzw. die damit verbundene Gestalterkennung dem Betrachter selbst. Er plazierte sie da, wo sie hingehört und stattfindet.

Da sich Heisenberg vor allen Dingen neben seiner physikalischen Tätigkeit mit Musik beschäftigte, darf auch mit ihrer Hilfe ein Vergleich probiert werden.* Die für Heisenberg zeit-

* Die folgenden und späteren Anmerkungen zur Musik verdanken sehr viel den Gesprächen, die ich mit dem Musikwissenschaftler (und Maler) Elmar Budde führen konnte. Ich danke ihm für seine Geduld und Großzügigkeit.

genössische Musik, etwa von Claude Debussy oder Maurice Ravel, bietet das Phänomen des Farbklangs, der in der eher rhetorischen Barockmusik nicht zu finden ist. Auf dem Weg von Bach über Beethoven bis Berg werden nicht nur neue Melodien, sondern neue Musikgattungen und Harmonien kreiert. Die Musik wird sprachähnlicher, sie individualisiert sich, und vielleicht läßt sich sagen, daß Heisenberg in der Physik eine neue Art der Komposition findet. Während die klassische Physik wie ein Konzert von Bach klingt, hört man bei ihm den späten Beethoven und den frühen Schönberg. Heisenberg findet als Wissenschaftler den Innenraum, den Künstler kennen und nutzen, wenn sie einen neuen Griff oder einen neuen Ton finden.

Vor Heisenbergs Durchbruch handelte jede mathematische Formulierung eines physikalischen Problems von real in der Außenwelt existierenden und meßbaren Größen, die wie Zahlen zu behandeln waren. Es ging in den Gleichungen zum Beispiel um Geschwindigkeiten, Massen und Volumina, und niemand erwartete, daß sich dies jemals ändern würde. Was sollten denn Naturgesetze anderes sein als Verbindungen zwischen Größen, die es in der Natur gibt?

Nach Heisenbergs Durchbruch sah die Welt anders aus. Seine Gesetze – und die Gleichungen von Schrödinger – handeln von dem, was ein Wissenschaftler über die Welt wissen kann, und die mathematische Fassung dieses Vorhabens gelingt mit Gebilden, die mehr als eine reale Dimension haben. Pointiert formuliert: Heisenberg entdeckt, daß die grundlegenden Gesetze der Natur in Abhängigkeiten zwischen Größen bestehen, die es nicht in der realen, sinnlich zugänglichen Natur gibt. Unsere Wirklichkeit entsteht nicht aus dem Raum unserer Anschauung, sondern aus einer Sphäre heraus, die zwar an unsere Lebenswirklichkeit anschließt und über wenigstens eine Dimension Kontakt mit ihr hält, die darüber hinaus aber ihre eigene Dimension hat, die man mit dem inneren Auge erblicken und anschließend, wenn man sie beschreiben soll, als Tiefe oder Höhe kennzeichnen kann.

Vermutlich ist es am besten, Heisenberg selbst schildern zu lassen, was in ihm und um ihn herum vorgegangen ist, als er ganz allein und nur aus innerem Antrieb heraus der Physik ein völlig neues Ansehen und Aussehen geben konnte. Er stellt sein Erlebnis in seiner Autobiographie dar; die entscheidenden Passagen beginnen Ende Mai 1925, als Heisenberg in Göttingen lebt und Borns Assistent ist. Der Dreiundzwanzigjährige leidet in diesen ersten warmen Tagen des Jahres unter Heufieber, und die Schwellungen in seinem Gesicht nehmen so stark zu, daß er um Befreiung von seinen Dienstpflichten bitten muß. Auf ärztlichen Rat reist er für vierzehn Tage auf die Insel Helgoland, um sich hier – »fern von blühenden Büschen und Wiesen« – zu erholen. Auf Helgoland gelingt seine Großtat, wobei Heisenberg nicht erwähnt, was er neben der Beschäftigung mit physikalischen Fragen sonst noch gemacht hat:

»Geschlafen hab' ich eigentlich gar nicht«, so hat er seinem baldigen Freund und späteren Schüler Carl Friedrich von Weizsäcker erzählt, »ein Drittel des Tages habe ich die Quantenmechanik ausgerechnet, ein Drittel bin ich in den Felsen herumgeklettert, und ein Drittel hab' ich Gedichte aus dem ›Westöstlichen Divan‹ auswendig gelernt.«

Vielleicht hatte Heisenberg die wohl berühmteste Zeile aus dem Divan – »Dieses: Stirb und werde!« aus der »Seligen Sehnsucht« – im Sinn, als er alles riskierte, um die Atome zu verstehen. Er mußte nämlich die alte Theorie tatsächlich und endgültig sterben lassen, um Platz für die neue zu schaffen, die dieses Attribut auch verdiente. Heisenberg näherte sich dabei der inneren Flamme, die er als die zentrale Ordnung erkannte. Ihr galt seine Sehnsucht.

Das Erlebnis der Einheit

In den ersten Monaten des Jahres 1925 hatte sich bei Heisenberg nach langen Diskussionen mit Pauli die ihm von Anfang an sympathische Vorstellung gefestigt, »daß man gar nicht nach den Bahnen der Elektronen im Atom fragen dürfe«, um eine Theorie der Materie zu bekommen. Denn erstens lassen sich Teile des Atoms überhaupt nicht beobachten, und zweitens prallen bei den im Sprachgebrauch fest verankerten Elektronenbahnen das klassische Denken ohne Quanten und das unklassische Denken mit Quanten dauernd aufeinander. Es galt den Versuch zu unternehmen, das Beobachtbare – die klassische Sphäre – in eine angemessene neue Form zu bringen, und die sicherste Methode schien Heisenberg darin zu bestehen, »die Gesamtheit der Schwingungsfrequenzen und der die Intensität der Linien bestimmenden Größen« als vollwertigen Ersatz für die Bahnen in die Beschreibung einzuführen. Damit, so meinte er, könne man kaum falsch liegen, denn diese Größen ließen sich »ja direkt beobachten«, und die Aufgabe der Physik bestünde doch – in aller Bescheidenheit – zunächst darin, richtige Voraussagen über den Ausgang von Experimenten zu stellen.

Heisenberg machte sich nun an diese Aufgabe in dem tiefen Vertrauen, daß es möglich sein müsse, eine zusammenhängende Theorie der beobachtbaren Größen – also eine neue Mechanik – zu formulieren. Dabei ist im einzelnen folgendes geschehen:

»In Helgoland gab es außer den täglichen Spaziergängen auf dem Oberland und den Badeunternehmungen zur Düne keinen äußeren Anlaß, der mich von der Arbeit an meinem Problem abhalten konnte, und so kam ich schneller voran, als es mir in Göttingen möglich gewesen wäre. Einige Tage genügten, um den am Anfang in solchen Fällen immer auftretenden mathematischen Ballast abzuwerfen und eine einfache mathematische Formulierung meiner Frage zu finden. In einigen weiteren Tagen wurde mit klar, was in einer solchen Physik, in der nur die beobachtbaren Größen eine Rolle spielen sollten, an die Stelle der Bohr-Sommerfeldschen Quantenbedingungen zu treten hätte. Es war auch deutlich zu spüren, daß mit dieser Zusatzbedingung ein zentraler Punkt der Theorie formuliert war, daß von da ab keine weitere Freiheit mehr blieb. Dann aber bemerkte ich, daß es ja keine Gewähr dafür gäbe, daß das so entstehende mathematische Schema überhaupt widerspruchsfrei durchgeführt werden könnte. Insbesondere war es völlig ungewiß, ob in diesem Schema der Erhaltungssatz der Energie noch gelte, und ich durfte mir nicht verheimlichen, daß ohne den Energiesatz das ganze Schema wertlos wäre. Andererseits gab es in meinen Rechnungen inzwischen auch viele Hinweise darauf, daß die mir vorschwebende Mathematik wirklich widerspruchsfrei und konsistent entwickelt werden könnte, wenn man den Energiesatz in ihr nachweisen könnte. So konzentrierte sich meine Arbeit immer mehr auf die Frage nach der Gültigkeit des Energiesatzes, und eines Abends war ich soweit, daß ich daran gehen konnte, die einzelnen Terme in der Energietabelle, oder wie man es heute ausdrückt, in der Energiematrix, durch eine nach heutigen Maßstäben reichlich umständliche Rechnung zu bestimmen. Als sich bei den ersten Termen wirklich der Energiesatz bestätigte, geriet ich in eine gewisse Erregung, so daß ich bei den folgenden Rechnungen immer wieder Rechenfehler machte. Daher wurde es fast drei Uhr nachts, bis das endgültige Ergebnis der Rechnung vor mir lag. Der Energiesatz hatte sich in allen Gliedern als gültig erwiesen, und – da dies ja alles von selbst, sozusagen ohne jeden Zwang herausgekommen war – so konnte ich an der mathematischen Widerspruchsfreiheit und Geschlossenheit der damit angedeuteten

Quantenmechanik nicht mehr zweifeln. Im ersten Augenblick war ich zutiefst erschrocken. Ich hatte das Gefühl, durch die Oberfläche der atomaren Erscheinungen hindurch auf einen tief darunter liegenden Grund von merkwürdiger innerer Schönheit zu schauen, und es wurde mir fast schwindlig bei dem Gedanken, daß ich nun dieser Fülle von mathematischen Strukturen nachgehen sollte, die die Natur dort unten vor mir ausgebreitet hatte. Ich war so erregt, daß ich an Schlaf nicht denken konnte. So verließ ich in der schon beginnenden Morgendämmerung das Haus und ging an die Südspitze des Oberlandes, wo ein alleinstehender, ins Meer vorspringender Felsturm mir immer schon die Lust zu Kletterversuchen geweckt hatte. Es gelang mir ohne Schwierigkeiten, den Turm zu besteigen, und ich erwartete auf seiner Spitze den Sonnenaufgang.«

Was Heisenberg hier beschreibt, kann nur als mystisches Einheitserlebnis bezeichnet und verstanden werden, das durch mathematische Symbole vermittelt wird. Wir lesen von der unmittelbaren Erfahrung einer anderen Wirklichkeit, die allerdings nicht – als etwas Göttliches – höher, sondern – als etwas Ästhetisches – tiefer liegt und somit dem Säkularen verhaftet bleibt. Das visionäre Erleben läßt Heisenberg erglühen und erzeugt in ihm eine Hochstimmung, die ihn sein Leben riskieren läßt. Er wagt noch im Dunkel der Nacht die Kletterei, die er sich bislang selbst im Licht des Tages verweigert hat. Diesmal ist die »Lust« zu groß, die ein Kenner der menschlichen Psyche vielleicht als Todestrieb identifizieren könnte.

Es ist also dramatisch, was Heisenberg schildert, und dabei wirkt seine Beschreibung des Insel-Erlebnisses beim ersten Lesen eher selbstverständlich. Doch was scheinbar mühelos abläuft und erzählt wird, lohnt einen zweiten Blick, um im Anschluß daran einige Punkt zu kommentieren. Es fällt zum Beispiel auf, daß Heisenberg zweimal ausdrücklich nicht von einem, sondern von *seinem* Problem spricht, das er lösen will. Das heißt, er selbst hat es sich gestellt. Die Fragestellung ist in seinem Inneren angekommen, sie kommt aus ihm selbst, und in solchen Fällen ist Heisenberg immer zur Hochform aufgelaufen. Seine Entscheidung für sein Problem erlaubt ihm nun, den mathematischen Ballast abzuwerfen, der das Erbe der alten Physik darstellt und sich störend auswirkt. Hier vollzieht sich das, was man emphatisch eine Reinigung nennen könnte, und er läßt sich Zeit mit ihr, um sie gründlich zu machen. Daß er sich am Ende dieser befreienden Anstrengung in einer Lage wiederfindet, in der das genaue Gegenteil der Fall ist, in der ihm »keine weitere Freiheit mehr blieb«, wie er schreibt, verwirrt zwar einen Wissenschaftler, nicht aber den Künstler, als den wir Heisenberg ansehen müssen. Was jetzt festliegt, ist die Form, der sich jeder Künstler unterwirft – etwa die Sonatenform in der Musik oder das Bildformat (der Rahmen) in der Malerei. Die Freiheit der Kunst ist keine Beliebigkeit, sondern die Freiheit, die ein geschlossener Raum erlaubt. Heisenberg macht die Erfahrung, die unter anderem dem zeitgenössischen Komponisten Arnold Schönberg vertraut war, der eine neue Harmonielehre für die Musik aufstellte – die Zwölftonmusik – und der von dem Augenblick spricht, in dem es keine freie Note mehr gibt. Schönberg hat zwölf gleichberechtigte Töne, die er nach den Gesetzen der Harmonie anordnen muß. Wenn er das Gesetz kennt, bleibt ihm keine Freiheit – im Sinne von Willkür – mehr. Was für Schönberg die Noten sind, stellen für Heisenberg die mathematischen Symbole dar. Indem er das physikalische Naturgesetz sieht, bleibt seinen theoretischen Tönen keine Freiheit mehr. Er muß ihre Raumanweisung ausführen, und die »Melodie«, die dabei entsteht, ist das Gesetz der Atome. Vielleicht hat Heisenberg es sogar gehört, als er die Zeichen auf dem Papier sah.

Die Bilder der Seele

Heisenberg sucht die Begrenzung, die die Künstler Form nennen, und er schränkt seine Freiheit sogar noch zusätzlich ein, indem er verlangt, daß seine neuen Formen bzw. Formeln den Energiesatz erfüllen bzw. seine Gültigkeit garantieren. Zwar ist es für einen Physiker selbstverständlich, daß eine Beschreibung der Natur nur richtig sein kann, wenn sie die Konstanz der Energie sicherstellt, aber wenn man ihn fragen würde, woher er diese Gewißheit hat, würde wenig zu hören sein, das einen Laien überzeugt. Einen theoretischen Beweis dafür, daß der Energiesatz gelten muß, gibt es nämlich nicht, und eigentlich *glauben* die Physiker mehr an die Energieerhaltung, wobei allerdings sofort hinzugefügt werden muß, daß sie diesen *Glauben* täglich nachmessen und überprüfen. Es gibt also gute wissenschaftliche Gründe für ein Vertrauen in den Energiesatz, aber als Heisenberg seine Tage auf Helgoland verbrachte, hatte selbst Bohr vorübergehend in Erwägung gezogen, ob es im atomaren Bereich nicht erlaubt sein könne, die Gültigkeit stellenweise aufzuheben.

Doch weder Pauli noch Heisenberg wollten davon das geringste wissen. Sie waren felsenfest von der Erhaltung der Energie überzeugt, wobei Pauli sich zusätzlich überlegt hat, wie solch eine innere Sicherheit zustande kommen kann. Er fragt, was die inneren Quellen sind, aus denen sich die Überzeugung der Physiker speist, durch die ihr Festhalten an der Konstanz der Energie bedingt ist, und er erkennt zunächst, daß sich die wissenschaftliche Literatur an dieser Stelle vornehm zurückhält. Dies gilt zwar bis heute, doch kann diesen Mangel in einen Vorteil verwandeln, wer die jetzt gegebene Freiheit spekulativ nutzt und zum Beispiel mit Paulis Vorgabe annimmt, daß innere Gewißheiten durch archetypische Bilder zustande kommen können. Pauli vertraut den Erfahrungen, die zum Beispiel Johannes Kepler gemacht hat, der beschreibt, daß ihm wissenschaftliche Einsichten dann gelungen sind, wenn die äußeren Bilder der Wahrnehmung mit den inneren Bildern der Seele übereinstimmten. Der Grundgedanke solch einer Erkenntnistheorie findet sich bei Platon, der von Ideen spricht, die in einer geistigen Welt vorhanden sind und an die wir uns erinnern, wenn wir etwas erkennen. Kepler nennt dieses archetypische – urbildhafte – Material einfach die Bilder seiner Seele, und die moderne Zeit könnte von kollektiven Komponenten des Unbewußten sprechen, die darauf warten, ins Bewußtsein gehoben und Erkenntnis zu werden.

Da die Physiker zwar alles mögliche mit der Energie machen, aber keine Antwort auf die Frage »Was ist Energie?« geben können, läßt sich diese Größe – in dem skizzierten Sinne – als etwas Archetypisches bezeichnen, wobei wichtig ist, daß wir damit etwas ansprechen, nach dem aus innerem Antrieb heraus im Außen (in der Natur) gesucht wird.

Es wird hier nicht behauptet, daß diese Deutung physikalischer Parameter erklärt, was Energie ist. Es wird nur behauptet, daß Heisenbergs Durchbruch auf Helgoland viel mit Bildern und Bewegungen zu tun hat, die seiner Seele – seinem Unbewußten – entsprungen sind. Was die unbewußte innere Stimme sagt, wird natürlich der bewußten Kontrolle der mathematischen Rationalität unterstellt, und es sind maßgeblich Heisenbergs Rechnungen, die ihm die Gewißheit nach Mitternacht geben. Etwas ist unter seinen Fingern geworden, und etwas anderes ist dabei gestorben. »Dieses: Stirb und werde« kleidet Heisenberg in die eher hölzern wirkenden Ausdrücke Energietabelle oder – noch schlimmer – Energiematrix. Er tut so, als ob er ein Buchhalter der Atome wäre, und weiß doch längst, daß er seiner Wissenschaft das Geschenk einer neuen Form gemacht hat. Heisenberg hat zum ersten Mal eine (widerspruchsfreie) mathematische Beschreibung der Natur vor sich, die nicht verbindet, was man als objektive Größen in der Natur vermutet – also etwa Massen, Impulse und Temperaturen –, sondern die verbindet, was beim Umgang mit der Natur herauskommt. Die Energiematrix ist nicht die Energie selbst, sondern die mathematische Form des menschlichen Zugriffs auf die Natur. Sie ist keine Zahl, sondern die Operation, die eine Zahl (einen Meßwert) hervorbringt. Heisenbergs Ziel, eine Theorie der Atome zu formulieren, in der nur die tatsächlich beobachteten Größen – Lichtfrequenzen und Intensitäten – vorkommen, ist erreicht, aber nur, weil er den Meßvorgang mit in die Gleichung einbaut. Dies hatte er nicht so beabsichtigt, aber es ist so passiert in seinem Kopf, und vielleicht hat er sich die Fragen gestellt, die in den folgenden Zeilen aus dem »West-östlichen Divan« stehen:

»Wo hast du das genommen?
Wie konnt' es zu dir kommen?
Wie aus dem Lebensplunder
Erwarbst du diesen Zunder?
Der Funken letzte Gluthen
Von frischem zu ermuthen?«

Abbildung 7:
Heisenberg etwa zur Zeit seines Helgolandaufenthalts

Das Gedicht ist das erste aus dem »Buch des Unmuts« (Rendsch Nameh). Es antwortet eine Strophe weiter mit dem dort letzten Satz, »Ich war wie neugeboren«, und so muß sich Heisenberg gefühlt haben, als er auf den Felsen kletterte, um

Abbildung 8: Der Gedenkstein auf Helgoland

den neuen Tag zu begrüßen, mit dem in der Physik eine neue Zeit beginnen konnte. Der Ort dieses Werdens ist heute übrigens durch einen Gedenkstein markiert (Abb. 8). Er wurde im Juni 2000, also zur 75jährigen Wiederkehr der Entdeckung der Quantenmechanik durch den jungen Werner Heisenberg, von Mitgliedern des nach ihm benannten Instituts für Physik enthüllt.

Die imaginäre Dimension

Als Heisenberg im Juni 1925 nach Göttingen zurückkehrte und seinem Mentor Born zeigte, was er entworfen und berechnet hatte, erkannte der versierte Forscher, daß Heisenbergs Energietabelle den Mathematikern längst bekannt war, nämlich als eine Matrix. Schon im 19. Jahrhundert hatten sie den Gesetzen für das Rechnen mit Zahlen Gesetze für das Rechnen mit Matrizen an die Seite gestellt, ohne allerdings zu ahnen, damit etwas zu tun, was physikalisch von Bedeutung ist und Erfahrungen mit der Natur im atomaren Bereich widerspiegelt. Unter dem psychologischen Blickwinkel der Archetypen und des inneren Entwerfens von Formen und Bildern könnte man erklären, wieso Matrizen auch ohne äußere Notwendigkeit zustande kommen, aber darauf kommt es jetzt nicht an. Entscheidend ist eher, daß Born sofort sah, was der wesentliche Unterschied zwischen den alten Zahlen und Heisenbergs Matrizen ist. Während es bei der Multiplikation von Zahlen nicht auf die Reihenfolge ankommt – sieben mal zwölf ergibt dasselbe wie zwölf mal sieben –, muß bei den Matrizen beachtet werden, was zuerst kommt. Konkret formuliert kommt etwas anderes heraus, wenn zuerst die Energie eines Atoms und dann der Zeitpunkt bestimmt wird, der dazugehört, oder wenn umgekehrt zuerst die Zeit festgelegt und erst danach die Energie gemessen wird, die zur Verfügung steht. So wichtig diese Einsicht war, die eigentliche Sensation kam, als Born dank Heisenbergs Vorgaben genau sagen konnte, worin der Unterschied besteht. Er sieht für einen heutigen Physiker trivial aus, denn er läßt sich als Produkt zweier Zahlen schreiben, genauer: als Produkt der Zahlen, die in Fachkreisen als h und i bekannt sind und zufällig (?) im Alphabet hintereinander stehen. Das h ist das Plancksche Wirkungsquantum, und somit läßt sich an dieser Stelle in gebotener Kürze festhalten, daß die Matrixmechanik, die Heisenberg und Born entworfen und in aller Ausführlichkeit gemeinsam mit Pascual Jordan ausgearbeitet und veröffentlicht haben, dem bislang so geheimnisvollen Quantum der Wirkung einen Platz zuweisen und seine Herkunft zum ersten Mal verständlich machen kann. Es stammt nicht wie ein Kaninchen aus dem Hut des Zauberers Planck, sondern es tritt ganz selbstverständlich auf, wenn die Reihenfolge der Messungen bzw. Beobachtungen verändert wird, und erinnert daran, daß jedem Experiment eine Wechselwirkung zugrunde liegt, bei der mindestens ein Quantum ausgetauscht werden muß.

So beruhigend das Auftauchen des h wirkte, so aufregend war für die Physiker das Erscheinen des kleinen i. Es stellt keine Zahl dar, die als Ergebnis einer Messung gelten kann. Das i ist keine reelle (reale) Zahl, wie die Mathematiker sagen, es ist vielmehr eine imaginäre Zahl, die den bekannten Zahlenstrahl in eine Ebene verwandelt (Abb. 9). Mit ihm bekommt das Wort von der neuen Dimension, die Heisenberg entdeckt hat, seine konkrete Bedeutung. Was Heisenberg zuerst unbewußt erkannte und danach Born bewußt formulierte, läßt sich so ausdrücken, daß die Theorie der realen Welt nicht mit realen Größen formuliert werden kann, sondern eine imaginäre Dimension braucht. Überspitzt kann man sagen, daß

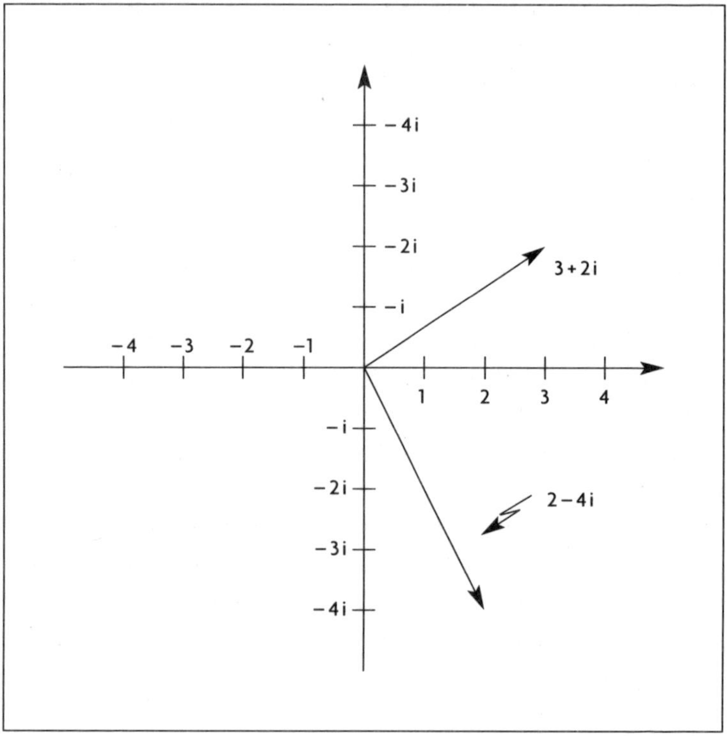

Abbildung 9: Die komplexe Zahlenebene mit imaginärer Dimension

die Wirklichkeit nur als etwas Imaginäres – in der Imagination – existiert.

Zwar hat Heisenberg auf Helgoland die imaginäre Einheit i noch nicht in seine Gleichungen eingeführt und den berühmten Buchstaben mit dem Punkt auch gar nicht verwendet, aber enthalten war diese Dimension der Tiefe schon in dem, was er auf dem Papier vor sich hatte. Sein Erschrecken vor dem Erreichten hängt wahrscheinlich damit zusammen – wobei sich fragen läßt, wieso jemand durch mathematische Zeichen hindurchschauen und unter ihnen Strukturen finden kann, mit der die Natur ihn lockt. Eine Antwort besteht darin, daß die mathematischen Symbole genau das sind, was das Wort sagt, nämlich Symbole. Heisenbergs enger Freund aus diesen Tagen, Pauli, hat die Vermutung geäußert, daß mathematische Begabung in der Fähigkeit liegt, in den Buchstaben und Zeichen der Gleichungen Symbole zu sehen, die nicht allein mit rationalen Mitteln zu verstehen sind, sondern im Betrachter bildhafte Vorstellungen auslösen und ihm Zugang zu einer inneren Welt verschaffen. Symbole sind Fenster, die den Blick freimachen für das, was hinter oder unter ihnen liegt, und genau dieses Erlebnis gelingt Heisenberg und gibt ihm die Gewißheit, etwas Bleibendes gefunden und geschaut zu haben.

Tatsächlich hat Heisenberg nach seiner Rückkehr alle, die er trifft, durch die Gewißheit beeindruckt, mit der er an den Erfolg seiner Matrizen und ihrer Mechanik glaubt, und zwar bereits zu einem Zeitpunkt, als von Seiten der experimentellen Physik noch nicht sehr viel unternommen worden ist, um seine Theorie zu prüfen. Es ist dann Einstein, der es wagt, den überschäumenden Heisenberg zu fragen, warum er so fest von der Theorie überzeugt ist, obwohl so viele zentrale Fragen noch offen sind und die experimentellen Befunde noch ausstehen. Einstein stellt diese Frage, als die beiden im Frühjahr 1926 in Einsteins Berliner Wohnung zusammensitzen. Sie unterhalten sich im Anschluß an ein Kolloquium, das Heisenberg in der Hauptstadt gegeben hat, die zugleich – dank Planck, Einstein und anderen Nobelpreisträgern – die Hauptstadt der Physik ist. Heisenberg hat auf Einsteins Frage wie folgt geantwortet:

»Wenn man durch die Natur auf mathematische Formen von großer Einfachheit und Schönheit gestoßen wird – mit Formen meine ich hier: geschlossene Systeme von grundlegenden Annahmen, Axiomen und dergleichen – auf Formen, die bis dahin noch von niemandem ausgedacht worden sind, so kann man nicht umhin zu glauben, daß sie ›wahr‹ sind, das heißt, daß sie einen echten Zug von Natur darstellen. Es mag sein, daß diese Formen auch von unserer Beziehung zur Natur handeln, daß es in ihnen auch ein Element von Denkökonomie gibt. Aber da man ja von selbst nie auf diese Formen gekommen wäre, da sie uns durch die Natur erst vorgeführt worden sind, gehören sie auch zur Wirklichkeit selbst, nicht nur zu unseren Gedanken über die Wirklichkeit. Sie können mir hier vorwerfen, daß ich hier ein ästhetisches Wahrheitskriterium verwende, indem ich von Einfachheit und Schönheit spreche. Aber ich muß zugeben, daß für mich von der Einfachheit und Schönheit des mathematischen Schemas, das hier von der Natur suggeriert worden ist, eine ganz große Überzeugungskraft ausgeht. Sie müssen das doch auch erlebt haben, daß man fast erschrickt vor der Einfachheit und Geschlossenheit der Zusammenhänge, die die Natur auf einmal vor einem ausbreitet und auf die man gar nicht vorbereitet war. Das Gefühl, das einen bei einem solchen Anblick überkommt, ist doch völlig verschieden etwa von der Freude, die man empfindet, wenn man glaubt, ein Stück ... Handwerksarbeit besonders gut geleistet zu haben.«

Einstein stimmt mit Heisenberg zwar darin überein, daß die Kontrolle einer Theorie durch das Experiment eher nebensächlich ist – »man kann ja nie alles nachprüfen« –, aber er fügt hinzu, daß es ihm große Mühe bereite, zu verstehen, »was es mit der Einfachheit der Naturgesetze auf sich habe«. Dies ist wahrscheinlich noch schwieriger als das andere Konzept zu verstehen, von dem Heisenberg spricht, dem der Schönheit nämlich. Eine klassische Definition der Schönheit geht auf den Philosophen Plotin zurück, der in seinen Schriften davon ausgeht, daß es so etwas wie das »Eine« (die Wesenseinheit) in der Welt gibt, und ihm ordnet er einen Glanz zu, der die materielle Gegebenheit der Dinge durchscheinen kann. Dieser wahrnehmbare Glanz erlaubt den Menschen, durch die Oberfläche hindurchzusehen, und dieses Erlebnis erfahren wir als Schönheit. Genau so ist es Heisenberg auf Helgoland ergangen, und kein Wissenschaftsphilosoph versuche jemals, die Logik zu finden, die hier gewaltet haben soll. Kreative Wissenschaft gelingt nicht logisch, sondern psychologisch, und es ist vor allem Einstein, der dies für seine eigenen Leistungen immer wieder betont hat.

Schrödingers Auftritt

Als sich Einstein und Heisenberg in Berlin unterhielten, produzierte ein Österreicher in der Schweiz eine Reihe von Arbeiten, die der noch jungen Quantenmechanik ein zweites Gesicht gaben. Gemeint ist Erwin Schrödinger, der damals Professor für Theoretische Physik in Zürich war. In seinem Herzen fühlte sich Schrödinger eher als Philosoph, und es bedurfte eines besonderen äußeren Anlasses, um ihn überhaupt dazu zu bewegen, sich ernsthaft mit den Problemen der Atome zu beschäftigen. Der Anlaß bestand in Heisenbergs Matrizen, die Schrödinger entsetzlich fand. Ihn widerte an, daß die »verdammte Quantenspringerei«, wie er es nannte, zum entscheidenden Merkmal der Physik werden sollte, und dieser Ärger machte in kreativ. Im Winter 1925/26 fuhr er in die Skiferien nach Arosa, und im Verlauf dieses Aufenthaltes brachte er den ersten Entwurf der Gleichung zu Papier, die heute als Schrödinger-Gleichung weltberühmt ist und dafür sorgt, daß es Schrödingers Name ist, der in der wissenschaftlichen Welt am häufigsten ausgesprochen wird. (Es mag zum Verständnis von Schrödingers Leistung beitragen, daß er seinen Urlaub mit einer Freundin verbrachte und die Ehefrau in Zürich ließ, und es scheint auch, daß seine Zeugungskraft über die Physik hinausgegangen ist und ein uneheliches Kind zur Folge hatte.)

In dem hier verhandelten Zusammenhang kommt es darauf an, Schrödingers Ekel und dessen Folgen zu verstehen. So wie Heisenberg fest und unerschütterlich an die Konstanz der Energie glaubte, vertraute Schrödinger fest und unerschütterlich der Vorstellung, daß in der Natur alles kontinuierlich und stetig vor sich geht. Nun ließ sich aber nicht leugnen, daß ein Atom Licht nur mit präzise festliegenden Energiewerten aussendet, den berühmten Spektrallinien. Wer ohne Quantensprünge auskommen wollte, mußte die Lücken zwischen diesen Linien erklären, und zwar mit klassischen Vorstellungen. Schrödinger stellte sich diese Aufgabe, und Anfang 1926 meinte er, sie gelöst zu haben. Er präsentierte eine Wellengleichung – eben die längst legendäre Schrödinger-Gleichung –, die das Verhalten von Elektronen in Atomen beschreiben sollte. Das Elektron, vorgestellt als ein winziges Etwas, sollte eine stehende Welle sein, deren Schwingen sich so verändert, wie es zum Beispiel die Saite einer gespielten Violine tut (Abb. 10). Dabei entströmen einer kontinuierlichen Saite bekanntlich diskrete Töne – ein a oder ein d etwa –, und

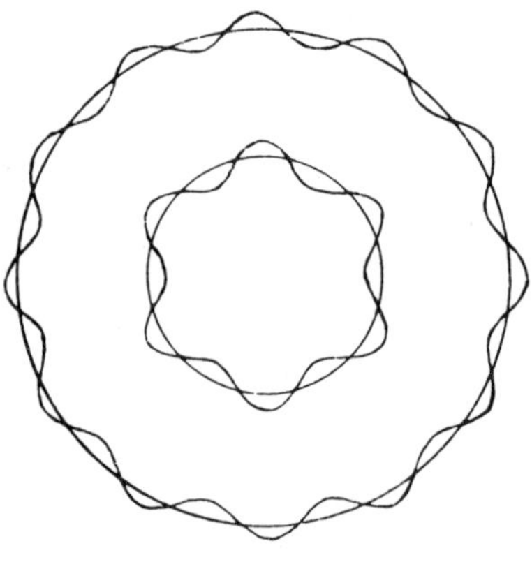

Abbildung 10:
Schrödingers stehende Welle

so sollte das Elektron sein: ein kontinuierliches Bewegen mit festen Stationen.

Tatsächlich hat Schrödinger entdeckt, daß sich die atomare Realität durch Wellenbewegungen und die dazugehörigen Gleichungen erfassen läßt, aber er hat sehr lange gebraucht, um seine eigene Leistung und damit das zu verstehen, was er wirklich gefunden hat – nämlich eine Gleichung, die eine Wellenbewegung in Räumen mit imaginären Dimensionen beschreibt. Die berühmte von ihm eingeführte Funktion, die er seltsamerweise mit dem sonst nur in psychologischen Kreisen gebräuchlichen griechischen Buchstaben Psi bezeichnet hat, erfüllt seine Gleichung nur, wenn sie mit einem Imaginäranteil ausgestattet ist, also genau dieselbe neue Dimension in die Physik einführt, die auch Heisenbergs Matrizen erfordern.

Schrödinger hat sehr bald noch beweisen können, daß seine Version einer Atommechanik mit Quanten völlig äquivalent zu der von Heisenberg gefundenen Fassung ist, was konkret bedeutet, daß immer dann, wenn die Wellen- und Matrixgleichungen auf ihre realen Anteile reduziert werden und alles Imaginäre methodisch sauber auf die Seite kommt, dasselbe Ergebnis herauskommt. Damit standen den Physikern zwei Paletten zur Verfügung, mit deren Farben sie das Bild der Atome malen konnten, und jedem stand es frei, die Palette zu wählen, mit der er leichter zurechtkam. Schrödingers Wellengleichung schneidet dabei besser ab als Heisenbergs Matrizenform, und zwar einfach deshalb, weil die Mathematik ein reichhaltiges Arsenal von Vorschriften enthält, in welcher Weise eine Gleichung der Art, wie sie Schrödinger als Beschreibung der Atome und ihres Lichts vorschlägt, zu lösen ist. Bei Heisenbergs Ansatz ist sie da eher knauserig. Natürlich stehen beide Versionen gleichberechtigt in den Lehrbüchern, die in diesem Zusammenhang gerne vom Schrödinger- bzw. vom Heisenberg-Bild der atomaren Wirklichkeit sprechen.

Heisenbergs vierter Auftritt – Kopenhagen 1927

Das Wunderbare an der Existenz zweier Formen der Quantenmechanik liegt darin, daß damit unmittelbar auf der Ebene der Mathematik zum Ausdruck kommt, was den Physikern zuvor – allen voran Bohr und Einstein – als extrem merkwürdig auf der Ebene der Erscheinungen selbst aufgefallen war. Die Rede ist von der Doppelnatur des Lichts und der Elektronen, die zuerst Einstein bemerkt hatte, als er – als einer der ersten im Jahre 1905 – Plancks Idee der Quanten so ernst nahm, wie sie es verdient. Einstein konstatierte und machte plausibel, daß die Vorgabe, die Energie des Lichts sei von Natur aus in Quantenform organisiert, die Annahme nach sich ziehe, daß Licht selbst nicht nur als Welle, sondern auch als Strom aus Teilchen zu verstehen ist. In aller Kürze formuliert: Licht besteht aus Lichtquanten, und die nannte Einstein Photonen.

Es war schwer, diesen von Einstein selbst als revolutionär eingeschätzten Gedanken zu akzeptieren. Schließlich meinten die Physiker, seit mehr als hundert Jahren verstanden zu haben, was Licht ist – nämlich eine Wellenbewegung. Erst hatten sie gezeigt, daß Licht genau das kann, was man von einer Welle erwartet – nämlich sogenannte Interferenzerscheinungen zustande bringen, bei denen Licht plus Licht Dunkelheit ergibt –, und dann konnten die Physiker sogar zeigen, wie die Lichtwelle aufgebaut ist, nämlich aus elektrischen und magnetischen Anteilen, die sich gegenseitig bedingen und hochschaukeln. Doch auf einmal sollte das alles nicht mehr stimmen, weil ein Einstein daherkommt und nicht nur erklärt, daß diese Wellenvorstellung nur die Hälfte der Wahrheit enthält, sondern noch eins draufsetzt und seinen Kollegen klarmacht, daß die Frage nach der Natur des Lichts niemals eine eindeutige Antwort bekommen wird. Licht kann sowohl als Welle wie auch als Teilchen in Erscheinung treten, es gibt keine Versuchsanordnung, in der beide Qualitäten zugleich nachweisbar sind, und somit müssen wir uns mit der Janusköpfigkeit des Lichtes bescheiden. Es ist das Beste, was wir darüber sagen können.

Was Einstein da behauptete – und was heute die akzeptierte Form der Wahrheit ist und von niemandem in Frage gestellt wird –, war zwar für die Ohren der klassischen Physiker schon schlimm genug, aber es kam noch schlimmer. Der Doppelnatur des Lichts, die Einstein bereits 1905 diskutiert hatte, wurde nämlich 1924 die Doppelnatur der Materie an die Seite gestellt. Der Franzose Louis de Broglie machte diesen Vorschlag, der ihm aus Symmetriegründen – also aufgrund ästhetischer Argumente – angebracht zu sein schien und der bald alle nötigen experimentellen Prüfungen über sich ergehen lassen mußte und sie alle glänzend bestehen konnte. Doch so klar die Befunde nachweisbar waren, so rätselhaft blieben sie. Wie sollte man sich die Wellenbewegung eines Teilchens vorstellen, von dem man doch schon die Masse kannte?

Bei den konkreten und gedanklichen Versuchen, die in dem verzweifelten Bemühen unternommen wurden, den Doppelcharakter der Materie zu verstehen, tauchten zunächst keine Klarheiten, sondern noch weitere Undurchsichtigkeiten auf. Die Elektronen präsentierten den staunenden Physikern nämlich eine besonders heimtückische Variante der Doppelnatur: Raffinierte Experimente zeigten bald, daß ein Elektron, das beobachtet wird, etwas anderes ist als ein Elektron, das unbeobachtet bleibt. Elektronen erwiesen sich als höchst menschlich. Sie verhielten sich anders, wenn ihnen jemand zusah. Damit ist folgendes gemeint:

Während sich beobachtete Elektronen als Dinge (Teilchen) erwiesen, die man einzeln zählen konnte – wie man es erwartete –, zeigte sich, daß unbeobachtete Elektronen eher Wellen

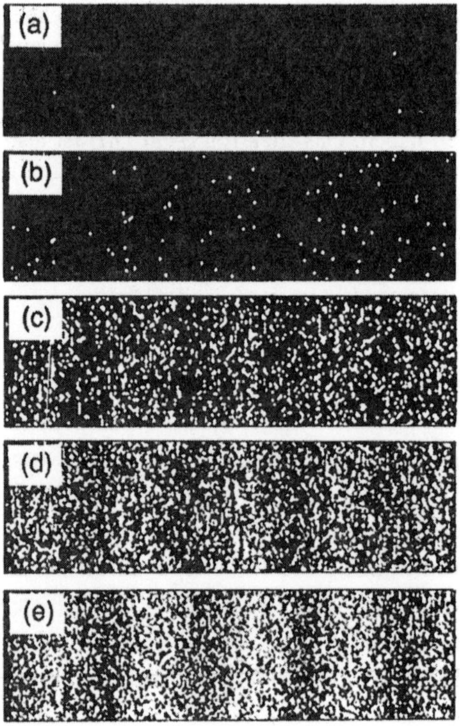

Abbildung 11: Elektronen im Doppelspalt.

Vom Licht wußten die Physiker seit dem Beginn des 19. Jahrhunderts, daß es Interferenzerscheinungen zeigt. Das heißt, wenn die Strahlen, die von einer Lichtquelle ausgehen, so gelenkt werden, daß sie parallel zwei Öffnungen durchlaufen, dann wird auf einem Schirm hinter dem Doppelspalt ein Hell-Dunkel-Muster erkennbar. Dies kann so gedeutet werden, daß die beiden Öffnungen als Ausgangspunkte von zwei Lichtwellen dienen, die sich je nach Ort verstärken oder auslöschen. Dies ist alles klassisch verständlich. Unbegreiflich wird, daß dies ebenso mit Elektronen geschehen kann. Wenn ein Elektronenstrahl auf gleiche Weise durch einen Doppelspalt geführt wird, kommt es ebenfalls zur Interferenz. Man muß also so von Materiewellen sprechen, wie man von Lichtwellen spricht. Doch der eigentliche Schock kommt, wenn das Experiment so durchgeführt wird, daß sich nur ein einziges Elektron in der Apparatur befindet. Auch dann kommt es nämlich zur Interferenz, wie ein Experiment deutlich machte, das zum ersten Mal vor rund 10 Jahren durchgeführt werden konnte. Das einzelne Elektron wird auf der Rückwand durch die »Klicks« gezählt, die es in einer Verstärkerapparatur auslöst. Hier wird es als Teilchen registriert. Es muß aber den Doppelspalt als Welle durchlaufen haben. Das Elektron (sein Ort) ist also unbestimmt, solange er (der Ort) nicht im Experiment bestimmt und damit – wörtlich betrachtet – festgestellt wird. Das Muster wirkt nach zehn (a) oder hundert Punkten (b) noch zufällig. Doch nachdem 3000 Punkte (c) zu sehen sind, tritt das Interferenzmuster hervor, das sich im Laufe der Zeit weiter verstärkt (d, e).

gleichen. Wenn man sie auf eine Wand zulaufen läßt, in der sich zwei Löcher befinden – die Physiker sprechen in diesem Fall vom Doppelspalt –, und erst nachsieht, wo die Elektronen sind, wenn sie die Wand längst passiert haben, dann läßt sich das dabei ermittelte Ergebnis nur verstehen, wenn man jedem einzelnen Elektron zubilligt, beide Wege durch beide Öffnungen genommen zu haben (Abb. 11).

Es kann niemandem leichtfallen, dies zu akzeptieren, aber den Physikern blieb bald nichts anderes übrig. Nach und nach mußten sie es aufgeben, das Schauspiel auf der atomaren Bühne mit anschaulich begründeten Begriffen aus dem Alltag beschreiben zu wollen. Bohr versuchte, diese völlig neue Situation mit seiner Idee der Komplementarität zu erfassen, wobei das für viele Ohren unglücklich klingende Kunstwort vom lateinischen »completum« gebildet ist und »das Ganze« meint. Komplementarität hieß für Bohr, daß Erscheinungen auf der Ebene der Atome sich durch eine Doppelnatur auszeichnen. Und zwar treffen bei ihrer Beschreibung zwei Konzepte oder Bilder aufeinander – Welle und Teilchen –, die sich zwar widersprechen, die aber zusammengehören. Die experimentellen Anordnungen, mit denen die jeweils komplementären Aspekte erfaßt werden, schließen sich gegenseitig aus. Sie können also nie zeitgleich zum Tragen kommen.

Viele Jahre kreisten Bohrs Gedanken um diese Idee der Komplementarität, die ihm die philosophische Lektion der Atome zu sein schien und die ihren Ausdruck in den beiden mathematischen Fassungen fand, welche es von der Quantenmechanik gab. Natürlich war der Gedanke für viele Physiker ungewohnt, und deshalb bemühte sich Bohr angestrengt um die Klärung der in ihm enthaltenen Schwierigkeiten. Er tat dies vor allem im Winter des Jahres 1926/27, als Heisenberg sein Assistent war und in Kopenhagen wohnte. Beide müssen unentwegt und intensiv über die Interpretation der Quantenmechanik diskutiert haben, und bei den bis spät in die Nacht fortgesetzten Gesprächen wurde Bohr nicht müde zu betonen, daß die neue Physik im Gegensatz zur alten Physik den Beobachter nicht ausschließt, sondern einbezieht, und zwar nicht als notwendiges Übel, sondern als maßgeblichen Teil des wissenschaftlichen Unternehmens. Physik – so Bohr – handelt nicht von der Natur, sondern vom Wissen, das wir als Menschen von der Natur haben. Niemals können Wissenschaftler erfassen, wie die Natur wirklich ist. Sie können nur erfassen, wie ihnen die Natur erscheint, da sie selbst zu dem Versuch bzw. zu der Messung gehören, die sie unternehmen.

Was Bohr im Kopenhagener Winter 1926/27 dachte und sagte, erinnert zunächst an Heisenbergs Bemühen, in die Theorie der Atome nur meßbare Größen einzuführen – also die Frequenzen und die Intensität des Lichtes, das Atome aussenden, oder die elektrische Ladung eines Elektrons. Es erinnert philosophisch orientierte Leser darüber hinaus an die Vorstellungen, die Immanuel Kant von der Erkenntnis hatte. In seiner »Kritik der reinen Vernunft«, in der Kant die Bedingungen der Möglichkeit von Erkenntnis erkundet, wie es bei den Philosophen so schön heißt, führt er die berühmte Formulierung vom »Ding an sich« ein, das dem menschlichen Vermögen unzugänglich bleibt. Kant wies darauf hin, daß wir

»von keinem Gegenstand als Ding an sich … Erkenntnis haben«, sondern ihn nur »als Erscheinung« – also mit Hilfe der sinnlichen Anschauung – erfassen können. Dabei setzte Kant voraus – und mit ihm alle seine Nachfolger –, daß jedes Ding an sich schon Eigenschaften hat, die es auszeichnen, nur leider steht für die Menschen kein Weg offen, zu ihnen zu gelangen und sie zu ermitteln.

Genau diesen philosophischen Gedanken sollte Heisenberg in Kopenhagen widerlegen, und das Ergebnis seiner Anstrengungen kennt die ganze Welt, auch wenn sie nichts von Physik versteht. Der populärste Ausdruck für das, was Heisenberg entdeckte, lautet »Unschärferelation«, und im Englischen ist gerne von der »general uncertainty« die Rede, was man mit »allgemeiner Verunsicherung« übersetzen könnte (und was dann wie der Name einer Rockband klingt). Der angelsächsische Ausdruck kann wegen der Doppeldeutigkeit des ersten Wortes auf den Urheber des Gedankens angewendet werden, und tatsächlich ist Heisenberg bei einem seiner Besuche in den USA als »General Uncertainty« begrüßt worden – als General Unsicherheit, wenn man so will.

Unsicherheit ist besser als *Unschärfe,* aber worum es tatsächlich geht, kann durch keines der beiden Worte adäquat ausgedrückt werden. Was Heisenberg wirklich entdeckt hat, trägt den Namen *Unbestimmtheit,* und so verneinend dieses Wort auch klingt, es drückt paradoxerweise etwas Positives aus, die Tatsache nämlich, daß wir doch etwas über das Elektron an sich oder irgendein atomares Ding an sich wissen. Wir wissen nämlich seit Heisenberg, daß es da nichts zu wissen gibt.* Das atomare Ding an sich, so hat er festgestellt, verfügt über nichts Bestimmtes. Ohne einen Beobachter sind seine Eigenschaften noch nicht bestimmt, es hat noch nichts, was

* »There is no there there«, würde Gertrude Stein sagen.

sich ermitteln läßt. Es ist unbestimmt. Es stellt an sich keine Wirklichkeit dar, führt dafür aber alle Möglichkeiten mit, die ihm offenstehen. Es wartet, bis jemand nachschaut und fragt, ob eine Eigenschaft vorhanden ist. Gehört das von außen Herangetragene zu den innen vorbereiteten Möglichkeiten, zeigt das atomare Ding, was es hat. Es gibt sich auf und läßt sich bestimmen – von uns.

Unbestimmtheit hat also sehr wenig mit Ungenauigkeit zu tun, und sie hat überhaupt nichts mit den Ungenauigkeiten zu tun, die bei allen Meßvorgängen auftreten, selbst dann, wenn jemand die Größe seiner Kinder oder die Temperatur seines Fiebers mißt. Heisenbergs Unbestimmtheit geht unendlich viel weiter und tiefer als alles Gerede um Unschärfen und Ungenauigkeiten. Wer sich dies klarmachen will, braucht nur daran zu denken, daß Heisenbergs Vorschlag die Konsequenz hat, daß einem Ding an sich nicht mit den Mitteln der traditionellen Logik beizukommen ist. So schön die Alternative »Sein oder Nichtsein« auch klingt, es ist die falsche Frage am falschen Ort. Im Innersten der Welt gibt es das Dritte, das die Logik so gerne ausschließen möchte, nämlich neben dem Sein und dem Nichtsein auch noch das Möglichsein. Bei seiner Beschreibung, bei der Aufzählung der Möglichkeiten, die das Ding an sich in sich trägt, mischt und verbindet sich, was so lange getrennt war und immer noch getrennt scheint, nämlich die materielle Seite der Objekte und die immaterielle (geistige) Seite der Subjekte.

Fachphilosophen werfen Heisenberg häufig vor, seine Texte seien philosophisch etwas schlicht. Sie übersehen, daß die Idee der Unbestimmtheit mehr Philosophie enthält, als die meisten von ihnen vertragen und aushalten. Der fünfundzwanzigjährige Heisenberg muß die ganze Zeit, als er in Kopenhagen diesen Gedanken ausbrütete, gewußt haben, was er da wirklich tut – nämlich das Ding an sich einzukreisen –, aber er hat zugleich auch gewußt, daß er bei dieser schweren Aufgabe nur mit physikalischen Argumenten bestehen kann. Bei diesen Bemühungen sind die berühmten Relationen entstanden, die oft als Quintessenz seiner Deutung der Quantentheorie vorgestellt werden (Abb. 12).

Leider ist Heisenbergs Autobiographie an dieser Stelle eher zurückhaltend, und in den Briefen aus jenen Tagen ringt er vor allem mit den Fragen der Physik. Dabei scheint ihm der zentrale Gedanke in einer Situation gekommen zu sein, die vergleichbar mit derjenigen ist, in der er sich auf Helgoland befunden hat. Es geht um den Februar 1927, als Bohr Kopenhagen verließ, um Skiurlaub in Norwegen zu machen. Die Historiker begründen dies mit seiner Erschöpfung, und wer einen Blick auf das von Bohr geleistete Arbeitspensum wirft, wird sich dieser Deutung gerne anschließen. Die Diskussionen mit Heisenberg werden ihm schon alles abverlangt haben, und nebenbei mußte das Institut geleitet, Doktoranden betreut, Vorlesungen gehalten und noch viel mehr getan werden, wobei die Familie leider erst zuletzt genannt wird.

Als sich Bohr in Norwegen erholte – und das Skilaufen nutzte, um Klarheit über die Komplementarität zu gewinnen –, blieb Heisenberg allein in Kopenhagen zurück, und die Betonung liegt auf »allein«. Wie auf Helgoland ist er nur mit sich und seinen inneren Bildern befaßt, und die Gedanken kehrten zu einem alten Problem zurück, zu der Frage: »Was versteht man unter dem Wort ›Ort des Elektrons‹?« In einem langen Brief an Pauli, der Ende Februar 1927 geschrieben worden ist und die Grundlage für die spätere Publikation enthält, wendet er die Frage schnell in die richtige Richtung, indem er sie durch eine andere ersetzt, die der Quantentheorie angemessen ist: »Wie *bestimmt* man den Ort eines Elektrons?« Eigentlich ist die Antwort einfach:

»Man nehme etwa ein Mikroskop mit hinreichend gutem

$$\Delta x \, \Delta p_x \geq {}^{1}\!/_{2}\hbar \qquad (1)$$

$$\tau \, \Delta E \geq \hbar \qquad (2)$$

Abbildung 12: Die Unbestimmtheits-Relationen.

Es gibt viele Darstellungen der Unbestimmtheitsrelationen, zum Beispiel von Heisenberg selbst in seinen frühen Vorlesungen über die »Physikalischen Prinzipien der Quantentheorie«, die zum ersten Mal 1930 erschienen und die mehrfach neu aufgelegt worden sind (z.B. 1958 als Band 1 der Reihe Hochschultaschenbücher im Bibliographischen Institut Mannheim). Wir zeigen hier eine Version, die der amerikanische Physiker Sam Treiman in seinem Buch »The Odd Quantum« gibt (Princeton University Press, 1999). Das Buch ist der Versuch, die Essenz der Quantenmechanik mit Rückgriff auf ihre mathematische Sprache und ihre experimentellen Befunde auf einem fachlich angemessenen Niveau darzustellen. Das Buch ist nicht schwerer zu lesen als ein Text von Hegel oder Habermas, es ist nur lohnender. Treiman spricht vom Zustand eines Quantenobjekts und der dazugehörigen Wellenfunktion bzw. Matrix. Es geht um die Ausbreitung (»spread«) der Ortskoordinate entlang der x-Achse und die dazugehörige Ausbreitung der Impulskoordinate. Heisenberg hat gezeigt, daß dafür allgemein die erste Relation gilt, die oben angegeben ist (1). (Die Relation gilt ebenso für die Paare entlang der y- bzw. der z-Achse.) Sie besagt, daß das Produkt der beiden Größen nicht kleiner als ein Wert werden kann, der durch das Quantum der Wirkung festliegt. Die Physiker haben sich dabei angewöhnt, statt des h selbst eine neue Größe zu nehmen, nämlich das durch 2π geteilte h, das sie mit einem Querstrich versehen und »h quer« nennen: $\hbar$.

Betrachten wir nun die Zustandsfunktion zu einem gegebenen Zeitpunkt t, den wir mit Null bezeichnen können. Die Energie des von der Funktion beschriebenen Systems wird nicht scharf definiert, sondern ausgebreitet sein. Diese Verteilung wird nicht konstant bleiben und sich wandeln. Nach einer gewissen Zeit wird sich ebenso die Zustandsfunktion merklich verändert haben. Diese Zeitspanne τ hängt mit der Energieverteilung in einer Weise zusammen, die ebenfalls Heisenberg quantitativ angegeben hat und die oben als zweite Relation notiert ist (2). Sie wird oft als Unbestimmtheit aus Energie und Zeit angegeben, aber sie muß anders betrachtet werden als die erste Relation, da in ihr die Zeit eine Rolle spielt. Die Zeit ist die unabhängige Variable, von der alle anderen abhängen – auch die Zeit selbst.

Auflösungsvermögen und schaue das Elektron an. Die Genauigkeit hängt von der Wellenlänge des Lichtes ab. Durch hinreichend kurzwelliges Licht läßt sich der Ort des Elektrons zu einer bestimmten Zeit ... *beliebig* genau feststellen; das gleiche kann durch Stöße von sehr schnellen Teilchen auf das Elektron erreicht werden.«

Bei dem geschilderten Zusammentreffen wird sich allerdings die Geschwindigkeit des anvisierten Elektrons ändern, wobei gesagt werden sollte, daß die Physiker lieber vom Impuls eines Partikels reden, also dem Produkt aus der Masse und der Geschwindigkeit. In Heisenbergs Version der Quantentheorie gibt es sowohl für den Ort als auch für den Impuls eine Matrix, und von ihnen ist bekannt, daß es auf die Reihenfolge ihrer Anwendung ankommt. Dies heißt konkret, daß eine Ortsmessung den Impuls so verändert, daß er »ganz unbestimmt« wird, wie Heisenberg schreibt, und daß umgekehrt eine Impulsmessung den Ort so verändert, daß er »ganz unbestimmt« wird. Mit anderen Worten: Ort und Impuls eines Elektrons können nicht zugleich »*beliebig* genau« ermittelt werden; die Messung der einen Größe verhindert die Bestimmung der anderen, die Bohr später als komplementäre Größe bezeichnen sollte. Neben dem komplementären Paar aus Ort und Impuls fand Heisenberg noch das zweite Paar aus Energie und Zeit, und als er sich davon überzeugt hatte, daß sich kein Mikroskop bauen ließ, das der quantenmechanisch bedingten und durch das Wirkungsquantum festliegenden Unbestimmtheit der Meßwerte entkommen konnte, faßte er seine Überlegungen zusammen und schickte sie an die »Zeitschrift für Physik« mit der Bitte um Veröffentlichung.

Bohr war verärgert, als er in sein Institut zurückkehrte und davon erfuhr, denn offenbar hatten er und Heisenberg verabredet, nach der Unterbrechung sich erneut zusammenzusetzen, um eine gemeinsame Publikation zu entwerfen, die so etwas wie eine »Kopenhagener Deutung der Quantentheorie« hätte ergeben können. Zwar hat sich dieser Ausdruck längst weltweit etabliert, und man versteht auch genau das darunter, was Bohr und Heisenberg im Kopenhagener Winter 1926/27 ausgebrütet haben – Unbestimmtheit und Komplementarität –, aber ein gemeinsames Papier, das den Namen der beiden Wissenschaftler trägt, gibt es bis heute nicht, und dies ist unter anderem durch Heisenbergs voreiliges Publizieren vereitelt worden.

Bohr war übrigens aus mehr als einem Grund verärgert, wie es scheint, mit guten Argumenten auf seiner Seite. Was Heisenberg an die »Zeitschrift für Physik« gesandt hatte, enthielt nämlich einen Fehler, den man nicht beschönigen sollte und ungeniert als dick bezeichnen darf. Es geht dabei um technische Grenzen von Mikroskopen, die mit Mitteln der klassischen Physik zu begründen sind und nichts mit den Quantenphänomenen zu tun haben. Amüsanterweise hatte Heisenberg schon in seiner mündlichen Doktorprüfung Schwierigkeiten, mit den traditionellen Mitteln seiner Wissenschaft zu erklären, von welcher Vergrößerung an ein Mikroskop unscharfe Bilder zu liefern pflegt. Jetzt bockte er wieder an derselben Stelle. Bohr konnte ihm klarmachen, daß die Unschärfe zunächst gar nichts mit der Doppelnatur der Elektronen oder anderen Quantenbesonderheiten zu tun habe, sondern schlicht und einfach eine Folge der technischen Vorgaben eines Mikroskops sei. Er forderte Heisenberg auf, die eingeschickte Arbeit zurückzuziehen und noch einmal von vorne zu beginnen.

Heisenberg lehnte ab – und in den folgenden Wochen entwickelte sich das, was man wohl einen heftigen Streit nennen muß, bei dem scharfe Worte gewechselt worden und wohl auch Tränen (aus Heisenbergs Augen) geflossen sind. Es dauerte bis zum Mai 1927, bevor Heisenberg wenigstens ein klein wenig nachgab und sich bereit erklärte, den Fehler in einer Fußnote einzuräumen. Seine Arbeit, so schrieb er, enthalte »wesentliche Punkte«, die er übersehen und auf die ihn Bohr inzwischen hingewiesen habe. Er wolle, so Heisenberg weiter, noch einmal betonen, was wirklich wichtig sei, nämlich die Erkenntnis, daß die Unsicherheit in der Beobachtung nicht allein durch das Vorhandensein diskreter Teilchen und kontinuierlicher Wellen entstehe, sondern auch durch die Forderung zustande komme, »den verschiedenen Erfahrungen gleichzeitig gerecht zu werden, die in der Korpuskulartheorie einerseits, der Wellentheorie andererseits zum Ausdruck kommen«.

Wir erwähnen diese Fußnote so ausführlich, weil Bohr sich einmal beklagt hat, daß zwar alle Heisenbergs Arbeit, aber niemand dessen Ergänzung am Ende des Papiers lese. Vermutlich ist es genau umgekehrt. Zumindest alle Biographen stürzen sich auf die Korrektur, und sie quälen sich nicht mehr vollständig durch die Originalarbeit. Das ist auch nicht unbedingt erforderlich, denn erstens hat Heisenberg in seinen öffentlichen Vorträgen viel besser erklärt, worum es geht und worum es ihm gegangen ist, und zweitens ist der oben erläuterte Sachverhalt, der tatsächlich mit der Unbestimmtheit erfaßt wird, erst später in voller Klarheit in das Bewußtsein getreten.

Dies gilt es zu beachten, wenn die Frage erörtert wird, warum persönlich so schlimm war, was sachlich so harmlos wirkt. Was steckt wirklich hinter dem langen Streit um die Fußnote?

Es gibt Interpreten, die Heisenbergs Selbstwertgefühl hier anführen und der Ansicht sind, daß es ihn gestört habe, von Bohr erklärt zu bekommen, daß die Unbestimmtheit nur ein Spezialfall seiner allgemeinen Idee der Komplementarität sei.

Heisenberg mußte damit rechnen, in Bohrs Schatten zu geraten, so wie er schon in Schrödingers Schatten zu stehen gekommen war, dessen Wellenmechanik die einfachere Methode zu sein schien, die deshalb auch die größere Zustimmung gefunden hatte. Dies mußte ihn einfach stören.

Es gibt andere Meinungen, die sich vor allem an der Frage orientieren, warum Heisenberg seine Gedanken zur Veröffentlichung einreichte, bevor er sie mit Bohr abgesprochen hatte. Dabei gilt es zu berücksichtigen, daß Bohr unendlich geduldig diskutieren und sich tagelang an einzelnen Formulierungen aufhalten konnte. Nie war er zufrieden, immer wieder wurde eine neue Schleife in die Linie der Gedanken geflochten, mit dem Ergebnis, daß Bohrs Texte nach und nach ein »Verbrechen am Lesepublikum« wurden, wie es Max Delbrück einmal ausgedrückt hat. Heisenbergs Sprache hingegen ist klar, wobei dieser Vorteil sich nachteilig auswirken kann. Was er sagt und schreibt, wird deshalb höchst anfällig für die Fehler, die Bohr unter allen Umständen vermeiden wollte. Bohr strebte Sätze an, die niemand widerlegen konnte, und so blieb vielfach allzu dunkel und unklar, was in ihnen ausgedrückt werden sollte.

Vielleicht hat Heisenberg Bohrs Urlaub genutzt, um den ihm unnötig erscheinenden Exerzitien zu entkommen, die seiner Ansicht nach nur verwässern konnten, was er längst klar vor Augen hatte, nämlich die Vorstellung von unbestimmten Dingen an sich am räumlichen Anfang der Welt. Fehler im Manuskript störten Heisenberg dabei nicht. Wahrscheinlich gibt es keine wissenschaftliche Publikation von ihm, in der er sich nicht ein paarmal verrechnet oder auf andere Weise vertan hat. Dies war allen bekannt und vor allem seinen Schülern vertraut. Sie wußten aber auch, worauf es ankam, nämlich auf das Ergebnis, und das war bei Heisenberg zumeist nicht nur richtig, sondern revolutionär – wie die Unbestimmtheit.

Der jugendliche Professor

Die Unbestimmtheit war tatsächlich besonders revolutionär, und zwar mehr aus philosophischen als aus physikalischen Gründen. Der erste, der davon erfuhr, war ein damals noch nicht fünfzehnjähriger Knabe, der heute mittlerweile bald neunzigjährige Carl Friedrich Freiherr von Weizsäcker. Die Familie Weizsäcker lebte Anfang 1927 in der dänischen Hauptstadt, weil Carl Friedrichs Vater an der dortigen deutschen Botschaft arbeitete. Heisenberg war oft Gast bei den Weizsäckers, und zwar an Abenden, an denen gemeinsam musiziert wurde. Im Verlauf des Jahres zogen die Weizsäckers nach Berlin um, und hier ist es zu einer denkwürdigen Begegnung zwischen dem 25jährigen Heisenberg und dem zehn Jahre jüngeren Carl Friedrich gekommen.

Es wird im Oktober 1927 gewesen sein, als Heisenberg nach bzw. durch Berlin reiste. Er kam aus Kopenhagen und war auf dem Weg nach Leipzig, wo die sächsische Landesregierung ihm angeboten hatte, den Lehrstuhl für Theoretische Physik zu übernehmen. Es gab für Züge noch keine durchgehende Strecke (durch Berlin), und Heisenberg mußte ein kurzes Stück zwischen zwei Bahnhöfen in Berlin mit dem Taxi zurücklegen. Er informierte Carl Friedrich von Weizsäcker und lud ihn ein, ihn auf der Stadtfahrt zu begleiten. Und hier, in dem Berliner Taxi, teilte der Twen dem Teenager mit, daß er das Kausalitätsgesetz widerlegt habe.

Was ist damit gemeint? Wer diese Frage ohne philosophische Komplikationen beantworten will, kann unter Kausalität erstens die Forderung bzw. Annahme verstehen, daß alles in der Welt eine Ursache hat, und er kann zweitens sagen, daß sich bei vollständiger Kenntnis der Gegenwart die Zukunft aus den Naturgesetzen ableiten und vorhersagen läßt. Das Kausalitätsprinzip meinte vor allem die Berechenbarkeit der

Welt, und mit der räumt Heisenbergs Unbestimmtheit auf, indem er ihr die Voraussetzung nimmt. Unbestimmtheit heißt, daß es ausgeschlossen ist, die Welt vollständig zu erfassen. Sie bleibt so offen, wie man es sich nur wünschen mag.

Die Frage, was ein Fünfzehnjähriger damit anfangen bzw. davon verstehen kann, soll hier nicht weiter erörtert werden. Dafür wollen wir Heisenbergs Weg weiterverfolgen, der in Leipzig erfolgreich verhandeln konnte und am 1. Februar 1928 an der dortigen Universität seine Antrittsvorlesung hielt. Er war gerade 26 Jahre alt geworden und konnte als der jüngste Ordinarius Deutschlands gefeiert werden – wobei an dieser Stelle noch zu ergänzen ist, daß ihm sein Begleiter im Berliner Taxi, der junge von Weizsäcker, bald in das sächsische »Klein-Paris« (Goethe) nachfolgte und im November 1929 an das Physikalische Institut in der Linnéstraße kam, um in dem hier gelegenen Bau aus der Zeit der Jahrhundertwende Physik zu studieren.

Die Übernahme eines Ordinariats – das klingt pompös. Aber wer genauer hinsieht, wird finden, daß Heisenberg in Leipzig »praktisch aus dem Nichts« startete, wie sein Biograph David Cassidy anschaulich dargestellt hat, »mit nur einem Studenten, ohne Assistent und ohne Wohnung«. Heisenbergs Vorgänger, »ein Junggeselle bis ans Ende seiner Tage, hatte in einer kleinen, spärlich möblierten Dienstwohnung unter dem Dach des Instituts gelebt, die jetzt an Heisenberg fiel. In den letzten Jahren hatte sich [Heisenbergs Vorgänger] von einer Haushaltshilfe ... versorgen lassen, die in einer Assistentenwohnung in dem Institut gewohnt hatte. Als Heisenberg ... eintraf, fand er ... das ganze Institut in einem muffigen, verstaubten Zustand. Er ließ erst einmal Türen und Fenster aufreißen, bevor er fortging, um Bettwäsche zu kaufen.« Mit wissenschaftspolitischem und organisatorischem Geschick – nämlich als Gegenleistung für die Ablehnung eines Angebots der Columbia-Universität in New York –

schaffte es Heisenberg, sich vom Ministerium eine Ganztagsstelle genehmigen zu lassen und »mit einer Putzfrau zu besetzen, die das Institut auf Hochglanz brachte, ihm die Mahlzeiten zubereitete und seine Wohnung reinigte. Außerdem renovierte er die Wohnung, besorgte ein Klavier und bestellte für den Keller eine Tischtennisplatte. Nur die Toilette wurde vergessen; sie lag nach der Renovierung zu seinem Bedauern auf der gegenüberliegenden Seite des Ganges.«

Aus diesen eher bescheidenen Anfängen heraus gelingt es Heisenberg in seinen Leipziger Jahren – er ist bis 1942 hier geblieben und erst mitten im Zweiten Weltkrieg nach Berlin berufen bzw. gerufen worden –, einen großen Schülerkreis aufzubauen und mit dessen Hilfe Geist und Gerüst der Quantenmechanik zu verbreiten und verbreitern. Zu dem Schülerkreis gehören neben dem schon erwähnten Carl Friedrich von Weizsäcker berühmte Namen wie Victor Weisskopf, Rudolf Peierls, Edward Teller und Friedrich Hund, um nur ein paar von ihnen zu nennen, wobei es an dieser Stelle unumgänglich ist, das Vorlesungsverzeichnis der Universität Leipzig anzuführen, welches ein Seminar für theoretische Physik ankündigte, das »Heisenberg mit Hund« abhalten würde.

Die Jahre von 1927 bis 1942, die »Werner Heisenberg in Leipzig« verbracht hat, sind unter diesem Titel ausführlich durch die Sächsische Akademie der Wissenschaften dokumentiert worden, und zwar aus einem seltsamen Anlaß. Es ging den Beteiligten darum, den fünfzigsten Jahrestag des ersten Nachweises zu feiern, daß eine »Uranmaschine« gebaut werden könnte. Damit rückt das Thema der Atombombe heran, die man sich in diesem Zusammenhang als kleine und damit militärisch einsetzbare Uranmaschine vorstellen muß, aber dieses Thema kommt erst im nächsten Kapitel zur Sprache.

Als Heisenberg nach Leipzig kam, war noch viel zu wenig bekannt, um an Atomwaffen und Kernreaktoren zu denken.

Am Ende der zwanziger Jahre glaubten die Physiker, daß die Materie aus zwei Bausteinen bestünde – wobei natürlich jedem Quantenmechaniker klar war, daß es auf der Ebene der Atome oder darunter nichts gab, was als Baustein im Sinne des Alltags bezeichnet werden konnte. Klar war nur, daß Atome keine homogenen Gebilde waren und unterschiedliche Strukturelemente erkennen ließen. Sie nannte man Elektronen und Protonen, und mit ihnen mußte zum Beispiel versucht werden, den Aufbau des Periodensystems zu erklären. Dabei lag ein Hauptproblem offenbar in der Frage, wie mehrere Protonen als Atomkern zusammengehalten werden können. Was überwindet die Kräfte, welche durch die elektrische Abstoßung bedingt werden, die Protonen erfahren müssen, da sie alle positiv geladen sind?

Die Physik des Atomkerns gab viele Rätsel auf, und Heisenberg und seine Schüler gehörten zu denen, die versuchten, sie zu lösen. Sie hatten dabei inzwischen eine Gewißheit gewonnen, nämlich die, daß mit Heisenbergs (und Schrödingers) Quantentheorie der Grund gefunden war, auf dem man stehen und aufbauen konnte. In den Jahren 1927 und 1928 waren zwei wunderbare Beweise dafür gelungen. Zum einen konnten die Physiker Walter Heitler und Fritz London zeigen, daß die Quantentheorie ohne eine weitere Annahme die Erklärung der chemischen Bindung erlaubte. Sie zeigten, daß ein Wasserstoffmolekül viel stabiler ist als die beiden einzelnen Wasserstoffatome, aus denen es sich bildet. Mit anderen Worten: Die junge Quantentheorie war nicht irgendeine Gleichung, die speziell ein zufällig behandeltes Problem löste. In ihr steckte etwas, was die Natur der Atome und Moleküle bestimmte, und der Ausflug, den Heitler und London von den Atomen nach außen in Richtung der Moleküle gemacht hatten, sollte auch nach innen in Richtung der Kerne möglich sein. Die Skepsis, daß auf diesem engen Raum Energien von der Größenordnung eine Rolle spielen könnten, die den Gültigkeitsbereich der bekannten Quantentheorie überstieg, konnte der Engländer Paul Dirac bald ausräumen. 1928 – dies zum zweiten – legte er eine neue Form der Quantenmechanik vor, die entsprechend erweitert worden war. In ihr fanden sich die Quantentheorie und die Relativitätstheorie fugenlos zusammen. Mit diesen und anderen Erfolgen fühlten sich die Physiker zum Angriff auf den Atomkern bereit, als Heisenberg seinen Dienst in Leipzig antrat.

Übrigens – die Gleichungen von Dirac erklärten eine Eigenschaft des Elektrons ganz zwanglos – sie steckte plötzlich in ihnen drin –, die Heisenberg bei seinem ersten Auftritt intuitiv geschaut und geahnt hatte. Seine damals wundersamen halben Quantenzahlen fanden jetzt ihre natürliche Erklärung durch die Eigenschaft, die Spin heißt und heute allen Tennis- oder Tischtennisspielern vertraut ist. Wer heute im Alltag von Spin hört, hat einen Ball vor Augen, der sich um seine Achse dreht und deshalb schwer zu retournieren ist. Wer will, kann sich auch ein Elektron als winzigen Tennisball vorstellen – Heisenberg liebte sowohl das Tennis- als auch das Tischtennisspiel –, der rasend schnell um die eigene Achse rotiert. Korrekt ist dies aber nicht. Korrekt ist vielmehr, daß der Spin eine Eigenschaft der Elektronen markiert, die erstens mit traditionellen physikalischen Größen nicht beschrieben werden kann und die zweitens zweiwertig ist. Eine klassisch nicht beschreibbare Zweideutigkeit – das ist der Spin, der auf diese Weise zeigt, wie eng die Physik mit der Poesie ihrer Zeit verwandt ist, die damals ebenfalls das Unsagbare entdeckt. Die Tatsache, daß es ausgerechnet dieser – wörtlich – unbeschreibliche Spin ist, mit dem die Quantentheorie die chemische Bindung verständlich macht – also mathematisch doch beschreibt –, bietet philosophischen Geistern viel Stoff zum Nachdenken (oder sollte es zumindest tun).

Das letzte unbeschwerte Jahr – 1932

Die geheimnisvolle, von Heisenberg früh erfühlte und jetzt von Dirac abstrakt gefaßte und abgeleitete Zweideutigkeit namens Spin taucht in veränderter Form 1932 auf, als es um die Atomkerne geht und Heisenberg mit einer wunderbaren Idee das Tor zum Verständnis ihres Aufbaus und ihres Zusammenhaltens aufstößt. Natürlich gab es schon vor diesem Jahr Versuche, eine Quantentheorie der Kerne aufzustellen, aber diese Bemühungen litten – im Rückblick – darunter, daß sie versuchten, die Rechnung ohne den Wirt zu machen. Anders ausgedrückt: Die Physiker versuchten lange Zeit hindurch den Atomkern zu berechnen, ohne zu wissen, woraus er bestand. Erst als der britische Physiker James Chadwick im Frühjahr 1932 erkannte, daß es neben Elektronen und Protonen noch eine weitere Teilchensorte – nämlich die ungeladenen Neutronen – gab und man sich einen Kern als Packung aus Protonen und Neutronen vorstellen mußte, befand man sich im empirisch gesicherten und letztlich richtigen Rahmen, den es nun mit theoretischen Entwürfen zu füllen galt. Jetzt konnte man fragen, welche Art Wechselwirkung zwischen Neutronen und Protonen es schafft, die elektrische Abstoßung zwischen den positiven Ladungen zu überwinden, und es war Heisenberg, der die Antwort gab. Er führte in seiner unbekümmerten Genialität eine Größe ein, die analog zum Elektronenspin gedacht war und heute Isospin heißt. Diesem Spin ist mit den Mitteln der Alltagssprache natürlich noch weniger beizukommen als dem Elektronenspin, aber »war es auch Wahnsinn, so hat es doch Methode«, wie der Hamlet Heisenberg gesagt haben würde. Der Isospin kommt aus der Tiefe eines unanschaulichen Raumes und sorgt für zwei Wirklichkeiten im Zentrum der materiellen Welt, nämlich dem Neutron ohne und dem Proton mit Ladung. So wie Elektronen über zwei

Spinrichtungen verfügen und diese beiden Werte so einstellen können, daß ihre gegenseitige elektrische Abstoßung überwunden und ein Molekül gebildet wird, so verfügen die Kernteilchen über zwei Isospinrichtungen, und diese beiden Werte können sie so einstellen, daß ihre gegenseitige elektrische Abstoßung überwunden und ein stabiler Kern gebildet wird.

Mit der Erschaffung des Isospins (und der Hervorbringung einiger anderer Ideen ähnlicher Güte) stand Heisenberg mit einem Schlag der gesamte Apparat seiner Quantentheorie für den Atomkern zur Verfügung, und so konnte er fast mühelos berechnen und verständlich machen, was es an empirischen Befunden zu erklären gab. Da war zum Beispiel die ebenfalls erst 1932 gemachte Entdeckung, daß es neben dem normalen auch einen schweren Wasserstoff gibt, bei dem sich ein Neutron zu dem sonst einsamen Proton gesellt hat – Heisenberg erklärte den Zusammenhalt –; da wußte man inzwischen, daß die Kerne des Heliumatoms aus zwei Protonen und zwei Neutronen bestehen – Heisenberg erklärte den Zusammenhalt –, und man wußte, daß diese Viererkombination besonders stabil ist, denn sie hat die Eigenschaft, als sogenannte Alpha-Teilchen beim radioaktiven Zerfall größerer Atome aus deren Kernen herausgeschleudert zu werden – Heisenberg erklärte neben dem Zusammenhalt auch erste Aspekte des Kernzerfalls.

Es war ein dreiteiliger Klassiker, den der junge Ordinarius 1932 unter dem Titel »Über den Bau der Atomkerne« vorlegte. Er hatte sich den Nobelpreis für Physik nun reichlich verdient. Die Auszeichnung kam auch bald, aber sie wurde ihm erst im Jahre 1933 überreicht, und zwar gemeinsam mit Dirac und Schrödinger, die sich den Preis für das Jahr 1933 teilen mußten (Abb. 13). Heisenberg wurde für 1932 ganz alleine ausgezeichnet, und zwar – so die offizielle Begründung – für die Grundlegung der Quantenmechanik und die Er-

Abbildung 13: Drei Nobelpreisträger treffen mit drei Damen 1933 in Stockholm ein. Von rechts nach links: Schrödinger, Heisenberg, Dirac, Diracs Mutter, Schrödingers Frau, Heisenbergs Mutter.

weiterung zur Quantenfeldtheorie, wobei das letzte Wortungetüm das mathematische Gebilde erfaßt, in dem zum Beispiel ein Isospin auftaucht und aus seinen imaginären Gefilden heraus reale Atomkerne darstellt. Durch den ersten Teil der aufgeführten Nobelleistung mußte sich zumindest Max Born getroffen und übergangen fühlen, der doch ebenfalls wichtige Beiträge zur Errichtung einer quantenmechanischen Basis geliefert hatte. Heisenberg entschuldigte sich bei Born, der aber in Stockholm nicht vergessen worden ist, wenn er auch bis zum Jahre 1954 auf seine Einladung warten mußte.

Das Leben nach dem Gipfel

Als die Nazis an die Macht kamen, hatte Heisenberg alle wissenschaftlichen Höhen erreicht. Er stand auf dem Gipfel der Physik und war jetzt ungefähr so alt wie Franz Schubert bei seinem Tode 1828 in Wien. Wenn Heisenberg 1933 gestorben wäre – etwa an Typhus, der Infektion, die ihn bereits 1920 einmal in Todesgefahr gebracht und seinem Vater zehn Jahre später tatsächlich das Leben gekostet hatte –, würden wir in ihm ein unglaublich kreatives Genie verehren und uns viele Gedanken über seine sexuelle Enthaltsamkeit, seine Naturliebe, seine mystischen Erfahrungen und seine musikalische Hingabe machen. Das runde Dutzend der unschuldigen Jahre, die Heisenberg zwischen 1920 und 1932 gelebt und erlebt hat, brauchen einen Dichter, um sie angemessen darzustellen. Der Rest ist zwar nicht Schweigen, aber was nach 1933 kommt, kann zum einen den Handwerkern der Wissenschaftsgeschichte und zum anderen Heisenberg selbst überlassen werden, wobei vor allem die zweite Alternative im dritten Kapitel dieses Buches exerziert wird. Was die konkreten Details der Geschichte angeht, so scheint vielen Historikern die Frage von Bedeutung zu sein, ob Heisenberg mit den Nazis irgendwie und irgendwo doch gemeinsame Sache gemacht hat oder nicht. Sie merken nicht – oder wollen nicht merken –, daß mit dem Aufkommen der Nazis Heisenbergs Kreativität verschwindet. Nach 1933 haben wir einen anderen – manchmal eher gewöhnlich erscheinenden – Mann vor uns, der innerlich erloschen wirkt. Wie würde die Nachwelt ihn verehren, wenn 1933 sein Leben auch äußerlich zum Abschluß gekommen wäre.

Natürlich würden wir unendlich viel vermissen – vor allem seine Familie und auch seine populären Schriften –, aber nicht unbedingt seine Physik. Anders als etwa Einstein, der noch

$$\gamma_\mu \ \delta\psi/\delta x_\mu \pm l^2 \gamma_\mu\gamma_5 \ \psi \ (\overline{\psi\gamma}_\mu\gamma_5\psi) = 0$$

Abbildung 14: Die Weltformel (vgl. dazu S. 102 Mitte)

1935 – also im Alter von 56 Jahren – einen wunderbaren Gedanken in die Physik brachte, gelingt Heisenberg nicht das große Alterswerk, von dem viele Künstler, etwa sein Zeitgenosse Thomas Mann, träumen. Wer will, kann zwar Heisenbergs Autobiographie in diese Schublade räumen, aber in der Physik selbst sucht man vergeblich, und zwar trotz der berühmten »Weltformel«, die er 1958 erst zu Papier brachte und dann auf eine Leinwand in der Berliner Kongreßhalle projizierte. Mehr als 1800 Besucher drängten sich in den Räumen, als Heisenberg ein seltsames Gemisch aus Symbolen und Zeichen offenbarte, bei dem es fachlich um Isospin und Elementarteilchen ging. Unverständlicher als Heisenbergs Formel (Abb. 14) selbst ist nur die Begeisterung für sie durch das Publikum, von dem ein Teil am Ende der fünfziger Jahre voller Fortschrittsgläubigkeit auf die Heroen der Physik starrte.

Was Heisenberg da formulieren wollte, basiert auf Überlegungen und Ideen, die ihn schon Ende 1929 beschäftigt haben. Damals stand zum ersten Mal – wie erwähnt – die Qualität der Quantentheorie außer Zweifel, und man konnte mit ihrer Hilfe nicht nur in den Atomkern vordringen, sondern auch Mut fassen, die Augen nicht vor einigen seltsamen Problemen zu verschließen, die auftauchen mußten, wenn die betrachteten Objekte immer kleiner werden. Wie war das zum Beispiel mit der Energie des elektrischen Feldes, das von einem Elektron ausgeht? Wie groß war diese Energie im Elektron selbst?

Die Physiker sprachen vom Problem der Selbstenergie eines elementaren Teilchens und meinten damit konkret die

Frage, wer oder was verhindert, daß sie im Teilchen selbst unendlich groß wird. Ihren Gesetzen zufolge ändert sich die Energie eines elektrischen Feldes mit dem Abstand von seiner Quelle. Sie ist – genauer gesagt – proportional zu seinem Kehrwert. Doch so gut dieser Ansatz weit außen funktioniert, er wird problematisch, wenn der Abstand immer kleiner wird und zuletzt verschwindet, nämlich im Elektron selbst. Hier ist die Entfernung Null, und durch diese Zahl darf man nicht dividieren, sonst kommt unendlich heraus, und Energien dieser Größenordnung gibt es nicht.

»Was tun?«, lautete die Frage. Es war Heisenberg, dem ein Ausweg in den Sinn kam, und zwar mit Hilfe seiner Leipziger Schüler. Einige von ihnen – Felix Bloch und Rudolf Peierls zum Beispiel – hatten ihre Aufmerksamkeit auf sogenannte Festkörper gerichtet, und sie bemühten sich, deren Eigenschaften – wie die elektrische Leitfähigkeit oder die Elastizität – aus den quantenmechanischen Vorgaben abzuleiten. Es war und ist bekannt, daß viele Festkörper eine regelmäßige Struktur haben, die durch eine kristalline Ordnung verstanden werden kann. Kristalle bestehen in ihrem Inneren aus Gittern, die von Atomen gebaut werden. Den ganzen Festkörper konnte man sich als viele aneinandergereihte Elementarzellen vorstellen, deren Eigenschaft sich in der Symmetrie des Gitters spiegelte.

Während Heisenbergs Schüler nur daran dachten, Festkörper wie etwa Kupferdrähte oder Salzkristalle mit Hilfe von Gittern zu verstehen, schlug der junge Lehrer selbst vor, die ganze Welt in ein Gitter zu verwandeln. Mit dessen Hilfe würde die Welt dann von unten – vom inneren Anfang an – quantenhaft gebaut; man könnte vor allem eine Elementarlänge einführen, die sich nicht unterschreiten läßt und auf diese Weise das lästige Zu-Null-Werden des Abstandes verhindert. Das Problem der Selbstenergie wäre mit dieser Elementarlänge gelöst, für die Heisenberg eine konkrete physikalische Deutung vorschlug. Es sollte die Unbestimmtheit des Ortes sein, die durch den Impuls zustande kommt, den Elementarteilchen unter allen Umständen behalten müssen.

Hier kommt eine der Kuriositäten ins Spiel, die sich aus der Quantennatur der Wirklichkeit ergibt. Mit ihrer Vorgabe ist es zum Beispiel ausgeschlossen, daß am absoluten Nullpunkt der Temperatur vollkommene Bewegungslosigkeit herrscht. Angefrorene Teilchen können nicht an einem präzisen Ort verharren – sie können nicht im wörtlichen Sinne festgefroren sein –, weil Heisenbergs Unbestimmtheit ihnen dann einen hohen Impuls und also eine große Geschwindigkeit zuweist. Quantenmechanisch macht es nur Sinn, auf genau festgelegte Positionen zu verzichten und statt dessen Elementarlängen einzuführen, mit denen die Unbestimmtheit des Ortes ihre praktische Auswirkung erfährt.

Das kleine l, das fast dreißig Jahre später in Heisenbergs Weltformel in Berlin auftaucht, stammt aus diesen ersten Leipziger Jahren. Er hat dieses Teil die ganze Zeit mit sich herumgetragen, um ihm nun einen Platz im Weltganzen zuzuweisen. Deshalb ist leicht einzusehen, wie sehr es Heisenberg bekümmert haben muß, daß sich seine Kollegen – allen voran der langjährige Freund und Weggefährte Pauli – eher sarkastisch äußerten. Sie stuften Heisenbergs Vorschlag als mathematisch fragwürdig ein und sahen in dem ganze Brimborium mehr einen Ersatz für grundlegende Ideen als einen neuen kreativen Schritt.

Eine Weltformel hat Heisenberg also sicher nicht gefunden. Aber bei dem Versuch, etwas von dieser Art in die Hand zu bekommen, war er im Alter in seine Jugendzeit zurückgekehrt. Die erste Erklärung, die der Gymnasiast Heisenberg über den Aufbau der Welt gelesen hatte, stammte von Platon, der über einige symmetrische Körper geschrieben hatte. Heisenberg kam es zuletzt nicht auf die Körper, sondern auf ihre Form an. In seiner Weltformel hat er versucht, Platons Symmetrien in einer neuen Sprache auszudrücken, der Sprache der Mathematik, die ihm angemessen schien, auch wenn sie den meisten Menschen nicht zur Verfügung steht. Schade, daß seine Intuition ihn dabei ganz zuletzt im Stich gelassen hat. Es wäre zu schön gewesen, wenn die Wahrheit so schön gewesen wäre.

Erster Exkurs

Kopenhagener Gespräche: Bohr und Heisenberg

»Aber es kann doch nicht unsere Aufgabe sein,
Gott vorzuschreiben, wie Er die Welt regieren soll.«
Niels Bohr, in der Wiedergabe
durch Werner Heisenberg

In das Jahr 1932, in dem die Physiker (in Deutschland) zum letzten Mal ausgelassen forschen und von aller Welt losgelöst atomaren Wirklichkeiten nachspüren konnten, fiel zufällig auch die einhundertste Wiederkehr von Goethes Todestag. Viele der jungen Wissenschaftler, die damals in Bohrs oder Heisenbergs Umgebung zu finden waren, stammten – wie die zentralen Figuren selbst – aus bürgerlichen Familien mit Bildungssinn: Max Delbrück, Victor Weisskopf und Carl Friedrich von Weizsäcker zum Beispiel. Bildung, das hieß zu Beginn des 20. Jahrhunderts konkret, daß man Goethe gelesen hatte und lange Passagen aus seiner Faust-Dichtung, wenn nicht das ganze Stück oder wenigstens den ersten Teil auswendig konnte. Die zahlreichen Erfolge der Quantenphysik hatten die jungen Männer – Frauen traten nur vereinzelt auf, etwa Lise Meitner – in eine Hochstimmung voll unbeschwerter Fröhlichkeit versetzt, und in dieser Laune beschlossen sie, eine Faust-Parodie zu schreiben. Sie wurde nicht nur zu Papier gebracht, sondern auch aufgeführt, und zwar im Rahmen der Tagung für Theoretische Physik, die im April des Jubiläumsjahres in Kopenhagen stattfand. Den Zuschauern wurde sofort klar, welche Figur auf der kleinen Bühne im Institut welche Figur auf der großen Bühne der Wissenschaft reprä-

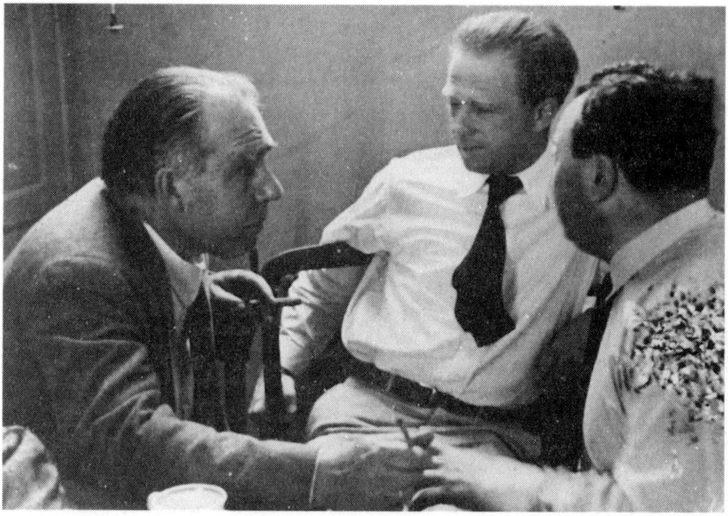

Abbildung 15: Bohr (links), Heisenberg und Pauli in Kopenhagen, eine Aufnahme aus dem Jahr 1936

sentieren sollte – der liebe Gott, das was Niels Bohr, und der teuflische Mephistopheles, das konnte nur Wolfgang Pauli sein. Diese beiden Physiker waren tatsächlich so gegensätzlich, wie es durch die genannte Rollenverteilung angedeutet ist. Sie hatten aber auch etwas gemeinsam, nämlich die große Rolle, die sie im Leben Heisenbergs gespielt haben. Ihr Einfluß auf den Helden dieses Buches ist so stark, daß es angezeigt zu sein scheint, darauf in eigenen Passagen einzugehen, die als zwei Exkurse zwischen die Hauptkapitel geschoben werden (Abb. 15, 16).

An dieser Stelle ist übrigens anzumerken, daß die Autoren der Faust-Parodie sich offenbar nicht dazu entscheiden konnten, Heisenberg in der Rolle des ewig strebenden Faust zu präsentieren, der zwischen Gott und dem Teufel schwankt und zum einen herausfinden will, was die Welt im Innersten zu-

Abbildung 16: Eine Frühjahrskonferenz in Kopenhagen mit Bohr, Heisenberg und Pauli in der ersten Reihe, von links (1930)

sammenhält, und sich zum zweiten nach dem einen, schönen Augenblick sehnt, den er um jeden Preis festhalten will. Heisenberg hatte diese Ziele – im realistisch irdischen Maßstab betrachtet – schon erreicht, und er brauchte deshalb keine Wette mehr mit einem Teufel einzugehen. Vielleicht kam er aber auch deshalb nicht als Vorbild für den parodierten Faust in Frage, weil er in seinem Verhalten einfach zu wenig Schrullen erkennen ließ und eher durch seine ordentliche Art auffiel, mit der er seine Pflichten korrekt und pünktlich erledigte. Es macht Mühe, Witze über jemanden zu reißen, der keine erkennbaren Schwächen an den Tag legt und bei allem intellektuellen Vermögen auch beim besten Willen nicht die grüblerische Art zeigte, die den Deutschen im allgemeinen und Faust im besonderen untergeschoben wird. Wo der Deutsche hingrübelt, wächst kein Gras mehr, heißt es häufig, aber bei Heisenberg ging es nicht so tot zu, wie der Satz ausdrückt.

Sein Denken wirkte immer lebendig. Heisenberg war wahrscheinlich zu fröhlich, zu jugendlich und zu ausgelassen, um als Faust überzeugend sein zu können.

Der gute Mensch von Kopenhagen

Der Einfluß von Niels Bohr auf die Physiker der Quantengeneration von Planck über Einstein bis Pauli und Heisenberg kann nicht überschätzt werden. Bohr hat nicht nur als Physiker und Organisator Großes für die Wissenschaft und ihre Akteure getan, er hat auch durch sein persönliches Vorbild und als unumstrittene moralische Autorität gewirkt und den menschlichen Kern der sich entwickelnden Atomphysik gebildet, um den zahlreiche Schüler kreisten.

Bohr war der gute Mensch von Kopenhagen, der von allen respektiert und geliebt wurde. Seine wissenschaftliche Leistung allein ist schon imponierend genug: Er hat zunächst das berühmte erste Atommodell geschaffen und anschließend das Periodensystem der Elemente erklärt. Er hat darüber hinaus philosophisch die Idee der Komplementarität entwickelt; er hat als Physiker mit dem sogenannten Compound-Kern wesentlich zum Verständnis der Kernphysik beigetragen und in den 40er Jahren als erster wirklich verstanden, welches Isotop des Urans entscheidend bei der Kernspaltung ist, die Otto Hahn und andere 1938 in Berlin entdeckt hatten. Aber Bohrs organisatorische Qualität braucht sich dahinter nicht zu verstecken: In den Jahren des Ersten Weltkriegs hat er ausreichend Mittel organisiert, um das heute nach ihm benannte Institut für Theoretische Physik in Kopenhagen zu bauen. Es entwickelte sich zur maßgeblichen Stätte der Begegnung und des wissenschaftlichen Dialogs, als die Quantentheorie nach und nach entdeckt wurde und gedeutet werden mußte (Abb. 2). Seit den 20er Jahren trafen sich junge Wissenschaftler aus aller Welt in Bohrs Institut, um ohne feste Tagesordnung und ohne Zeitdruck über die aktuellen Probleme ihrer Wissenschaft zu reden. Es ist vermutlich nicht übertrieben, daß Bohr im Kopenhagen des 20. Jahrhunderts den Geist wiederbelebte, den das klassische Athen gespürt haben muß, als in seinen Mauern Platon lebte und die Dialoge verfaßte, in denen uns ein philosophierender Sokrates entgegentritt, der seinen Zeitgenossen das Fragen beibringt. Bohr war der Sokrates der Atome, und es gab niemanden, der dies näher, häufiger und enger erfahren durfte als Heisenberg. In Kopenhagen öffnete sich ihm das Tor zur Welt, denn in Bohrs Institut kamen Physiker aus vielen Ländern zusammen – Anfang der 30er Jahre gab es dort elf Wissenschaftler aus acht Ländern –, und es war keinem von ihnen erlaubt, Vorträge in seiner Muttersprache zu halten. Heisenberg lernte neben dem Englischen auch Dänisch, und er tat dies – wie immer – rasch genug, um sich nach wenigen Wochen zum erstenmal in der Sprache Bohrs zu versuchen.

Es ist in seiner ganzen Tiefe sicher nicht zu ermessen, was Heisenberg dem sechzehn Jahre älteren Bohr verdankt, der so ganz anders als seine ersten beiden Lehrer war. Während Sommerfeld und Born alles zu wissen schienen und unentwegt Antworten präsentierten, blieb Bohr bei den Fragen stecken, die er immer wieder neu wendete und ständig anders formulierte. Es ist aber vielleicht etwas einfacher zu erklären, was wir als Außenstehende Heisenberg im Hinblick auf Bohr verdanken, nämlich die Darstellung Bohrs im Gespräch. Jeder, der Bohr persönlich gekannt hat – seine Söhne eingeschlossen –, bestätigt mit einem eher verzweifelten Gesichtsausdruck, daß nur in den seltensten Fällen genau zu verstehen war, was der Meister des Fragens sagte. Von Weizsäcker und andere haben immer wieder erzählt, wie Bohr mehr in sich hinein murmelte als nach außen sprach, wie er gerne ein eigenbrötlerisches Gemisch aus Dänisch, Deutsch und Englisch verwendete, wie er die Hände vor den Mund nahm, wenn es wirklich schwierig wurde, und wie er im schlimmsten Fall auch noch eine Pfeife anzündete. Dabei schien alles so wichtig, was er sagte. Bohr schien – zumindest was die physikalischen Fragen angeht – alles zu wissen, aber er wollte nur sagen, was er gleich wieder in Zweifel ziehen konnte, und entsprechend unklar hörte sich an, was aus seinem Mund kam.

In Heisenbergs Autobiographie »Der Teil und das Ganze« ist davon nichts zu spüren. Das Porträt, das der Schüler von seinem Meister entwirft, muß allein deswegen als Poesie bewertet werden, weil sich Bohr nie in der Klarheit und Einfachheit ausgedrückt hat, die sich in Heisenbergs Sprache findet. Heisenberg *erfindet* Bohr für seine Leser, und das gelingt ihm großartig. Wer Bohr kennenlernen will, muß Heisenberg lesen. Was Platon für Sokrates ist, ist Heisenberg für Bohr, und es würde sich lohnen, die von Bohrs Platon begonnene Aufgabe zu vollenden, um den Platonischen Dialogen mit Sokrates möglichst viele Heisenbergsche Dialoge mit Bohr an die Seite zu stellen. Das Material für einen künftigen Klassiker der genannten Art steht schon länger zur Verfügung.

Heisenbergs Liebeserklärung

Es ist nach dem Gesagten kein Wunder, wenn hier der Verführung nicht widerstanden wird, wenigstens eine Passage ausführlich zu zitieren, mit deren Hilfe Heisenberg uns zeigt, was Bohr im Denken vermochte. In diesem und den anderen vorgestellten Texten leuchtet immer durch, wie sehr Heisenberg seinen geistigen Ziehvater Bohr nicht nur bewundert, sondern auch geliebt hat, so wie ein Sohn seinem Vater zuneigt, wenn beide in der gleichen Sphäre zu Hause und mit gleichen Überzeugungen und Grundwerten ausgestattet sind. Heisenberg selbst hat betont, daß seine wissenschaftliche Entwicklung begonnen habe, als Bohr ihm die richtigen Fragen stellte und ihn also erweckte – es ist schön, daß Heisenberg uns an dem teilhaben läßt, was er von Bohr verstanden hat.

Der beste Bohr, den es gibt, stammt von Heisenberg. Einige der klassischen Sätze, die in Verbindung mit dem Namen Bohr zirkulieren und gerne verwendet werden, um die philosophische Lektion der Atome einprägsam zu formulieren, stammen in dieser Form von Heisenberg, der sie natürlich aus Bohrs Genuschel herausgefiltert hat. So pflegte Heisenbergs Bohrs zum Beispiel zu sagen: »Das Gegenteil einer richtigen Behauptung ist eine falsche Behauptung. Aber das Gegenteil einer tiefen Wahrheit kann wieder eine tiefe Wahrheit sein.« Derselbe Bohr erzählte gerne die Geschichte von dem Mann, der über der Eingangstüre seines Hauses ein Hufeisen angebracht hatte:

Abbildung 17:
Bohr und Heisenberg im Jahre 1933 vor Heisenbergs bayerischer Skihütte

»Als ein Bekannter ihn fragte: ›Aber bist du denn so abergläubisch? Glaubst du wirklich, daß das Hufeisen dir Glück bringt?‹, antwortete er: ›Natürlich nicht; aber man sagt doch, daß es auch dann hilft, wenn man nicht daran glaubt.‹«

Bohrs zwar nicht originelles, aber im Rahmen der Quantenmechanik berühmt gewordenes Wort, daß wir Menschen immer zugleich Zuschauer und Mitspieler im großen Drama des Lebens sind, findet sich in dieser Klarheit ebenso nur bei Heisenberg wie Bohrs Feststellung: »Der Sinn des Lebens besteht darin, daß es keinen Sinn hat zu sagen, daß das Leben keinen Sinn hat.«

Doch die beste Geschichte darf etwas mehr Platz beanspruchen. Sie spielt in einer Almhütte, genauer in der Küche, die dazugehört, und zwar am Ende eines Tages, der viel Gelegenheit zum Skilaufen geboten hatte. Nachdem man mit dem Essen fertig war, »ergab sich bei der Verteilung der Pflichten, daß Niels das Geschirr waschen wollte«, so berichtet Heisenberg, »während ich den Herd saubermachte, andere Holz hackten oder sonst Ordnung schafften. Daß in einer solchen Almküche die hygienischen Anforderungen nicht denen der Stadt entsprechen können, bedarf keiner Erwähnung. Niels kommentierte diesen Sachverhalt, indem er sagte: ›Mit dem Geschirrwaschen ist es doch genau wie mit der Sprache. Wir haben schmutziges Spülwasser und schmutzige Küchentücher, und doch gelingt es, damit die Teller und Gläser schließlich sauberzumachen. So haben wir in der Sprache unklare Begriffe und eine in ihrem Anwendungsbereich in unbekannter Weise eingeschränkte Logik, und doch gelingt es, damit Klarheit in unser Verständnis der Natur zu bringen.‹«

Carl Friedrich von Weizsäcker, der ebenfalls mit von der Partie war, erinnert sich an den gleichen Vorgang und die gleichen Worte, nur fügt er in seiner Erzählung das Detail hinzu, daß zuerst ein kräftiges Rumoren in der Küche zu hören war, nachdem Bohr sich an die Arbeit gemacht hatte. Es klapperte und krachte, wie man es kennt, wenn jemand versucht, Töpfe und Teller in ein Abwaschbecken zu bringen. Dann sei es plötzlich ganz still geworden, und kurz darauf erschien Bohr in der Küchentür, schlug sich mit der Hand gegen die Stirn, strahlte über das ganze (breite) Gesicht und sagte: »Jetzt weiß ich, was Wissenschaft und Philosophie unterscheidet.« Dann erzählte er seine Beobachtung beim Geschirrspülen, um anschließend zu erläutern, daß nur die Wissenschaft mit ihrem Experiment eine Chance habe, Geschirr sauber zu bekommen. Philosophie sei eher wie Spülen ohne Lappen.

Der Besuch in Kopenhagen

Von Weizsäcker ist nicht nur der prominenteste Schüler Heisenbergs, er stellt auch die Verbindung zwischen Bohr und Heisenberg im September 1941 her, deren damalige Begegnung wohl zu den geheimnisumwittertsten Treffen gehört, die von der Wissenschaftsgeschichte geboten werden können. Wie bedrückend das, was dabei passiert ist, noch knapp dreißig Jahre später für Heisenberg gewesen sein muß, zeigt sich an der schlichten Tatsache, daß er den Besuch in seiner Autobiographie falsch datiert und in den Oktober legt. Wir berichten von diesem dunklen Ereignis direkt im Anschluß an die hellen und glücklichen Tage des Skilaufens, um die Höhen und Tiefen deutlich zu machen, die nicht nur Heisenberg selbst, sondern auch sein Verhältnis zu Bohr durchlaufen mußte.

Was bis in die frühen 30er Jahre hinein das schönste Erlebnis für Heisenberg gewesen war – nämlich ein Besuch in Kopenhagen mit der liebevollen Aufnahme in Bohrs Familie und den aufregenden Aussichten auf lange und offene Gespräche mit dem Hausherrn –, mußte 1941 zur Katastrophe werden. Die Zeiten hatten sich bis zu diesem Jahr so radikal verändert, daß viel Phantasie aufzuwenden ist, um sich den neuen Hintergrund wenigstens einigermaßen ausmalen zu können, vor dem sich die beiden Physiker trafen, die so lange Freunde gewesen waren.

Zum einen hatten die Deutschen nicht nur den Krieg begonnen, der sich zum Zweiten Weltkrieg ausweiten sollte, sie hatten inzwischen auch Dänemark besetzt, und es steht außer Frage, daß Bohr bei aller Internationalität seines Denkens längst starke nationale Gefühle entwickelt hatte und sehr mit dem dänischen Widerstand gegen die Deutschen sympathisierte. Zum zweiten hatten viele Physiker in aller Welt – vor allem in den USA – im Anschluß an die Entdeckung der Kernspaltung im Jahre 1938 verstanden, daß bei dieser Reaktion enorm viel Energie freigesetzt werden kann, und sie hatten angefangen, über die Frage nachzudenken, ob und wie sich diese Atomenergie nutzen und einsetzen läßt. In Zeiten der Krieges lag der Gedanke einer Atomwaffe nah, wobei am Rande vermerkt werden soll, daß der Ausdruck »Atombombe« zuerst in einem Roman aufgetaucht ist. Bereits im Jahre 1913 hatte der britische Autor H. G. Wells, der für seinen Roman »Die Zeitmaschine« berühmt geworden ist, in »The World Set Free« einen Weltkrieg vorhergesehen bzw. beschrieben, der von den alliierten Ländern England, Frankreich und USA gegen Deutschland und Österreich-Ungarn geführt wird. Ein ungarischer Physiker, Leo Szilard, las das Buch in dem schon vielfach bemühten Jahr 1932 und verbreitete im Anschluß daran den fiktiven Begriff Atombombe, der dann nach 1939 immer mehr Realität bekam.

Die Frage lautete bald, ob es gelingen könnte, eine Atombombe noch während des Krieges herzustellen und einzusetzen, und die Antwort schien negativ auszufallen, nachdem

Bohr in Zusammenarbeit mit dem amerikanischen Physiker John A. Wheeler erkannt hatte, daß in dem natürlich vorkommenden Uran nur ein ganz kleiner Teil – weniger als 1 % – als Kernsprengstoff wirksam werden kann. Wissenschaftlich korrekt lassen sich – in aller Einfachheit ausgeführt – zwei Hauptsorten (»Isotopen«) von Uran unterscheiden, wobei die Differenz durch die Zahl der Neutronen erklärt wird. Die eine Uransorte verfügt über insgesamt 238 Kernteilchen – 92 Protonen und 146 Neutronen –, und die zweite hat drei Neutronen weniger, also konkret 143 Stück.

Diese Details können im Hintergrund bleiben, denn wichtig ist vor allem, daß das gefährliche Uran nur höchst selten in der Natur vorkommt – im anderen Fall würde sich die Erde vermutlich selbst in die Luft sprengen –, und dies beruhigte Heisenberg, denn er hielt es für ausgeschlossen, daß die nötige Trennung der Isotopen technisch in kurzer Zeit zu bewältigen sei. Zu groß schienen ihm die Fabriken und zu aufwendig kamen ihm die Organisationsstrukturen vor, die dazu erforderlich wären.

Doch Mitte 1941 änderte sich die Situation und damit die Einschätzung der Gefahr. Heisenberg und von Weizsäcker erkannten in diesem Kriegsjahr, daß es unter den Elementen ein weiteres gibt, das als Sprengstoff für eine Kernexplosion in Frage kam. Ein Atombombe konnte auch mit dem Stoff gebaut werden, der heute als Plutonium, genauer als Plutonium-239, bekannt ist.

Was tun? – so lautete jetzt die Frage, und wenn die Zeiten auch nur halbwegs normal gewesen wären, hätte Heisenberg die Antwort gewußt. Sie lautete: »Nach Kopenhagen fahren und mit Bohr reden.« Das Verrückte ist nun, daß er – gemeinsam mit von Weizsäcker – gemacht hat, was zwar auf den ersten Blick selbstverständlich ist, was aber auf den zweiten Blick nur erstaunen und Zweifel hervorrufen kann. Wie konnte Heisenberg überhaupt in das besetzte Kopenhagen reisen? Wer hat ihn eingeladen? Wer durfte von seiner Einladung wissen? Hat er einen Auftrag – etwa der Gestapo – annehmen müssen, um sein Ziel – ein Treffen mit Bohr – zu erreichen? Sollte oder mußte er gar auskundschaften, was Bohr wußte? Wer hat ihm überhaupt die Erlaubnis zur Reise erteilt? Wurde sein Verhalten in Dänemark überwacht? Mußte er anschließend einen Bericht verfassen? Wer hat hier wen hintergangen, getäuscht oder gar verraten?

Eingefädelt worden ist der Besuch offenbar von dem damals noch nicht dreißigjährigen Sohn des Staatssekretärs im deutschen Außenministerium, also von Carl Friedrich von Weizsäcker, und an diese Tatsache knüpfen sich verständlicherweise eine Vielfalt von Vermutungen und Gerüchten. Von Weizsäcker gilt nämlich – anders als sein Lehrer Heisenberg – nicht nur als ein politisch denkender Kopf, sondern auch als jemand, der wie andere Intellektuelle darüber nachgedacht hat, ob es nicht möglich sei, den »Führer zu führen«. Heisenberg würden solche Gedanken zwar nicht im Traum eingefallen sein, aber es bleibt zu fragen, ob ihn nicht jemand aus einem persönlich gefärbten und damit rasch unübersichtlich werdenden Hintergrund heraus instrumentalisiert hatte, als er am 15. September 1941 in Kopenhagen eintraf und einen Tag später Bohr in dessen Haus aufsuchte. Ein Freund forderte ihn auf, einen Freund zu besuchen – so mußte es in Heisenbergs Augen erscheinen, die mehr auf die Menschen und weniger auf ihre Verstrickungen gerichtet waren.

»But why? ... Why did he come?« – Genau dies, von außen gesehen, ist die entscheidende Frage, und mit ihr beginnt das schon erwähnte Theaterstück »Copenhagen«, in dem Michael Frayn Bohr und Heisenberg miteinander reden und versuchen läßt, die Antwort auf die Frage zu finden, mit der Bohrs Frau Margarethe das Spiel eröffnet und die sie mehrfach wiederholt: »Why did he come? What was he going to tell you?«*

Im Theater bleibt die Frage offen, wobei Frayn Heisenbergs Unbestimmtheitsidee zur Hilfe nimmt und in die Sphäre der menschlichen Handlungen einführt. Mit ihrer Hilfe wird die Behauptung möglich und sinnvoll, daß Heisenberg selbst nie ganz sicher über den Grund gewesen ist, der ihn in die dänische Hauptstadt gebracht hat. Er selbst hat immer wieder betont, daß er damals im Spätsommer 1941 davon überzeugt war, daß es noch bei den Physikern selbst läge, ob sie Atombomben bauen oder nicht. »Die Physiker können entscheiden«, schreibt er in seinen Erinnerungen, »indem sie nämlich einfach ihren Regierungen entweder diesen Aufwand als ungeheuerlich hoch und damit unnötig und unvernünftig darstellen oder das Ziel, nämlich die Atombombe, als ungeheuer wichtig, daher den Aufwand vertretbar, darstellen.« Es ist gut denkbar, daß Heisenberg versuchen wollte, durch Bohrs Vermittlung eine Verabredung mit amerikanischen Physikern zu erreichen, *keine* Atombombe zu bauen, und es ist nicht nur im Rückblick leicht, dieses Vorhaben als naiv und undurchführbar zu charakterisieren. Heisenberg hätte in den Sinn kommen müssen, was doch für andere so offensichtlich war, daß Bohr nämlich dem nationalsozialistischen Regime in Deutschland voller Haß gegenüberstand und nichts unternehmen würde, um dessen Gegner zu beschwichtigen.

Das Gespräch, für das die beiden eigens zu einem Spaziergang aufbrechen, um nicht abgehört zu werden, mißrät auf

* James D. Watson, der Mitentdecker der Doppelhelix, hat in einem privaten Gespräch (2001) mit dem Autor die Ansicht geäußert, daß Heisenberg nach Kopenhagen gereist sei, um Bohr zu schützen: »It was impossible for Heisenberg not to worry about Bohr. Bohr was in great risk being half Jewish and Heisenberg feared that Bohr would be killed.«

schlimmste Weise. Bohr muß nach ersten Andeutungen Heisenbergs, in denen sicher das Wort von der Atombombe gefallen ist, zutiefst erschrocken sein und Angst bekommen haben. Jemandem wie ihm muß noch lebhaft der Erste Weltkrieg vor Augen gestanden haben, in den zum ersten Mal die Wissenschaft direkt eingegriffen hat, und zwar durch die Entwicklung und Bereitstellung chemischer Waffen, nämlich Kampfgasen. Jeder gebildete Europäer wußte, wie energisch und fanatisch die deutsche Wissenschaft in den Jahren um 1916, als Bohr sein Institut plante und in ihm einen Elfenbeinturm zu errichten gedachte, mit Kriegsforschung befaßt war, und er konnte sich nicht vorstellen, daß es diesmal anders sein würde. Seine Befürchtungen wurden zur schrecklichen Gewißheit, als Heisenberg tatsächlich von möglichen Kernwaffen sprach – und Bohr verstand auf einmal, was seine Frau befürchtet und zuvor geäußert hatte, daß mit Heisenberg ein Feind gekommen war. Als Bohr verwirrt und erschüttert nach Hause zurückkehrte, war ruiniert, was die größte Freundschaft in der Geschichte der Wissenschaft hätte werden können.

Übrigens ist »Copenhagen« nicht das erste Bühnenstück, das sich dem historisch so wichtigen Gespräch zwischen Bohr und Heisenberg gewidmet hat. Bereits zwanzig Jahre nach dem kleinen Ereignis mit den großen Folgen hat der kaum bekannte französische Autor Ives Jamiaque unter dem Titel »Die achte Todsünde« ein Stück in zwei Akten verfaßt, in dem der dänische Lehrer und sein deutscher Schüler sich begegnen. In dieser Version mißtraut Bohr zunächst allem, was Heisenberg sagt, um sich nach und nach von dessen Lauterkeit zu überzeugen, bis in Bohr der Verdacht und die Furcht aufkeimen, Heisenberg könne von den Nazis getäuscht worden sein. Während er Bohr von der Harmlosigkeit seiner eigenen Bemühungen zu überzeugen versucht, haben andere deutsche Physiker schon längst weitergearbeitet, und sie stehen kurz vor dem Erfolg. Bohrs Mißtrauen ist geweckt, und aus ihm heraus kommt es – vermittelt über geheime Nachrichtenkanäle – zu der achten Todsünde, nämlich dem Bau und dem Einsatz der Atombombe durch die Amerikaner.

In Freundesland

Heisenberg als Feind in Kopenhagen – politisch ist korrekt, was Bohrs Frau vermutete, denn 1941 galt nahezu jeder Deutsche in Dänemark als Feind. Und was Heisenberg unter Anleitung »des Freiherrn von Weizsäcker«, wie es oftmals mit bösem Unterton heißt, getan hat, kann bestenfalls als töricht bezeichnet werden. Es gab in Kopenhagen ein »Deutsches Wissenschaftliches Institut«, das die Dänen als Propagandaeinrichtung verabscheuten. Ausgerechnet hier organisierte von Weizsäcker Heisenbergs Vortrag im September, wobei noch hinzufügen ist, daß von Weizsäcker nicht erst im September 1941 in der dänischen Hauptstadt aufgetaucht ist. Er war bereits im März in Kopenhagen, und bei dieser Gelegenheit brüskierte er den verblüfften Bohr, indem er ihm den Leiter des Propagandainstituts vorstellte.

Es kann hier weder die Aufgabe sein, mehr Licht in die Rolle von Weizsäckers zu bringen, noch die möglichen Verbindungen auszuleuchten, die zwischen den deutschen Besuchern bei Bohr und der Gestapo oder anderen deutschen Organisationen bestanden. Natürlich hat Heisenbergs Besuch eine politische Dimension – es steht zum Beispiel außer Frage, daß die Gestapo wußte, mit welchen alliierten Wissenschaftlern Bohr in Kontakt stand, und daß sie Heisenberg darüber informiert hatte. Es ist also durchaus möglich, daß er die Erlaubnis, nach Kopenhagen zu fahren, einem Spionageauftrag verdankt und Bohr über den Stand der Forschungen des

Feindes aushorchen sollte. Doch wer Heisenberg verstehen will, ist wahrscheinlich besser beraten, wenn er die politische Dimension zurücknimmt und dafür die persönliche nach vorne rückt, in der alles darauf ankam, sich im Gespräch dem Gegenüber zu öffnen, und in der es nicht sein konnte, daß sich jemand als unzugänglich erwies.

Das böse Wort vom »Feind« muß für Heisenberg völlig unbegreiflich sein. Als er nach Kopenhagen fuhr, dachte er, zwischen zwei Freunden zu stehen, einem Lehrer und einem Schüler. Wenn Heisenberg von etwas überzeugt war, dann davon, daß echte Freundschaften unverwundbar sind. Sie waren in seinen Augen vor allem nicht durch das politische Tagesgeschehen verwundbar, auch wenn es dabei um Krieg und Waffen ging. Heisenberg hielt die Freundschaft mit Bohr für so belastbar, daß er das Gespräch mit ihm riskierte. Er merkte vielleicht nicht einmal an seinem Ende, daß er zu großes Gewicht auf die alten Beziehungen gelegt hatte. Er merkte nur, daß er allein war, nachdem Bohr ihn verlassen hatte.

Nach 1945 versucht Heisenberg, sich mit allen möglichen Hinweisen und Wendungen zu verteidigen. Und während er öffentliche Erklärungen abgibt, schweigt Bohr. Einen Brief, den er Heisenberg schreibt, schickt er nicht nur nicht ab, er versteckt ihn so gut, daß das Schreiben erst im Jahre 2000 gefunden wurde. Auf seine Veröffentlichung muß allerdings gewartet werden, und zwar bis zum Jahre 2012, wenn in Kopenhagen der 100. Geburtstag des Bohrschen Atommodells zu feiern ist. Bis dahin haben wir uns zu gedulden. Wir können uns bis dahin an dem Porträt erfreuen, das Heisenberg 1969 von seinem Lehrer entworfen hat – sieben Jahre nach Bohrs Tod und sieben Jahre vor seinem eigenen. Heisenbergs Text zeigt, was für ihn wirklich zählte: die unverwundbare Freundschaft zu Bohr, die er in Worten bewahren wollte, um sie allen zugänglich zu machen.

2.
Der einsame Deutsche

»Und dieses Aufgehen in der Welt,
die zugleich die ›Welt Gottes‹ ist, bleibt auch schließlich
das höchste Glück, das uns die Welt zu bieten vermag;
das Bewußtsein der Heimat.«
Werner Heisenberg

Eine bekannte deutsche Tageszeitung, hinter der sich immer ein kluger Kopf zu verbergen scheint, betreibt seit einigen Jahren ein kleines Gesellschaftsspiel, indem sie prominente oder prominent wirkende Zeitgenossen bittet, einen Fragebogen auszufüllen. Jede Woche freitags wird der oder die Ausgewählte gebeten, sich doch einmal auf das einzulassen, was Marcel Proust zweimal zugemutet wurde, und so gibt es jede Woche neue Antworten zu Fragen wie »Wo möchten Sie leben?« oder »Wer hätten Sie sein mögen?«. So leicht es dem Autor fällt, die zweite Frage zu beantworten – nämlich mit »Werner Heisenberg« –, so klar ist ihm, wie sein Held auf die erste Frage reagiert hätte: »In Deutschland, genauer gesagt in Bayern, und am liebsten in München«, hätte er geantwortet.

Es hat sehr lange gedauert, bis dieser Traum erfüllt wurde und Heisenberg in München angekommen ist – nämlich bis zum September 1958, als seine Familie und sein Institut, die beide nach dem Krieg in Göttingen Platz gefunden hatten, in die geliebte Stadt seiner Jugend kamen. Hier hat er die ihm noch verbleibenden achtzehn Jahre bis zu seinem Tod verbracht.

Dabei hatten bereits im Januar 1935 alle Zeichen auf einen möglichen Umzug nach München hingedeutet. Damals trat der sechsundsechzigjährige Sommerfeld in den Ruhestand (vielleicht wurde er auch getreten), und der große Mann der alten Quantentheorie empfahl seinem Arbeitgeber den großen Mann der neuen Quantenmechanik, den nur rund halb so alten Heisenberg, zu seinem Nachfolger. Unter normalen Umständen und in normalen Zeiten hätte es nur ein oder zwei Sitzungen von entsprechenden Gremien gebraucht, die für Berufungen zuständig sind, und die Universität München hätte mit Stolz und Fanfarenstößen verkündet, daß sie den inzwischen mit Nobelpreiswürden ausgezeichneten Sohn Bayerns in die heimatlichen Gefilde zurückholen und mit aller gewünschten Forscherfreiheit ausstatten würde. Doch die Verhältnisse, sie waren nicht so, sie waren vielmehr schlimm und entwürdigend anders. Nicht nur in Bayern, in ganz Deutschland regierten blanke Unvernunft und brutaler Terror. Die Nazis schnürten den Lebensraum des freien Geistes ein und erstickten die Unabhängigkeit des Denkens, dem unentwegt Gehorsam abverlangt wurde. Selbst ein unpolitischer Wissenschaftler wie Heisenberg konnte den Umständen und ihren dazugehörigen Auswirkungen nicht entkommen, die jeden Einzelnen oft bis in seinen letzten Lebenswinkel verfolgten, um seine Gesinnung auszuschnüffeln und um ihm Bekenntnisse zur neuen Politik und dem dazugehörigen systemkonformen Verhalten abzuzwingen.

Erste Einmischungen der Politik

Die Nazis sind bekanntlich nicht vom Himmel gefallen, sondern vom deutschen Volk gewählt worden (wenngleich niemals mit Mehrheit). Der von ihnen zuletzt staatlich verordnete und mit militärischer Disziplin durchgesetzte Ungeist gärte schon in Heisenbergs kreativen Jugendjahren, und er wurde im Verlauf der 20er Jahre immer deutlicher und nachhaltiger spürbar. Er drang dabei auch zeitig in die sonst so heiligen und nahezu unversehrt scheinenden Hallen der Wissenschaft ein.

Seine erste direkte Begegnung mit antisemitischen Hetzkampagnen erlebte Heisenberg als einundzwanzigjähriger Student der Physik beim Besuch der 1922 in Leipzig stattfindenden Versammlung der Gesellschaft Deutscher Naturforscher und Ärzte (GDNÄ), die noch zu Goethes Lebzeiten gegründet worden war und folglich den Anspruch besaß, als »ehrwürdig« bezeichnet zu werden. Doch auf das sonst so ungetrübte Fest der Wissenschaft, das die Teilnehmer seit rund einhundert Jahren bei den Tagungen der GDNÄ erleben konnten, fiel diesmal ein häßlicher Schatten. Kurz vor Beginn der Veranstaltung hatte der (deutsche) Nobelpreisträger von 1905 Philipp Lenard ein »Mahnwort an deutsche Naturforscher« publiziert und darin die Relativitätstheorie des »reinblütigen Juden A. Einstein« als Hypothese ohne Wert bezeichnet. In dem Text war von einer Verschwörung des Weltjudentums und von einer »Entartungserscheinung« die Rede, die nur dem Ziel diene, die Physiker zu täuschen und die Physik umzugestalten. Lenard, der in der internationalen Fachwelt wegen seiner grundlegenden Beiträge zur Physik einen hohen Ruf genoß, sollte sich in den kommenden Jahren immer schlimmer an dem Thema festbeißen. Er entwickelte einen pathologischen Antisemitismus, der ihm allerdings unter den Nazis nur Zustimmung und immer mehr Anhänger einbrachte. Sein Judenhaß trieb ihn zuletzt sogar dazu, eine mehrbändige »Deutsche Physik« zu verfassen, in der er unter anderem das fehlende Verständnis der Juden für Wahrheit aufspürte und diesem offenkundigen Mangel mit schrillen Tönen den »besorgnisvollen Wahrheitswillen der arischen Forscher« gegenüberstellte.

Als Heisenberg 1922 auf der Versammlung der GDNÄ eintraf, drückte ihm ein Lenard-Jünger ein Flugblatt in die Hand, das mehr als ein Dutzend Professoren unterschrieben hatten und auf dem Einsteins Beiträge zur Physik als »logisch unhaltbare Fiktion« abgelehnt und als »rassisch, blutmäßig bedingt« eingestuft wurden.* In Heisenberg brach »eine meiner wichtigsten Hoffnungen zusammen«, wie er fast ein halbes Jahrhundert später in »Der Teil und das Ganze« anmerkt, denn er mußte erleben, wie »auf dem Umweg über charakterlich schwache oder kranke Menschen selbst das wissenschaftliche Leben durch böse politische Leidenschaften infiziert und entstellt werden kann«.

Niemand kann in solchen Situation tun, als ob nichts geschehen sei. Auch Heisenberg beginnt nun darüber nachzudenken, wie er sich künftig bei solchen Aktionen verhalten soll, und er scheint kurz mit dem Gedanken gespielt zu haben, sich überhaupt nicht weiter mit der Wissenschaft zu beschäftigen. Dies erscheint aber wenig glaubwürdig, denn die Frage, ob es sich unter solchen Umständen überhaupt noch lohnt, Forscher zu sein, stellt sich höchstens demjenigen, der seine Kunst halbherzig betreibt, und genau dies trifft für Heisenberg nicht zu. Die Freiheit, sich für oder gegen die Wissenschaft zu entscheiden, stand und steht jemandem wie ihm nicht zur Verfügung, der in seinem Herzen ein Physiker ist und der die inneren Bereiche der Wirklichkeit kennengelernt hat, in denen

* Der Begriff »Fiktion« als Beschreibung der Physik findet sich übrigens bei Einstein selbst. Er meinte ihn allerdings positiv, das heißt, für Einstein stellen Naturgesetze nicht etwas dar, was Menschen in der Natur finden, sondern etwas, was sie sich ausdenken. Es sind »freie Erfindungen des menschlichen Geistes«. Solche subtilen Gedanken waren natürlich nicht geeignet für die vergiftete Atmosphäre des Jahres 1922, in der Einstein allen Anfeindungen zum Trotz seinen Leipziger Vortrag über die Relativitätstheorie gehalten hat.

man der Wahrheit gegenübertreten kann. Ihm bleibt nur die Möglichkeit, sich soweit wie möglich von den Menschen fernzuhalten, die so korrumpiert sind wie die Anhänger Lenards, und es gelingt Heisenberg tatsächlich, nach diesem Vorsatz zu handeln, als es zum ersten Mal ernst für ihn wird und er konkret als Einzelner gefragt ist und eine (kleine) Entscheidung treffen muß. Denn als der frischgebackene Nobelpreisträger eingeladen – oder besser aufgefordert – wird, an der Wahlkundgebung der deutschen Wissenschaft für Hitler teilzunehmen, die am 11. 11. 1933 in Heisenbergs damaligem Wohnort Leipzig stattfinden soll, da bleibt der nach Stockholm Eingeladene standhaft und der Veranstaltung fern. Anders und weniger mutig als er reagieren zum Beispiel der Chirurg Ferdinand Sauerbruch und der Philosoph Martin Heidegger, die nicht nur eifrig mit von der braunen Partie sind, sondern sogar am Vorstandstisch Platz nehmen und sich dort in strammer Haltung photographieren lassen. Heisenberg konnte solchen Bekenntnisübungen nichts abgewinnen, und er meinte sicher auch, sich die Abwesenheit und das Ignorieren der neuen Machtverhältnisse noch leisten zu können. Er machte sich auch keine besonderen Sorgen über die möglichen Nachteile, die ihm daraus erwachsen könnten.

Hier war Heisenberg – wie in vielen anderen Fällen – zu gutgläubig. Wie die meisten Deutschen unterschätzte er die gnadenlose Entschlossenheit der Nazis, ihre verbrecherischen Ziele direkt und ohne Rücksicht anzustreben, und er rechnete auch nicht mit der ungewohnten Brutalität, mit der sie dabei vorgingen. Bald sah er sich mit der massenhaften Entlassung führender jüdischer Physiker und anderer Wissenschaftler aus ihren Ämtern konfrontiert, der sich eine Abwanderung vieler Wissenschaftler anschloß, die sich im Ausland vor den Verfolgungen durch die Nazis in Sicherheit brachten. Ehe sich Heisenberg versah, hatte diese rasch einsetzende und dann anhaltende Emigration die Welt seiner frühen Triumphe zerstört. Quasi über Nacht leerte sich zum Beispiel die Universitätsstadt Göttingen, in der Heisenberg vor gut einem Jahrzehnt Bohr kennengelernt hatte und mit seiner Hilfe auf dem dialogischen Weg in das wissenschaftliche Leben getreten war. Die Wissenschaft, die hier so herrlich geblüht hatte, sie war von vielen Nazistiefeln erst radikal niedergetreten worden und dann einfach verdorrt und verschwunden. Wo früher mutig neue Ideen erörtert wurden, herrschte jetzt Angst. Wo man bislang nur die Offenheit kannte, herrschte jetzt Verrat und Mißtrauen. Das geistige Leben war nahezu erloschen. Mittelmaß und Dumpfheit breiteten sich aus.

Der »weiße Jude« Heisenberg

»Aber ich will hier aushalten.« Dies ist der Tenor der Briefe, die Heisenberg in den ersten Nazijahren verschickte, und so unverständlich dies für seine Zeitgenossen gewesen sein muß – vor allem angesichts zahlreicher großzügiger Angebote aus dem Ausland, dort Physik zu lehren –, im Rückblick ist klar, welche langfristige Absicht er damit verfolgte, nämlich zu retten, was zu retten war, und dafür zu sorgen, daß Deutschland nicht vor einem Nichts stünde, wenn der braune Spuk einmal vorüber wäre. Man hat Heisenberg später vorgeworfen, mehr an die ganze Physik und weniger an einzelne Physiker gedacht und mehr für die Rettung seiner Wissenschaft als für die Rettung anderer Wissenschaftler unternommen zu haben. Und tatsächlich – im Gegensatz zu Bohr und Pauli bemühte er sich nicht eigens darum, internationale Flüchtlingsorganisationen zu unterstützen, die vor allem Menschen jüdischen Glaubens halfen, Nazi-Deutschland zu verlassen. Doch Bohr und Pauli lebten im Ausland, und sie waren von alten Freunden umgeben, denen sie vertrauen konnten. Heisenberg hingegen lebte – wie viele in Deutschland – umringt von Nazi-Spitzeln, und er mußte damit rechnen, daß sein privates Leben bis in jedes Detail überwacht wurde und ihm Gefahr für Leib und Leben drohte.

Was immer Heisenberg im Dritten Reich getan hat, kann unter dem Begriff des unpolitischen Menschen erklärt werden, mit dem ihn später auch seine Frau charakterisiert hat. Man braucht sich dazu nur die folgenden Tatsachen vor Augen zu halten:

Heisenberg ist nie in die NSDAP, die Partei der Nazis, eingetreten, und er hat wahrscheinlich niemals darüber nachgedacht, ob er dies tun sollte. Er hat (aber) alle Positionen in der Wissenschaft angenommen, die von den Nazis zu vergeben waren. Heisenberg hat sich zwar nie erkennbar von dem Regime distanziert, er hat aber privat alle Exzesse scharf mißbilligt und verurteilt – und dabei für Hitler den Decknamen »Schipanski« benutzt. Es gibt natürlich viele Aktionen und Stellungnahmen Heisenbergs zu politischen Fragen – dazu war damals jeder gezwungen –, und jeder hat hinterher das Recht, sie als reichlich lasch und unbefriedigend zu bezeichnen. Doch sollte man auch erwähnen, daß Heisenberg immer an den Stellen Mut gezeigt hat, an denen es um seine Wissenschaft, die Physik, ging. Als er zum Beispiel für die 1934 in Hannover stattfindende Versammlung der GDNÄ gebeten wurde, das Hauptreferat zu halten, sprach er über »Wandlungen der Grundlagen der Naturwissenschaften in jüngster Zeit«. Hierin stellte er ausdrücklich fest, daß zum Beispiel die Relativitätstheorie kein willkürliches Verwirrspiel mit Raum und Zeit, sondern den Wissenschaftlern »durch die Natur selbst aufgezwungen worden« sei und einen grandiosen Fortschritt im Verständnis des Kosmos darstelle. Und da Heisenberg schon einmal bei Einstein war, erwähnte er noch dessen grundlegenden Beitrag zur Quantentheorie, um von hier aus auf (den Antisemiten) Lenard zu sprechen zu kommen. Es seien doch gerade Lenards Forschungen (zum photoelektrischen Effekt) gewesen, so Heisenberg, die ihre angemessene Deutung und Würdigung erst durch Einsteins Arbeit und seine Einsichten in die Doppelnatur des Lichts gefunden hätten.

Die Zuhörer und die Presse reagierten zwar zufrieden, was Heisenberg zunächst beruhigte, aber selbst das Wenige, das er in dem Vortrag riskiert hatte, war einigen schon zuviel. Auch nur die winzigste Sympathie für einen Menschen jüdischer Abstammung konnte sich gefährlich auswirken, wie er bald feststellen mußte. Denn ein hoher Nazi-Funktionär, der erfahren hatte, wie Heisenberg »deutsche« und »jüdische« Physik als ein nachbarschaftliches Verhältnis vorstellte und seinen Vorschlag mit Sympathie besah, meldete sich kurz nach dem erwähnten Vortrag mit dem gefährlichen Hinweis zu Wort: »Das Konzentrationslager ist zweifellos der geeignete Platz für Herrn Heisenberg.«

Der Gemeinte wußte und ahnte von diesem Geschehen hinter den Kulissen noch nichts, aber er bekam bald zu spüren, wie man ihn einschätzte. Denn als 1935 das Philipp-Lenard-Institut für Physik in Heidelberg eingeweiht wurde, ergriff ein anderer deutscher Nobelpreisträger, Johannes Stark, die Gelegenheit, um gegen Heisenberg zu agitieren. Stark wetterte zuerst voller Wut gegen den »theoretischen Formalist Heisenberg, Geist vom Geiste Einsteins«, und beklagte sich dann in aller Öffentlichkeit darüber, daß dieser unzuverlässige Mann auch noch »durch eine Berufung ausgezeichnet werden« solle.

Stark spielte dabei auf den Münchener Lehrstuhl für Theoretische Physik an, der frei geworden war, nachdem Sommerfeld die von den Nazis neu festgesetzte Altersgrenze erreicht und damit abzutreten hatte. Sommerfelds allseits bekannter und schon erwähnter Wunsch bestand darin, Heisenberg als seinen Nachfolger zu sehen, und dagegen richtete Stark seine Worte in Heidelberg. Sie verpufften zunächst ohne Wirkung, denn im November 1935 stellte die Münchener Fakultät eine von den amtlichen Stellen angeforderte Liste der Kandidaten zusammen, und an die Spitze setzte sie den Namen Heisenberg, dem die anderen Kandidaten nur »in weitem Abstand« folgten.

Doch die Reaktion seiner Gegner ließ nicht lange auf sich warten. Schon Ende Januar 1936 erschien in der offiziellen Parteizeitung »Völkischer Beobachter« – mit einer geschätzten Auflage von rund 500000 Exemplaren – ein Beitrag mit dem Titel »Deutsche Physik und jüdische Physik«, in der Starks Rede ausführlich zitiert und Heisenberg ausdrücklich beschuldigt wurde, »die Grundhaltung der jüdischen Physik« zu vertreten. Der Angegriffene antwortete noch im Februar, indem er in dem Parteiorgan mit Blick auf die Kulturgeschichte zu erklären versuchte, warum »die theoretische Physik gerade für uns Deutsche wichtig« sei, weil sie nämlich im besten Sinne seit Kopernikus etwas mit Fragen der Weltanschauung zu tun habe. Doch so elegant Heisenberg auch sein Fach und sein wissenschaftliches Denken verteidigte, es ist leicht zu verstehen, warum die öffentliche Entgegnung wirkungslos bleiben mußte:

Zum einen bestand seine damals unlösbare Aufgabe darin, eine sehr schwierige und abstrakte Physik zu verteidigen, die vielfach gegen den »gesunden Menschenverstand« verstieß, der einem echten Nazi heilig sein mußte. Zum zweiten ging es Heisenbergs Gegnern gar nicht um Physik, sondern um Macht; das wissenschaftliche Argument diente nur als Vorwand, um eine unliebsame Berufung zu verhindern, wobei durch diesen Akt direkt überprüft werden konnte, wie weit der eigene politische Einfluß in der Universität reichte.

Mit anderen Worten: Was immer Heisenberg oder ein ihm freundlich gesinnter Wissenschaftler unternahm, es war damit zu rechnen, daß die Angriffe gegen ihn nur noch schärfer werden würden, solange Sommerfelds Nachfolger nicht bestimmt und der Lehrstuhl nicht mit einem zuverlässigen Kandidaten besetzt war. Ihren Höhepunkt erreichte die Hetzkampagne im Sommer 1937, als »Das Schwarze Korps«, das Sprachrohr des SS, Heisenberg frontal angriff und ein äußerst böses Wort ins hinterhältige Spiel brachte. Das Blatt beschimpfte Heisenberg als »weißen Juden«. Damit sollte ausgedrückt werden, daß Heisenberg seiner Gesinnung nach ein Jude sei, und das hieß in der Logik der damaligen Machthaber, daß er »ebenso verschwinden müsse wie die Juden selbst«. So konnte es auch jeder in dem Artikel nachlesen.

Heisenberg wurde zudem konkret als »Ossietzky der Physik« bezeichnet, wobei alle Leser wußten, daß der Publizist und Friedensnobelpreisträger von 1936, Carl von Ossietzky, zu dieser Zeit im Konzentrationslager Dachau inhaftiert war. (Er wurde zwar später daraus entlassen, ist aber 1938 an den Folgen seiner Haft gestorben.)

Heisenberg muß schockiert gewesen sein und sich vollständig benommen gefühlt haben, als er die SS-Zeitung mit den Angriffen gegen ihn in Händen hielt. Wie konnte jemand auf die Idee kommen, ihn, den völlig unpolitischen Menschen, in einen Staatsfeind umzufunktionieren, den es zu vernichten galt? Es ist schwer und wahrscheinlich ausgeschlossen, sich seinen damaligen Gemütszustand vorzustellen. Wie konnte das Land, das er so liebte, Funktionäre hervorbringen, die ihn als Menschen zweiter Klasse behandelten und mit Dreck bewarfen, ohne daß sich jemand erregte?

So beleidigend und demütigend die Angriffe gegen Heisenberg auch waren, so klar und mutig fiel seine Antwort aus. Wenn er in Deutschland bleiben wollte – und für ihn gab es hier keine Frage, sondern nur eine Antwort –, dann mußten die hohen Herren aus der Politik eine grundsätzliche Entscheidung treffen, und das hieß konkret, das für Heisenberg als Professor zuständige Reichserziehungsministerium (REM) mußte sich für oder gegen ihn entscheiden. Zwei Tage nach dem Angriff des SS-Organs verfaßte Heisenberg einen Brief, in dem er von seinem Dienstherrn etwas verlangte. Er schrieb:

»Entweder hält das Ministerium den Standpunkt des *Schwarzen Korps* für richtig, dann bitte ich um meine Entlassung. Oder aber das Ministerium mißbilligt solche Angriffe: dann glaube ich auf den Schutz Anspruch zu haben, den etwa z. B. die Wehrmacht selbst ihrem jüngsten Leutnant in einem solchen Fall gewähren würde.«

Heisenberg war peinlich bemüht, bei seinem Brief den vorgeschriebenen Dienstweg einzuhalten. Das heißt, er richtete sein Schreiben nicht direkt nach Berlin, sondern schickte es seinem Leipziger Dekan, mit der Bitte, es dem Rektor zu überreichen, der es seinerseits an die zuständigen Stellen in Dresden weitersenden sollte, die es dann zu kommentieren und endlich an den Reichsminister in Berlin zu adressieren hatten. Natürlich kam Heisenbergs Brief trotz dieser Route nicht direkt auf dem anvisierten Schreibtisch an, und außerdem dauerte und dauerte der ganze Vorgang, ohne an ein Ende zu kommen. Man schob hin und her und verzögerte mal hier und mal da und agierte auf allen universitären Ebenen so vorsichtig wie möglich – aber nicht nur aus der auch unter den Nazis unvermeidlichen Bürokratie heraus. Es gab vielmehr einen zweiten Grund. Denn während der Brief an den Dienstherrn sich langsam seinem Ziel näherte, hatte Heisenberg beschlossen, seinen Fall noch eine Stufe höher anzusiedeln und sich direkt an den Reichsführer-SS Heinrich Himmler zu wenden. Heisenberg bat ihn um dieselbe Entscheidung, die er dem Reichserziehungsminister abverlangte: Entweder billige Himmler die Vorwürfe der von ihm verantworteten Zeitung, oder er stelle Heisenbergs Ehre wieder her und festige seine Position.

Es kann nur als mutig und entschlossen bezeichnet werden, was Heisenberg da unternahm. Bei seinen Plänen kam ihm allerdings ein besonderer Umstand zu Hilfe, die Tatsache nämlich, daß es eine zwar dünne, aber strapazierfähige Beziehungslinie zwischen ihm und Himmler gab. Mit anderen Worten, Heisenberg konnte Himmler mehr oder weniger direkt erreichen, und zwar auf folgendem Weg:

Wie bekannt, hatte Heisenberg das Max-Gymnasium in München besucht. Dessen Rektor hieß Nicolaus Wecklein, und er war Heisenbergs Großvater mütterlicherseits. Wecklein gehörte einem Wanderklub an, in dem sich bayerische Gymnasialdirektoren trafen, und zu ihnen gehörte auch Himmlers Vater Joseph Gebhard. (Daraus läßt sich erstens der Schluß ziehen, daß der junge Heinrich Himmler mit humanistischer Bildung in Berührung gekommen sein muß, und daraus ergibt sich zweitens, daß humanistische Bildung in mindestens seinem Fall nicht nur keine Humanität erreichte, sondern – eher im Gegenteil – die schlimmste Form von Unmenschlichkeit bewirkte. Humanistische Bildung ist mithin keine Garantie für Humanität.)

Der alte Himmler war zwar 1936 gestorben, aber Heisenbergs Mutter hatte durch ihren Vater, den Rektor Wecklein, die Frau seines Kollegen Himmler kennengelernt. Nun bot sich Frau Heisenberg an, den Brief ihres Sohnes persönlich an Frau Himmler mit der Bitte zu überreichen, ihn ihrem Sohn Heinrich auszuhändigen. »Ach wissen Sie, Frau Himmler«, soll Heisenbergs Mutter bei der entscheidenden Begegnung der Damen gesagt haben, »wir Mütter, wir verstehen ja nichts von der Politik, weder von Ihrem Sohn noch von meinem

Sohn, aber wir wissen, daß wir für unsere Buben sorgen müssen. Und darum bin ich bei Ihnen.«

So traf Heisenbergs Brief dank der mütterlichen Vermittlung im August 1937 bei Himmler ein, der ihn aber erst einmal liegenließ und sich bis zum November desselben Jahres Zeit nahm, bevor er reagierte. Anschließend dauerte es noch einmal bis zum Juli 1938, bevor Himmler die von ihm angeordnete Untersuchung des »Falles Heisenberg« mit dem endgültigen Ergebnis abschloß:

»Wir können es uns nicht leisten«, so heißt es in einem entsprechenden Schreiben und in einem eher makabren Stil, »diesen Mann, der verhältnismäßig jung ist und Nachwuchs hervorbringen kann, zu verlieren oder tot zu machen.«

Für dieses zwar beruhigende, aber albern und banal formulierte Ergebnis, das zudem nicht den akademischen, sondern den biologischen Nachwuchs im Auge hat, hatte Heisenberg lange und quälende Verhöre durch die Gestapo über sich ergehen lassen müssen, in deren Verlauf ihm unter anderem vorgehalten wurde, homosexuell zu sein, etwas, was damals als Verbrechen behandelt wurde und mit hoher Wahrscheinlichkeit die Einweisung in ein Konzentrationslager zur Folge hatte. In seinen Erinnerungen geht Heisenberg zwar mit keinem Wort auf diese Tortur ein, aber seine Frau hat später einmal davon erzählt, daß er selbst gegen Ende seines Lebens manchmal noch das Marschiergeräusch von Nazi-Stiefeln zu hören meinte und es auch vorkam, daß er mitten in der Nacht aufwachte, weil er von Gestapo-Leuten geträumt hatte, die über eine Treppe auf das Schlafzimmer zustürmten.

Die von Himmler und seinen Häschern verwendeten Polizeimethoden kontrastieren seltsam mit der wissenschaftlichen Naivität, die Heisenbergs Beurteilung zugrunde lag. In einem Schreiben an seinen engsten Mitarbeiter, den SS-Obergruppenführer Reinhard Heydrich, meint Himmler nämlich, daß es schon allein deshalb gelte, Heisenberg zu rehabilitieren, weil man diesen »guten Wissenschaftler« in Zukunft »noch gut gebrauchen« könne – und zwar für eine Zusammenarbeit »mit unseren Leuten von der Welteislehre«.

Welteislehre? Mit einem Schlag – oder besser: mit einem Wort – offenbart sich die ganze intellektuelle Belanglosigkeit der nationalsozialistischen Führungsriege und bestätigt sich die Analyse von Hannah Arendt, die in diesem Zusammenhang das berühmte Wort von der »Banalität des Bösen« geprägt hat. In einer Zeit, in der sich nicht nur die moderne Physik entwickelte (wie wir gesehen haben), sondern in der auch die ersten Schritte in Richtung auf eine Biochemie unternommen wurden und die Genetik klassischer Prägung bereits wußte, wo in den Zellen die Gene lokalisiert waren – in diesen wissenschaftlich so aufregenden Zeiten spukt in den Köpfen der Nazi-Größen die eher obskure Welteislehre des österreichischen Ingenieurs Hanns Hörbiger umher, der heute bestenfalls als Vater der Schauspieler Paul und Attila Hörbiger bekannt ist. Die Welteislehre, die pompös auch »Glazialkosmogonie« genannt wurde und zeitgleich mit Einsteins Relativitätstheorie vor dem Ersten Weltkrieg entstanden war, wollte »eine neue Entwicklungsgeschichte des Weltalls und des Sonnensystems« sein, wie es im Untertitel hieß. In ihr ist von einem »Glutgestirn« die Rede, das einen »Eisling« von vierzigtausendfacher Sonnengröße einfängt, der im Anschluß daran erst zu sieden anfängt, um anschließend zu explodieren. Die Wucht der Entladung erlaubt einem Teil der Massen, der Anziehungskraft des Gestirns zu entkommen und in den Kosmos hinausgefeuert zu werden. Einer dieser Kanonenschüsse gefriert dann zu dem Sonnensystem, in dem sich unsere Erde befindet und ihre Runden zieht.

Es lohnt sich zwar heute bestenfalls aus historischen Gründen, das Kuriosum der Welteislehre kennenzulernen. Es lohnt aber auf jeden Fall, darauf hinzuweisen, was einer ihrer Anhänger, der Reichsführer-SS Himmler, übersieht, wenn er sie lobt. Das entworfene Katastrophenszenarium widersprach nämlich nicht nur dem traditionellen Darwinismus, der doch so wichtig für die Ideologie der Nazis war. Es kollidierte zudem heftig mit dem Weltbild Newtons und läßt allein deshalb deutlich einen Einklang mit den relativistischen Ideen hören, die ihrer jüdischen Herkunft wegen verpönt waren – und im übrigen Heisenberg durch sein Bekenntnis zu ihnen in zahlreiche Schwierigkeiten gebracht hatten.

Es braucht nicht betont zu werden, wie schwer es jemand wie Heisenberg mit seiner abstrakten Quantentheorie in einem Umfeld haben mußte, in dem Menschen lebten, die dem Vater der Welteislehre ein Denkmal setzen wollten. Tatsächlich planten die Nazis, das von Hitler als eigentliche Heimatstadt angesehene Linz mit einem Monumentalgebäude zu bestücken, das als »Denkmal der drei großen Weltbilder« konzipiert wurde. Gemeint war zum einen das Ptolemäische Weltbild mit der Erde als Mittelpunkt, gemeint war zum zweiten das Kopernikanische Weltbild mit der Sonne im Zentrum, und gemeint war zum dritten das dynamische Weltbild, das Hörbiger mit seiner »Bimssteinbombe« vorgelegt hatte, wie es Spötter damals nannten. Witzige Zeitgenossen kommentierten das ganze Linzer Bauvorhaben durch einen Vergleich mit der Medizin: Was die Nazis für die neue Donaumetropole planten, liefe darauf hinaus, die Geschichte der Heilkunst durch drei Gestalten zu ehren – durch Hippokrates, Paracelsus und den Sanitätsgefreiten Neumann.

Und was die Nachfolge von Sommerfeld angeht, so entschied man sich für jemanden, der Wilhelm Müller hieß, Mechanik für Ingenieure unterrichten konnte und Beiträge zur »Deutschen Physik« geliefert hatte. Noch konnte Heisenberg nicht nach München kommen, er blieb vorerst in Leipzig.

Das Gefühl der Einsamkeit

»Die Jahre vor dem Zweiten Weltkrieg sind mir, soweit ich sie in Deutschland verbracht habe, immer als eine Zeit unendlicher Einsamkeit erschienen.« So beginnt Heisenberg das Kapitel seiner Erinnerungen, die von den Jahren von 1937 bis 1941 handeln. Und er fährt fort: »Das nationalsozialistische Regime hatte sich so weit verfestigt, daß an eine Besserung der Umstände von innen her nicht mehr zu denken war. [...] Die Verständigung unter den Menschen wurde schwierig. Nur im engsten Freundeskreis konnte man ganz frei sprechen. Allen anderen gegenüber verwendete man eine vorsichtige, zurückhaltende Sprache, die mehr verschleierte als mitteilte. Das Leben in dieser Welt des Mißtrauens war mir unerträglich«, und zwar unter anderem auch deshalb, weil sich die Nazis viele Demütigungen und Erniedrigungen ausdachten, um die Menschen in jedem Augenblick in ihren Griff zu bekommen und behalten. So mußte Heisenberg – wie viele andere Bürger – im Januar 1937 auf den Straßen der Leipziger Innenstadt herumlaufen und sogenannte Winterhilfsabzeichen verkaufen:

»Ich war, während ich mit der Sammelbüchse umherging, in einem Zustand völliger Verzweiflung. Nicht wegen der verlangten Geste der Unterordnung, die mir unwichtig schien, sondern wegen der völligen Sinn- und Hoffnungslosigkeit dessen, was ich tat und was sich um mich herum abspielte. So geriet ich in einen merkwürdigen und unheimlichen seelischen Zustand. Die Häuser an den schmalen Straßen schienen mir weit entfernt und fast unwirklich, so als seien sie schon zerstört und nur als Bilder noch übriggeblieben; die Menschen wirkten durchsichtig, ihre Körper waren gewissermaßen schon aus der materiellen Welt herausgetreten und nur ihre seelische Struktur noch erkennbar. Hinter diesen schemenhaften Gestalten und dem grauen Himmel empfand ich eine starke Helligkeit.«

Wenn jemand malen wollte, wie Heisenberg damals durch die Straßen Leipzigs lief, könnte er sich an dem »Mönch am Meer« von Caspar David Friedrich orientieren, der zwar schwarze und graue Flächen vor sich gestellt sieht, der aber die Helligkeit hinter den Dingen spürt, die der Maler dem Betrachter zeigt. So einsam wie dieser Mönch am Meer muß sich Heisenberg in Deutschland gefühlt haben. Zwar kannte er die Helligkeit hinter den Dingen, doch unter diesen Umständen kamen keine Erinnerungen auf. Vielmehr meldete sich allein die Sehnsucht nach dem Licht, mit dessen Hilfe die zentrale Ordnung erkennbar werden kann, die er zum ersten Mal in Helgoland gesehen und gespürt hatte.

Familiengründung

Als Heisenberg die eben zitierte Vision erlebte, muß er auf die Menschen, die in den Straßen an ihm vorbeiliefen und ihren Geschäften nachgingen, einen erschreckenden Eindruck gemacht haben. Sie versuchten nämlich, besonders freundlich zu ihm zu sein, und dabei gelang es ihnen, Heisenberg einen Moment aus der phantasierten Ferne zurückzuholen. Aber bald verlor er sich wieder in die Weite. Er empfand eine äußerste Leere und bekam plötzlich Angst, daß dieser Zustand über seine Kräfte gehen könnte. Heisenberg empfand eine solche Beklemmung, daß er sogar meinte, selbst die Musik könnte ihm keinen Lebensmut mehr geben, und so folgte er eher in beklemmter Stimmung der Einladung, das so fröhliche und unbekümmert schöne Beethoven-Trio in G-Dur mit Bekannten zu spielen, und zwar am Abend des Tages, der eben beschrieben worden ist und Heisenbergs seelische Not offenbarte.

Die Niedergeschlagenheit hat sicher auch damit zu tun, daß der inzwischen fünfunddreißigjährige Professor im privaten Leben weniger erfolgreich war als in der wissenschaftlichen Welt. Er lebte immer noch alleine, und nachdem der Rausch der Kameradschaft mit den Pfadfindern und die Gipfelstürmerei der Physik längst hinter ihm lag, machte sich in Heisenberg langsam der nicht sehr einladende Gedanke breit, daß er offenbar nur des Schaffens wegen auf die Welt gekommen sei. Natürlich wurde ihm »das einsame Leben durch die Arbeit an der Wissenschaft erträglich«, wie er seiner Mutter noch im Winter 1936 versicherte, »aber auf die Dauer wäre es sehr schlimm, wenn ich ganz ohne einen jungen Menschen neben mir auskommen müßte«, wie er mit wachsender Verzweiflung hinzusetzte.

Als Heisenberg dies schrieb, sollte es nicht mehr lange dauern, bis er die Frau traf, die ihr Leben mit seinem teilen würde. Genau auf dem oben erwähnten Kammermusikabend wurde ihm Elisabeth Schumacher vorgestellt, die rund ein Dutzend Jahre jüngere Tochter eines Professors für Nationalökonomie, die Literatur studiert hatte und im Buchhandel tätig war. Es muß Liebe auf den ersten Blick gewesen sein, denn die beiden verlobten sich zwei Wochen später und heirateten bereits im April 1937. Genau neun Monate später brachte Elisabeth Heisenberg dann Zwillinge zur Welt, einen Jungen, den die Eltern Wolfgang, und ein Mädchen, das sie Maria nannten. Wolfgang – das hatte natürlich mit Pauli zu tun, der den Eltern für diese Ehre dankte und mit einem physikalischen Fachbegriff zur »Paarerzeugung« gratulierte. In der Wissenschaft versteht man darunter die Umwandlung einer hohen Strahlenergie in materielle Einheiten, die aufgrund von Erhaltungssätzen paarweise auftreten müssen.

In der neuen Situation als Familienvater konnte Heisenberg zwar viel von seinem alten Leid vergessen – zum Beispiel

Abbildung 18: Elisabeth Schumacher und Werner Heisenberg im März 1937 im Garten des Berliner Schumacher-Hauses

auch den unglücklichen Versuch einer Liaison mit Adelheid von Weizsäcker*, der jüngeren Schwester seines Schülers Carl Friedrich, die gerade erst das Abitur hinter sich gebracht hatte –, aber der Angriff des »Schwarzen Korps« mit den Vorwürfen, ein weißer Jude zu sein, traf ihn in genau dem Moment, als er und seine Frau von ihrer Hochzeitsreise zurückkehrten. Wahrscheinlich hat Heisenberg den Mut für

* Es ist oft zu hören, daß die Adelsfamilie der Weizsäcker den bürgerlichen Heisenberg abgelehnt hätte, trotz Nobelpreis und Ordinariat. Dies trifft nicht zu. Tatsächlich kannte Heisenberg Adelheid von Weizsäcker seit ihrer Kindheit, und so ist verständlich, daß ihre Mutter den heiratswilligen Professor erst einmal darum bat, der Tochter die Chance zu geben, auch mit anderen Männern zu sprechen. Adelheid von Weizsäcker hat Werner Heisenberg zwar nicht geheiratet, aber beide haben sich ihr Leben lang gekannt und geschätzt, und sie sind zuletzt sogar familiär miteinander verbunden worden: Eine *ihrer Töchter* hat nämlich einen *seiner Söhne* geheiratet.

die Forderungen, die er in seinen beiden Briefen dem Minister und dem Reichsführer-SS stellte, aus der Verbindung mit der jungen Frau geschöpft, die ihn aus der innerlichen Ferne und der äußeren Einsamkeit befreit und in das Leben mit seinen Wirklichkeiten zurückgeführt hatte. Wenn auch anzunehmen ist, daß Heisenberg Kraft aus seiner Ehe mit Elisabeth schöpfte, so hielt er seine riskanten Schritte doch vor ihr verborgen. Die Verantwortung für sein privates Handeln gegenüber den politischen Instanzen wollte er ganz alleine übernehmen – worüber sie sich später bitter beklagt hat.

So vertrauensvoll-harmonisch die Ehe von Werner und Elisabeth Heisenberg verlaufen ist und so ausgeglichen und gefestigt sein bürgerliches Leben nun mit ihrer Hilfe verlief – die äußeren Umstände waren nicht dazu angetan, den beiden mit ihren zahlreichen Kindern ein leichtes Leben zu ermöglichen. Tatsächlich war Heisenberg, vor allem nach dem Vertreiben und Verschwinden vieler jüdischer Physiker, der führende deutsche Naturforscher, der bald mehr und mehr Verpflichtungen außerhalb der Familie übernehmen und oft lange Zeit von zu Hause wegbleiben mußte. Im Hause selbst wuchs die Zahl der Kinder – fünf weitere kamen in den nächsten zwölf Jahren zur Welt –, und all dies läßt sich zu der Feststellung zusammenfügen, die Elisabeth Heisenberg selbst getroffen hat, daß nämlich sie und ihr Mann sich in all den gemeinsamen Jahren niemals wirklich »grundsätzlich« kennenlernen konnten. Erst als die Kinder am Ende der Adenauer-Zeit das Haus verlassen hatten, konnten die beiden inzwischen Altgewordenen ungestört zusammensein.

Die Liebe zu Landschaften

Zu den schwierigsten Phasen im Leben der Heisenbergs gehören die letzten Monate des Zweiten Weltkriegs, die noch eingehend beschrieben werden sollen. Zunächst erwartet Elisabeth 1939 ihr drittes Kind. Sie und ihr Mann fühlten sich damals im Anschluß an die sogenannte Reichskristallnacht vom November 1938 »ganz benommen«. Sie befürchten eine weitere Zunahme des braunen Terrors und versuchen ihm dadurch zu entkommen oder ihn wenigstens in möglichst weiter Ferne an sich vorüberziehen zu lassen, daß sie auf dem Land einen Zufluchtsort suchen. Durch Heisenbergs Mutter erfahren sie, daß im oberbayerischen Urfeld ein Holzhaus mit drei Schlafzimmern, Küche und weiter Veranda zum Verkauf an-

Abbildung 19: Lovis Corinth, »Ostern am Walchensee« (1922, 60,5 × 80 cm; Privatbesitz). Eine Kopie dieses Bildes hatte Heisenberg in seinem Arbeitszimmer hängen.

geboten ist, das früher dem Maler Lovis Corinth gehört hat (Abb. 19). Die Familie entschließt sich im Frühjahr 1939 dazu, das Haus zu erwerben, und es sind unter anderem der Ausblick auf den Walchensee und die sich dahinter erhebenden Berge des Isarwinkels, die den Ausschlag dazu geben. Der Betrachter sieht bei ruhigem Wetter mit stillem See eine gespiegelte Landschaft, deren Symmetrie den Reiz des Schauens erhöht. Am Mittag umrahmen die Helligkeit des Himmels und der Glanz der aufragenden Berge das eher dunkle Ufer mit seinen ansteigenden Wäldern. Überall triumphiert das Licht, und es läßt sogar eine zentrale Mitte erkennen, in der Menschen zu finden sind, nämlich die Spaziergänger am Ufer des Sees, der so leuchtet wie der Himmel selbst.

Heisenberg liebte viele Landschaften in Deutschland, die ja alle schon ihren Maler oder Dichter gefunden haben. So konnte er, was er liebte, immer mit den Augen des Künstlers sehen, der er doch war.

Es wird zum Beispiel berichtet, daß er bei einem Spaziergang, der am Rhein entlangführte, seiner Frau beim Blick über den Strom und die grünen Hügel, die ihn umrahmen und seinem Lauf folgen, ins Ohr geflüstert hat: »Wie könnte ich je fortgehen?« Und Carl Friedrich von Weizsäcker hat einmal ein kleines Detail von einem Ausflug berichtet, den er mit Heisenberg in den Thüringer Wald unternommen hat. Beim Anblick des jungen Buchenlaubs, das in der Sonne leuchtete, hat Heisenberg aus Hugo Wolfs »Biterolf« zitiert, in dem der Held sich an seine Heimat erinnert:

Kampfmüd und sonnverbrannt
Fern an der Heiden Strand,
Waldgrünes Thüringland,
Denk' ich an dich.

»Waldgrünes Thüringland«, so lautete der Kommentar Heisenbergs, »das ist schön gesagt. So ist Deutschland«, und weil es so ist, wollte er nicht fortgehen, erst recht nicht, nachdem er das Haus in Urfeld erworben und damit einen Ort für seine Familie hatte. Hier in den oberbayerischen Bergen erlebt Heisenberg im übrigen die letzten Tage des Zweiten Weltkriegs, und die Art, wie er sie beschreibt, zeigt, worauf es ihm vor allem ankommt. Heisenberg wartet mit seiner Familie auf die amerikanische Einheit, die ihn – den seit langem gesuchten feindlichen deutschen Atomphysiker – gefangen- und mitnehmen wird. Als die ersten Soldaten am 3. Mai 1945 in Urfeld eintreffen und sein Haus erreichen, fühlt sich Heisenberg eher befreit als gefesselt. Doch wirklich wichtig ist ihm in diesem Augenblick etwas anderes: »Ich fragte einen meiner amerikanischen Bewacher, der schon in vielen Teilen der Welt gekämpft hatte, wie ihm unser See zwischen den Bergen gefalle.« Heisenberg selbst hat in seinen Erinnerungen liebevoll beschrieben, was sich menschlichen Augen an diesem Frühlingsmorgen in den ersten Tagen des Friedens von seinem Haus aus bot:

»In der Nacht vorher war noch Schnee gefallen, aber am Tag meiner Abreise schien die Frühlingssonne aus einem dunkelblauen Himmel und tauchte die überschneite Landschaft in ein helles glänzendes Licht.« Und so fällt dem zugleich fremden und freundlichen GI die Antwort auf die gestellte Frage nicht schwer: »Er meinte, hier sei das schönste Fleckchen Erde, das er bisher kennengelernt habe.«

Heisenbergs Krieg?

Der Krieg war in Europa endlich zu Ende. Es war sicher ein Weltkrieg, aber war es auch »Heisenbergs Krieg«? So heißt jedenfalls eines der zahlreichen Bücher, die über die zumeist unter seiner Leitung in Deutschland in den Jahren von 1939 bis 1945 durchgeführten Bemühungen berichten, die Kernenergie, die bei der Spaltung von Uran und anderen Elementen (Plutonium) freigesetzt wird, militärisch nutzbar zu machen. Der Autor des zitierten Buches, der amerikanische Pulitzer-Preisträger Thomas Powers, vertritt die Ansicht, daß Heisenberg die Atombombe auf keinen Fall bauen *wollte*. Powers erklärt die historische Tatsache, daß es keine deutschen Kernwaffen gegeben hat, durch ein nahezu heroisches Verhalten auf Seiten der Deutschen. Er meint nämlich, daß es »den geschickten Widerstand einer kleinen Gruppe von Wissenschaftlern um den Nobelpreisträger Werner Heisenberg« gegeben habe. Heisenberg habe – so Powers – nie offenbart, was er wirklich wußte, er habe sich seiner Regierung verweigert und eher versucht, die Nazi-Politiker von der Atomenergie ab- und wegzulenken, die in den letzten Jahren des Krieges im Angesicht der sich immer deutlicher abzeichnenden und längst bedrohliche Ausmaße annehmenden deutschen Niederlage verzweifelt nach einer Wunderwaffe suchten.

Eine völlig gegenteilige Ansicht vertritt ein zweiter amerikanischer Autor, der auf die europäische Geschichte der Juden spezialisierte Historiker Paul L. Rose. In seinem Buch »Heisenberg and the Nazi Atomic Bomb Project«, das im Untertitel verspricht, »A Study in German Culture« zu sein, stellt er Heisenberg als einen fanatischen Deutschen dar, der sich blind und gehorsam seinem Führer unterwarf, der sich für den Endsieg seiner Nation einsetzte und seiner Regierung liebend gern die Atomwaffe in die Hand gegeben hätte, die sie für ihren Erfolg brauchte. Rose, der gerne zugibt, daß sich die Tendenz seines Buches als »lack of sympathy with German culture« ausdrückt, vertritt daher konsequent die Ansicht, daß Heisenberg – »he was above all a German« – die Atombombe nicht bauen *konnte*, und zwar deshalb nicht, weil er ausgerechnet auf seinem stärksten Feld, im wissenschaftlichen Bereich, die falsche Richtung eingeschlagen und sich dabei festgerannt und verirrt hätte.

Wollte Heisenberg oder wollte er nicht? Konnte Heisenberg oder konnte er nicht? Das sind die Fragen, die sich demjenigen stellen, der zu beschreiben versucht, wie der führende Kopf der deutschen Physiker mit der historisch neuen und einmaligen Situation fertig wurde, die sich durch das zufällige Zusammentreffen einer wissenschaftlichen mit einer militärisch-politischen Entwicklung eingestellt hatte. Wissenschaftlich war es im Dezember 1938 zu einer Entdeckung gekommen, mit der selbst die unmittelbar beteiligten Forscher nie und nimmer gerechnet hatten. Im Mittelpunkt stehen die beiden Chemiker Otto Hahn und Fritz Straßmann, die bei Versuchen in ihrem Berliner Laboratorium durch präzise Messungen und detaillierte chemische Analysen zu ihrer nicht geringen Überraschung feststellen müssen, daß das Uran, das sie mit Neutronen beschossen hatten, nicht größer, sondern kleiner geworden war. Jeder Physiker hätte und hat vermutet, daß der Urankern die auf ihn abgefeuerten Neutronen einfängt, um größer zu werden und auf diese Weise ein neues Element – ein sogenanntes Transuran – hervorzubringen. Doch genau dies war nicht passiert. Im Gegenteil! Der Urankern war nicht angeschwollen, sondern zerplatzt und zerteilt worden, ein Prozeß, für den sich bald der Ausdruck »Spaltung« oder genauer »Kernspaltung« einbürgerte – »fission« im Englischen.

Die beiden Chemiker fanden das zunächst bestenfalls witzig, und sie erkannten erst, was sie da entdeckt hatten, nachdem ihnen zwei Physiker, Lise Meitner und ihr Neffe Otto Robert Frisch, erklären konnten, was diese selbst unter höchst merkwürdigen biographischen Umständen – nämlich Ende 1938 bei einem weihnachtlichen Spaziergang im tief verschneiten Schweden – verstanden hatten, daß nämlich bei der beobachteten Spaltung der Uranatome Energie freigesetzt wurde, und zwar die Kernenergie, die sich anschickte, das Denken des Jahrhunderts zu dominieren.

Nach ihren eher wackligen Anfängen faßte die Uranforschung bald festen Tritt. Denn als die Nachricht von der Kernspaltung und ihrem Energiepotential erst über Frisch zu Bohr nach Kopenhagen und dann durch ihn und seine Begleiter im Verlauf einer Reise in die Neue Welt in die USA gelangt war, gab es dort kein Halten mehr. Bohr war kaum in New York an Land gegangen, da hatte seine Umgebung die Neuigkeit schon ausgeplaudert, und die amerikanischen Physiker rannten so schnell wie möglich zu den nächsten Telefonen, um den Mitarbeitern in ihren Laboratorien den Auftrag zu geben, Hahns Experimente zu bestätigen und die nach Meitners Berechnungen verfügbar werdende Energiemenge zu bestimmen.

Was in einer friedlichen Welt viele Jahre lang eine innere Angelegenheit der Wissenschaft geblieben wäre und vor allem die Physik und ihr Verständnis der Atomkerne vorangebracht hätte, erhielt eine dramatische und zunehmend politisch-militärische Dimension mit dem 1. September 1939. An diesem Tag fielen deutsche Truppen in Polen ein und brachen den Krieg vom Zaun, der als Zweiter Weltkrieg in die Geschichte eingehen sollte. Das Kriegsgeschehen in Europa dauerte zwar offiziell von September 1939 bis Mai 1945, aber wirklich zu Ende gegangen ist der Zweite Weltkrieg bis heute nicht. Immer noch bleiben bedrückende Fragen nach dem Verbleib von Opfern, immer noch zeigen sich Nachwirkungen bei vertriebenen Menschen, immer noch wird um Entschädigungen für ehemalige Zwangsarbeiter gestritten, immer noch leiden Menschen unter den Spätfolgen der damals neuen Atomwaffen, und immer noch gibt es Geheimakten in den Archiven der Regierungen, die unter Verschluß bleiben –

auch solche, die Auskunft über die politischen Hintergründe geben könnten, die mit zu der Entwicklung der Kernwaffen beigetragen haben. Es gibt zum Beispiel den gut begründeten Verdacht, daß Informationen, die von Deutschland nach England gelangt sind und Auskunft über die geringen Fortschritte der Kernforschung unter Heisenbergs Leitung gegeben haben, in London zurückgehalten wurden, um die in den USA angelaufene Entwicklung von Kernwaffen, das Manhattan-Projekt, nicht zu verlangsamen.

Wie dem auch sei – wer meint, daß inzwischen alle relevanten Dokumente einsehbar sind, irrt gewaltig, und jeder, der aus seinem politischen Blickwinkel zu wissen glaubt, ob und was Heisenberg konnte oder wollte, ist gut beraten, sich Platz für eine Meinungsänderung zu lassen.

Unabhängig von solch einer persönlichen Unbestimmtheit steht fest, daß Heisenbergs erster Einsatz für den von Deutschen begonnenen Krieg noch im Monat des Überfalls auf Polen angeordnet wurde, genauer für den 26. September 1939, als man ihn zum führenden Physiker der deutschen Kernforschung ernannte. Wie gewohnt kam er seinen Pflichten nach, und wie gewohnt bereiteten ihm die meisten physikalischen Fragen keine Schwierigkeiten. Bereits am Nikolaustag des gleichen Jahres war Heisenberg in der Lage, dem Heereswaffenamt das erste geheime theoretisch-physikalische Gutachten zur Kernspaltung vorzulegen. Zwar findet sich in diesem Bericht kein wirklich weiterführender Gedanke, aber vom organisatorischen Standpunkt schneller als in Deutschland hatte man in keinem anderen Land reagiert. Die Deutschen lagen also zunächst vorne, und aus diesem Grund ist gut zu verstehen, warum der inzwischen in die USA emigrierte Einstein dem amerikanischen Präsidenten empfahl, sich ebenfalls um die Entwicklung einer Waffe zu bemühen, die ihre Wirkung mit Kernenergie erzielte.

Kein »Stirb und werde«

Bevor im folgenden wenigstens einige Details der Entwicklung zu den Kernwaffen – physikalische Hintergründe und historische Verläufe – näher zur Sprache kommen, soll eine allgemeine Bemerkung über das selbstvergessene Genie eingefügt werden. Die oben vorgestellte Leitfrage – »Konnte Heisenberg keine Atombombe bauen oder wollte er es nicht?« – wird von vielen Kennern und Beobachtern der politischen und wissenschaftlichen Geschichte unter der Voraussetzung diskutiert, daß der Heisenberg, der die Matrixmechanik und die Unbestimmtheit ersonnen hat, und der Heisenberg, der geheime Gutachten für das Heereswaffenamt verfaßt, ein und dieselbe Person seien, die mit ein und demselben Maßstab betrachtet werden müsse. Dies wird an dieser Stelle bestritten. Damit ist nicht gemeint, daß Heisenberg in irgendeiner Weise unter Schizophrenie gelitten habe und als eine gespaltene Persönlichkeit angesehen werden solle. Davon ist nichts bekannt, und die Zuflucht zu solch einer medizinischen Deutung wäre bestenfalls lächerlich. Dennoch scheint eine Unterscheidung angebracht, wenn man Heisenberg und sein Tun verstehen will, und zwar die zwischen dem selbstvergessenen Genie und dem pflichtbewußten Beamten. Es ist derselbe Unterschied wie der zwischen innen und außen. Was uns an dem jungendlichen Heisenberg in Staunen versetzt und womit er die Welt bereicherte, das kam aus ihm selbst, aus seiner Seele, aus dem Erleben in den Räumen seiner Phantasie. Was wir an dem erwachsenen Heisenberg feststellen und was er für seine Umwelt erledigte, das kam als Zwang und Befehl auf ihn zu, das brach sein Herz, statt es zu öffnen, und das stutzte seiner Seele die Flügel, die sie sonst jederzeit für den Flug über die Weiten der inneren Landschaft aufzuspannen bereit war.

Zwischen dem kreativen Jugendlichen in den unbeschwerten Jahren vor den Nazis und dem korrekten Erwachsenen in den bedrückenden Zeiten unter den Nazis liegt ein Abgrund, den man sich nicht groß genug vorstellen kann und den er nie überwinden konnte. »Dieses: Stirb und werde« – es funktionierte nicht mehr in einem Land, das der Diktatur anheimgegeben war und in dem jedes Aufflammen von kritischem Geist rasch wieder erstickt wurde. Der von uns bewunderte Heisenberg war innerlich schon längst gestorben, als sich ein Mann mit seinem Namen und der bekannten äußeren Erscheinung beim Heereswaffenamt meldete. Er war wahrscheinlich schon gestorben, als er in den Straßen Leipzigs mit der Sammelbüchse umherlaufen und Geld für etwas einsammeln mußte, was ihm fremd und fern blieb.

Es gilt, zwei Heisenbergs auseinanderzuhalten, und vielleicht ist es das mit »Gingo biloba« überschriebene Gedicht aus Goethes Divan, das mit den beiden Zeilen »Ist es Ein lebendig Wesen/ Das sich in sich selbst getrennt?« auf die leichteste Weise ausdrückt, was hier gemeint ist. Zunächst und vor allem gibt es das *romantische* Genie Heisenberg, das im Verlauf einer Lebensspanne, wie sie Schubert zugestanden war, unter größter Konzentration Zugang zu einer inneren geistigen Welt voller mathematischer Harmonien gefunden hat, in der eine Theorie der Zahlen so schön erscheint und wirkt wie eine Fuge von Bach. An diesem Ort erlebt Heisenberg mit höchster Intensität, wie er gebildete und bildende Natur zugleich ist. Er läßt die Atome entstehen, aus denen er selber entstanden ist. Dabei nähert sich dieser junge Mann voll »seliger Sehnsucht« der Flamme, die Goethe im »West-östlichen Divan« leuchten läßt.

Doch jetzt ist der Schmetterling am Ende tatsächlich verbrannt. Und übrig bleibt eine Hülle, in der ein deutscher Beamter namens Heisenberg steckt, der bestenfalls Zugang zu einer Bibliothek und Regierungsdokumenten hat und dort liest, welche Versuche mit der Natur angestellt werden und welche Möglichkeiten sich den Physikern bieten, erst die Atome und im Anschluß daran das Leben zu zerstören. Atome formen – das wollte Heisenberg. Aber Atome spalten, das wollte er nicht. Energie freisetzen – das konnte Heisenberg, aber nicht nach außen, sondern nach innen, wo es eine »zentrale Ordnung« geben mußte, für die zu leben und zu sterben sich lohnte.

Das Bürokratische muß ihn fast erdrückt haben, vor allem weil er als akademischer Forscher keinen Zugang mehr zu der phantastischen Innenwelt finden konnte, in dem sich das Genie zu Hause und also geborgen gefühlt hat. Dem Heisenberg, der sich mit technischen oder theoretischen Fragen der Energieerzeugung beschäftigt bzw. beschäftigen muß, stehen sicher die rationalen Werkzeuge des physikalischen Sachverstands zur Verfügung, was in seinem Fall immer noch reicht, den Durchschnitt weit zu überragen. Ihm stehen aber auf keinen Fall mehr seine intuitiven Qualitäten und seine Gabe der Einfühlung zur Verfügung. Das selbstvergessene Genie ist Heisenberg nur, wenn er in Freiheit forschen darf. Dann bewegt er sich auf dem Terrain der Physik wie ein Löwe in der ihm angestammten Savanne. Doch Freiheit ist im Deutschland jener Tage ein Fremdwort, und Heisenberg steckt so im Gefängnis des Naziterrors wie der Löwe im Zoo – meist ein Schatten seiner selbst.

Der Uranverein und ein Feuerlöscher

Wie gesagt – schon kurz nach dem Beginn des Zweiten Weltkriegs erhielt der Heisenberg, der als deutscher Professor für Physik in Leipzig wohnte und arbeitete, den Auftrag, sich mit

Kernforschung zu beschäftigen. Ende September 1939 kam er dem Befehl des Heereswaffenamtes nach, sich in dessen Forschungszentrum in der Berliner Hardenbergstraße zur Konferenz des sogenannten »Uranvereins« zu melden. Mit ihm trafen unter anderem Otto Hahn und Carl Friedrich von Weizsäcker ein. Ausgegangen war die Einladung von den Gründern des Vereins, den Physikern Kurt Diebner und seinem Assistenten Erich Bagge, die als Experten für Sprengstoffe für das Heer arbeiteten und nun ein neues Arbeitsfeld entdeckt hatten – die Kernspaltung.

Ein Verein – das klingt nach Freizeitspaß und flüchtiger Unterhaltung und muß allein von dem Wort her Heisenberg abgestoßen haben. Doch in der Sitzung ging es nicht um ästhetische Gefühle, sondern darum, ein nationales Kernspaltungsprojekt auf die Beine zu stellen. Die Deutschen waren die ersten, die ein militärisches Projekt dieser Art in Gang gesetzt hatten, und es ist auch anzunehmen, daß Bagges Behauptung aus den Nachkriegsjahren zutrifft, daß »die Professoren W. Heisenberg und R. Döpel bei ihren Versuchen mit Uranmetall und Schwerem Wasser zum ersten Mal überhaupt die Möglichkeit der Freisetzung von Kernenergie durch die Uranspaltung gezeigt haben. Sie berichteten darüber am 26. Februar 1942 im Harnackhaus Berlin-Dahlem vor einem Kreis von Regierungsvertretern, Generälen, Admirälen und Wissenschaftlern.« Die von Bagge erwähnten Versuche hatten in den Monaten des Winters 1941/42 in Leipzig stattgefunden – also mehr oder weniger im Anschluß an Heisenbergs katastrophale Kopenhagener Visite.

Vor diesem sachlich-technischen Hintergrund wird vielleicht etwas verständlicher, was Heisenberg bei Bohr wollte, denn wie er 1965 einmal in einem Interview mit David Irving, dem Autor des 1967 erschienenen Buches über den »Traum von der deutschen Atombombe«, gesagt hat: »Wir sahen eigentlich vom September 1941 an eine freie Straße zur Atombombe vor uns.« Wenn dies zutrifft, dann könnte die Antwort auf die Frage, mit der Bohrs Frau in »Copenhagen« den Dialog zwischen ihrem Mann und seinem Schüler eröffnet, heißen: »Um diese Straße zu sperren oder mindestens zu blockieren«.

Aber nur, *wenn dies zutrifft* – und daran sind berechtigte Zweifel erlaubt. Heisenbergs Hinweis für Irving ist ganz sicher übertrieben, denn die beiden Leipziger Forscher hantierten in ihrem Physikalischen Institut mit derart riesigen Mengen von Uranmetall und Schwerem Wasser – zusammen mindestens rund 1000 kg, die zudem nur zu einer minimalen Energieausbeute führten –, daß es schwerfällt, Sätzen wie dem eben zitierten Glauben zu schenken und in Heisenbergs »Maschine«, wie es damals hieß, das anvisierte Tor zu sehen. Die Arbeiten unter seiner Anleitung machen eher einen unprofessionellen Eindruck. So wußten er und seine Physiker zunächst nicht, daß leicht entzündbares Wasserstoffgas entsteht, wenn Uran und Wasser aufeinandertreffen. Bei den ersten Versuchen gab es plötzlich eine riesige Stichflamme, die viele Mitarbeiter gefährdete und einen von ihnen schwer verletzte. Als Folge wurde – erneut sehr wenig professionell – entschieden, Döpels Frau bei den Versuchen mitwirken zu lassen, sie sollte von nun an mit einem Feuerlöscher in der Hand danebenstehen.

So komisch-amateurhaft ging es halt zu im »Uranverein«, und im Rückblick braucht sich niemand zu wundern, daß bald andere Physiker in anderen Ländern – vor allem in den USA – das Kommando übernahmen. Dafür gab es neben vielen sachlichen auch zwei ethische Gründe. Für die nicht in Deutschland arbeitenden Physiker trat zum einen das moralische Dilemma nicht auf, vor dem sonst jeder Wissenschaftler steht, der sich entscheidet, eine Waffe zu bauen, mit der seiner

Regierung große Möglichkeiten zur Zerstörung der Welt in die Hand gelegt werden. Wer damals gegen Deutschland tätig wurde, ging gegen Hitler – und damit gegen das Böse – vor, und da gab es kein Zögern. Das gab es vor allem deshalb nicht – dies zum zweiten –, weil es längst die konkrete Aufforderung zur Entwicklung von Kernwaffen durch die höchste moralische Instanz in ihren Reihen gab. Gemeint ist Albert Einstein, der bereits im Herbst 1939 dem amerikanischen Präsidenten geschrieben und ihn darauf hingewiesen hatte, daß erstens Uran ein wirkungsvoller Sprengstoff sein könnte und daß zweitens die Deutschen schon angefangen hätten, nach Wegen zu suchen, auf denen der Energieinhalt der Atomkerne technisch nutzbar gemacht werden kann.

Aufgeschreckt durch Einsteins Warnung hatten die Amerikaner spätestens Mitte 1940 zwei Kernspaltungsprojekte auf den Weg gebracht, und im Dezember 1942 konnte der erste große Erfolg gefeiert werden. Dem aus Italien geflohenen Nobelpreisträger Enrico Fermi gelingt es in Chicago, die Energiefreisetzung durch eine sogenannte Kettenreaktion in ungeahnte Höhen zu treiben. Bald darauf wird in den USA eine erste Großanlage zur Gewinnung des Urans errichtet, das für eine Atombombe in Frage kommt (Uran-235). Noch in selben Jahr 1943 wird unter der wissenschaftlichen Leitung von J. Robert Oppenheimer, der wie Heisenberg bei Born in Göttingen gearbeitet hat, das legendäre Manhattan-Projekt auf seinen Weg gebracht, mit dessen Hilfe die ersten funktionierenden Atombomben tatsächlich noch vor dem Ende des Zweiten Weltkriegs entstehen. In ihnen befinden sich nicht die Tonnen von Uran, mit denen Heisenberg noch seine Versuche gemacht hatte. Die Bomben der Amerikaner enthalten ungefähr 15 kg spaltbares Uran-235, wobei es einen entscheidenden Begriff gibt, der verstanden werden muß, um den Mechanismus der Bombe zu verstehen. Es geht um die sogenannte kritische Masse, die für Uran etwa bei der soeben in Kilogramm angegebenen Menge liegt. Die geplante Explosion kommt durch eine Kettenreaktion zustande, und sie wiederum kommt in Gang, wenn genug Masse da ist – eben mehr als die kritische Masse, die mit physikalischer Hilfe zu bestimmen ist. In der ersten Atombombe war das Uran in zwei getrennten Teilen verpackt, die jede für sich »unterkritisch« waren, wie man sagt. Wenn durch einen Zünder beide Teile vereinigt werden, kommt es als Folge davon nahezu augenblicklich (*instantan*) zu einer unkontrollierten Kettenreaktion, die in kürzester Zeit ungeheure Mengen an Energie freisetzt – die Atombombe detoniert blitzartig und zerstört alles um sich herum. »Ich bin der Tod, der alles raubt, Erschütterer der Welten« – diesen Vers aus dem indischen Epos Bhagavadgita soll der Physiker nach der ersten erfolgreichen Testzündung zitiert haben, der in den Geschichtsbüchern als »Vater der Atombombe« gefeiert wird, also Robert Oppenheimer.

Kettenreaktion und kritische Masse

Kettenreaktion und kritische Masse – das sind die entscheidenden wissenschaftlichen Begriffe, die man für die Konstruktion einer Atombombe benötigt, und sie sollen in aller Kürze erläutert werden. Am Ausgangspunkt aller (zunächst gedachten) Vorgänge trifft ein Neutron auf einen Urankern, der daraufhin zerplatzt und geteilt wird. Wenn ein einzelner Kern auseinanderbricht und nichts weiter passiert, wird man höchst empfindliche Meßgeräte benötigen, um überhaupt etwas zu bemerken. Um ausreichend Energie für irgendeinen Zweck zu gewinnen, müssen sehr viele solcher Reaktionen möglichst kurz hintereinander eintreten, und am besten wäre, die Spaltung könnte sich selbst in Gang halten. Wichtig wäre es, die Zahl der gespaltenen Kerne lawinenartig anwachsen zu lassen – und als alltäglich-anschauliches Bild kann man sich einen Raum voller Mausefallen denken, auf denen jeweils zwei Tischtennisbälle liegen. Wird ein Ball in den Raum geworfen, löst er *eine* Falle aus, wodurch *zwei* Bälle durch die Luft sausen, die *zwei* Fallen auslösen, wodurch *vier* Bälle durch die Luft sausen, die *vier* Fallen auslösen und so weiter. Damit ist eine Kettenreaktion in Gang gekommen. Was zunächst wie ein Wunschtraum aussieht, kann tatsächlich mit Atomkernen exerziert werden, und die Möglichkeit dazu wurde durch die Beobachtung eröffnet, daß das schon mehrfach erwähnte Uran-235 bei seiner Teilung nicht nur zwei kleinere Kernstücke hinterläßt, sondern zudem zwei Neutronen freisetzt.*

Wenn die zwei Neutronen wieder auf Urankerne treffen und sie spalten, dann fliegen anschließend vier Neutronen umher, die auf vier Kerne stoßen und dabei acht Neutronen auf ihre Mission schicken, und so weiter. Mit anderen Worten: Eine Kettenreaktion kann beginnen, die bei jedem Schritt Energie produziert, und wenn dies schnell und häufig genug passiert, würde es eine gewaltige Explosion geben.

Dies war die Theorie, die nach und nach zur Praxis wurde, nachdem man verstanden hatte, wie man sicherstellt, daß die losgeschlagenen Neutronen nicht ins Leere fliegen und wirkungslos verpuffen, sondern einen noch nicht gespaltenen Urankern treffen. Die Antwort führt im physikalischen Detail letztlich zum Konzept der kritischen Masse, die angibt, wieviel Uranatome zusammenkommen müssen, um eine Ketten-

* Übrigens – wer auf Zahlen achtet, wird merken, daß bei den Atomen sowohl in praktischer als auch in theoretischer Hinsicht viel von der Zwei die Rede ist; Linguisten bestätigen gerne, daß in der deutschen Sprache damit nicht nur der Zweifel, sondern auch gleich der Teufel angesprochen werden.

reaktion in Gang zu setzen und zu ihrem explosiven Ende zu führen. Einfach ausgedrückt müssen genügend geeignete Uranatome auf hinreichend engem Raum versammelt sein, um zu einer Atombombe zu werden, und dies ist den alliierten Physikern bis Anfang 1945 gelungen.

Das entscheidende Wort ist »geeignet«. Das geeignete Uran kommt in der Natur nur sehr selten vor – sonst hätte sich die Welt selbst in die Luft gesprengt –, und es muß mit aufwendigen Methoden angereichert werden. Die verfügbaren Verfahren sind so aufwendig, daß die Frage nach der kritischen Masse entscheidend ist. Sie sagt, wieviel Masse für eine Atombombe produziert werden muß, wieviel Mühe und Geld das kostet und wie lange es dauert. Wenn dabei Tonnen herzustellen wären, wie Heisenberg dachte (oder hoffte), würde niemand in kurzer Zeit ausreichende Uranmengen für militärische Zwecke in Händen haben. Wenn es sich aber nur um wenige Kilogramm handelt, dann könnte es gelingen. Hieran hat Heisenberg gezweifelt, und hierin hat er sich geirrt. Das hat das deutsche Projekt natürlich nicht befördert. Aber gescheitert ist es nicht nur deshalb, sondern aus zahlreichen anderen Gründen – unter anderem der Zerstörung einer Anlage zur Produktion von Schwerem Wasser durch die Engländer im von Deutschland besetzten Norwegen –, für die man im Rückblick dankbar sein sollte.

Mission impossible

Was sich heute in wenigen Worten oder Abschnitten sagen läßt, lag noch in weiter Ferne, als sich die deutschen Physiker mit Heisenberg in Berlin trafen. Damals war noch nicht einmal verstanden, daß es für die anvisierten Zwecke der Energiefreisetzung zwischen zwei Formen (Isotopen) des Urans zu unterscheiden galt. Und Paul Rose, der oben erwähnte Autor, der Heisenbergs Unfähigkeit auf diesem Terrain nachweisen will, beginnt sein Buch mit dem konkreten Vorwurf, daß Heisenberg bis zuletzt nicht erfaßt habe, wie klein die kritische Masse für das spaltbare Uran-235 ist und wie leicht sich folglich daraus eine einsatzfähige Waffe konstruieren läßt.

Heisenberg ist vielfach beschuldigt worden, nicht nur in moralischer, sondern gerade auch in wissenschaftlicher Hinsicht versagt zu haben. Otto Hahn zum Beispiel hat ihn in diesem Zusammenhang schlicht als »zweitklassigen Physiker« bezeichnet, und es braucht nicht betont zu werden, daß dies weder Heisenberg noch irgend jemand sonst gefallen oder ermutigen kann. Nun wäre es leicht, den Spieß umzudrehen und nachzuweisen, daß gerade Hahn sehr wenig von Physik verstanden und vielfach bei seinen Experimenten im Dunkeln herumgetappt ist. Aber besser wäre, man würde einsehen, daß Heisenbergs Scheitern beim Rennen um Atombomben sowohl aus inneren als auch aus äußeren Gründen erfolgte. Was er im September 1941 bei Bohr suchte, kann vielleicht auch so ausgedrückt werden: Er wünschte, endlich von der Physik befreit zu werden, die nicht aus seinem Inneren kam, sondern ihm als äußerer Zwang auferlegt war. Heisenberg wußte, daß es schwer war, an das geeignete Uran heranzukommen; er hoffte, daß man Mengen brauchte, die nie zu produzieren waren; und er wollte sich endlich wieder mit den vielen anderen Fragen der Physik beschäftigen, die ihn bewegten. Mehr als die Atome interessierte ihn, was es mit den kosmischen Strahlen auf sich hat und was aus den Zusammenstößen zu lernen ist, die sie mit den Bestandteilen der Atmosphäre haben, wenn sie auf die Erde zurasen.

Die eher technischen Fragen nach der Nutzung der Kernenergie drangen nie so weit in ihn ein, daß sie wirklich und wirksam in ihm Platz finden konnten und sein Unbewußtes mit ihnen zu arbeiten anfing. Doch neben dem inneren fehlte ihnen auch der äußere Platz. Dafür sorgten die politischen Umstände. Anders als die Amerikaner, die *viele* Wissenschaftler an *einen* Ort zusammenbrachten, um das *eine* Ziel zu erreichen – nämlich eine Kernwaffe gegen das Unglück und das Unrecht, das Deutsche und Japaner über die Welt brachten –, verlangten die deutschen Behörden von dem *einen* Mann, der es mit den amerikanischen, britischen, dänischen, holländischen und französischen Forschern aufnehmen sollte, an *mehreren* Orten gleichzeitig zu sein, und zwar in Leipzig und Berlin, und später kamen noch schwäbische Ortschaften und das bayerische Urfeld hinzu, nachdem Heisenbergs Familie sich dort im Frühjahr 1943 endgültig niedergelassen hatte. Während die Amerikaner alle Wissenschaftler unter einem Dach versammelten, ließen die Deutschen ihren wichtigsten Mann zwischen Berlin, Leipzig und anderen Städten pendeln, wobei dies nicht wie heute eine Autofahrt war, die im bequemen Dienstwagen in wenigen Stunden absolviert werden konnte. Außerdem dauerte es an jedem Zielort immer ein wenig, bis man sich tatsächlich eingerichtet hatte und zur konzentrierten Arbeit fähig war.

Die Reisen nach Berlin waren nötig, nachdem Heisenberg im Juli 1942 zum Direktor am Kaiser-Wilhelm-Institut für Physik ernannt worden war, wo es inzwischen das wichtigste Laboratorium für die sogenannte Atommeilerforschung gab. Und weil dies offenbar noch nicht genug Beschäftigung für einen Mann war, nahm Heisenberg das Angebot an, Mitglied der ehrwürdigen Mittwochs-Gesellschaft zu werden, die im 19. Jahrhundert gegründet worden war und sich als freie Vereinigung »für wissenschaftliche Unterhaltung« verstand. Heisenberg nahm im Dezember 1942 zum ersten Mal an einem Treffen teil, und er hielt der Mittwochs-Gesellschaft die Treue bis 1944, als die Treffen eingestellt werden mußten.

Es ist natürlich schön, daß dieser Herrenklub versuchte, dem heute heruntergekommenen Wort Unterhaltung einen hohen Sinn zu geben, und es ist ebenso schön, daß man sich noch in Kriegszeiten mit der Verbreitung wissenschaftlicher Kenntnisse beschäftigte. Aber die Vorstellung mutet seltsam an, daß man sich selbst noch in einer schon zerbombten Stadt trifft, um über Kultur und Wissenschaft zu sprechen. Auch überrascht, wie eifrig Heisenberg dabei agierte. Er war nicht nur der Gastgeber ihres letzten Treffens, zu dem man sich im Juli 1944 versammelte, er war auch der Vortragende an diesem Abend, und er erklärte den anwesenden zehn Herren, zu denen Ferdinand Sauerbruch und Eduard Spranger gehörten, wie die moderne Physik auf die Frage antworten kann: »Was sind die Sterne?«

Man kann die Mittwochs-Gesellschaft als ein Kuriosum abtun oder annehmen, daß Heisenberg hier eine Insel des Geistes in einer Umgebung voller Ungeist gefunden hatte, die ihn davor bewahrte, wahnsinnig zu werden. Politisch ist zu beachten, daß der Mittwochs-Gesellschaft viele Mitglieder des deutschen Widerstandes angehörten, auch wenn sie in den letzten Sitzungen nicht mehr anwesend waren. Das letzte Treffen fand wenige Tage vor dem versuchten Attentat auf Hitler statt, und als Folge seines Scheiterns sind viele Mitglieder der Mittwochs-Gesellschaft verhaftet und hingerichtet worden. Heisenberg ist von diesem Ereignis und seinen Folgen völlig unberührt geblieben, und es gibt Historiker, die der Ansicht sind, dieser Tatbestand erfordere eine andere Erklärung als Heisenbergs Ahnungslosigkeit von der geplanten Aktion.

Klar ist, daß Heisenberg im damals geistig verarmten Deutschland uneingeschränkt herrschte und vielseitig eingesetzt wurde. Bereits im Februar 1943 wurde er neben allen anderen Verpflichtungen noch durch das Reichsministerium auf den Lehrstuhl für Theoretische Physik an der Universität Berlin berufen. Daß er zudem Mitglied der Preußischen Akademie der Wissenschaften wurde, versteht sich zwar von selbst, weniger offensichtlich ist aber, was im wissenschaftlichen Teil seines Kopfes damals sicher den meisten Platz einnahm, nämlich eine neuartige Theorie der Elementarteilchen, die in mehreren Teilen erschien und um eine sogenannte S-Matrix gebaut war. Das S kann man sich als Abkürzung für Streuung vorstellen, wobei mit diesem Wort der Vorgang bezeichnet wird, den Physiker am besten in Experimenten beobachten können: Energiereiche Teilchen treffen auf feste Ziele, an denen sie gestreut werden. Dabei können neue Teilchen entstehen, und dies galt es zu verstehen. Heisenberg probierte es wie in den frühen Tagen mit einer Matrix, die er S-Matrix nannte und von der hier nur zu berichten ist, daß sie nichts – gar nichts – mit dem Problem der Atombombe zu tun hat.

Dieser Umstand hat Heisenberg in einer Situation konkret das Leben gerettet, so behauptet zumindest Powers in seinem erwähnten Buch über »Heisenbergs Krieg«. Im Dezember 1944 ist Heisenberg zu einem Vortrag in die Schweiz gefahren. Die Einladung aus Zürich war von Paul Scherrer gekommen, und sie diente – kaum zu glauben in diesen Zeiten – ausschließlich physikalischen Interessen. Heisenberg sollte seine S-Matrix erläutern und vor allem auf seine jüngsten Fortschritte eingehen. Natürlich konnte man Heisenberg nicht ganz von politischen Fragen verschonen, und so wollte man zum Beispiel wissen, was er im Januar 1944 in Kopenhagen gemacht habe, als er das inzwischen von der Wehrmacht beschlagnahmte Bohrsche Institut besucht hatte. Jeder Zuhörer wußte, daß es dort Vorrichtungen gab – etwa ein sogenanntes Zyklotron –, die zum Studium von Atomkernen höchst geeignet waren. Doch Heisenberg beruhigte seine Gastgeber: Es sei ihm, so erzählte er in aller Offenheit und vor vielen Ohren, nur darum gegangen, das Institut vor weiteren Zerstörungen zu bewahren und alle Pläne zu vereiteln, es nach Deutschland zu verlagern.

Der Vortrag in der Schweiz bekommt seine besondere Dramatik durch die Tatsache, daß unter den Zuhörern jemand war, der so gut wie nichts von Physik, dafür aber um so mehr von Schußwaffen verstand. Er hieß Moe Berg und gehörte als Mitarbeiter dem 1942 in Washington eingerichteten Office of Strategic Services (OSS) an, aus dem sich später der amerikanische Geheimdienst CIA (Central Intelligence Agency) entwickelt hat. Berg trug eine schußbereite Pistole in der Tasche, und seine Aufgabe bestand offenkundig darin, Heisenberg auf der Stelle zu erschießen, falls der zu erkennen gab, daß er eine Atombombe bauen könne bzw. schon gebaut habe.

Die Situation wirkt makaber. Wie sollte Berg das entscheiden? Zum Glück fing Heisenberg gleich damit an, die komplizierten Strukturen seiner S-Matrix an die Tafel zu schreiben und tiefliegende Zusammenhänge zwischen Spin und Statistik zu erklären. Während er dies tut, wundert sich Berg, wie jemand »Mathe diskutiert, während Rom brennt«, wie er seinem Notizblock anvertraut. Er versteht kein Wort, hält die Veranstaltung aber durch und wartet auf die Diskussion, um hier auf eine mögliche verräterische Antwort Heisenbergs zu warten. Doch auch diesmal hört Berg nichts, was seinen Verdacht erwecken könnte, und als die Versammlung auseinandergeht, hat er den Eindruck, daß Heisenberg erstens kein Interesse an einer Bombe hat, daß er zweitens kein fanatischer Nazi und drittens in Deutschland alles andere als glücklich ist.

Wie konnte das auch sein? Wie konnte Heisenberg in diesen Jahren überhaupt Ruhe, geschweige denn Glück finden? Inzwischen hatten längst die alliierten Luftangriffe auf die großen Städte wie Berlin und Leipzig begonnen, mit der Folge, daß man einen großen Teil seines Instituts an den Rand der Schwäbischen Alb, in den Ort Hechingen (südlich von Tübingen), verlagert hatte. Jetzt mußte er noch mehr Zeit in Zügen und Autos verbringen, und das, obwohl seine inzwischen sechs Kinder zählende Familie unter Krankheit und Hunger litt und seine Hilfe mehr denn je benötigte.

Unter dieser Vorgabe mutet es bei aller Sympathie für Heisenberg seltsam an, wie er trotz des privaten Leidensdrucks und trotz der zunehmenden Bombardierungen, die große Teile des Landes verwüsteten, mit den anderen Physiker weiter und unverzagt an ihren theoretischen und technischen Problemen arbeitete. Möglicherweise triumphierte hier das dienstliche Pflichtbewußtsein, das bei ihm ebenso groß war wie seine Konzentrationsfähigkeit.

In den letzten Monaten vor Kriegsende zog Heisenberg mit seiner Mannschaft sogar noch einmal um – von Hechingen in das benachbarte Haigerloch –, weil alle zusammen meinten, wenigstens kurz vor der Fertigstellung eines kritischen Reaktors zu sein. Und ihn wollte man zur Vorsicht an einem sicheren Ort unterbringen. In Haigerloch gab es eine früher der Lagerung von Wein dienende Höhle, über der sich ein hoher Felsen erhob. Aus dem kühlen Weinkeller wurde ein bombensicherer Atomkeller, und noch im März 1945 versuchten Heisenberg und seine Mitarbeiter dort, eine sich selbst erhaltende Kettenreaktion in Gang zu setzen – offenbar ohne Rücksicht auf die Gefahr, die persönlich für jeden einzelnen bestand.

Doch im April 1945 war Schluß mit diesem Spuk. Die Alliierten (hier die Franzosen) erreichten Haigerloch und nahmen unter anderen Carl Friedrich von Weizsäcker gefangen. Otto Hahn erwischten sie bald darauf im unweiten Tailfingen, und nur ihr »Ziel Nummer eins« – Heisenberg – war verschwunden. Als sich die französischen Truppen Hechingen näherten, hatte er schnell reagiert und das einzige noch verfügbare Transportmittel, ein Fahrrad, ergriffen, um sich auf den Weg nach Kleintissen bei Saulgau zu machen, wo sein Bruder lebte. Bei ihm blieb Heisenberg einige Tage, bis er sich stark genug fühlte, die 250 km zurückzulegen, die ihn von Urfeld und seiner Familie trennten.

Da er wegen der alliierten Tiefflieger und marodierender deutscher Soldaten nur nachts unterwegs sein konnte, bleibt aus heutiger Sicht nahezu unvorstellbar, was ihm dabei gelungen ist, nämlich die Strecke ohne Karte in drei Tagen zurückzulegen. Und als er zu Hause ankam, mußte er zuerst einen seiner Söhne über verschneite und zerstörte Straßen in ein Lazarett bringen und danach seine alte Mutter in das Haus holen.

Vermutlich kann nur ein Dichter die Dramatik der drei Tage bzw. Nächte darstellen, in denen Heisenberg der Heimweg gelingt. Einen Versuch dazu hat Michael Frayn in »Copenhagen« unternommen. Kurz vor Ende des Stücks läßt der Autor den zuvor immer wieder von Bohr und seiner Frau attackierten Heisenberg in einem Monolog seine ganze Verzweiflung aussprechen und die persönliche Gefahr, in der er sich befunden hat, so schildern:

»Ich mußte mit dem Fahrrad fahren ... und ich mußte es nachts tun und am Tag versteckt unter Büschen schlafen. Denn wenn es hell wurde, füllten sich die Himmel mit alliierten Flugzeugen, die auf alles schossen, was sich bewegte. Ein Mann auf einem Fahrrad war das größte Ziel, das Deutschland damals zu bieten hatte. Drei Tage und drei Nächte bin ich so gefahren. Aus Württemberg hinaus, durch den Schwäbischen Jura bis zu den ersten Erhebungen der Alpen. Quer durch meine verwüstete Heimat. War es das, was ich mir gewählt hatte? Diese endlose Mühe? Der permanente Rauch am Himmel? Die vielen hungrigen Gesichter? Hatte ich das gemacht? All die verzweifelten Menschen auf den Straßen? Und am meisten verzweifelt waren die Leute von der SS. Fanatische Banden, die nun nichts mehr zu verlieren hatten, die umherstreiften und Deserteure ohne zu zögern abknallten oder am nächsten Baum aufknüpften. In der zweiten Nacht stand plötzlich einer von ihnen vor mir. Ich halte an, und schon ist das schreckliche vertraute Wort auf seinen Lippen: ›Deserteur‹, sagt er. Er klingt so erschöpft wie ich. Ich zeige ihm die Reiseerlaubnis, die ich mir selbst ausgestellt habe. Doch zum Lesen ist zu wenig Licht da, und außerdem – wofür soll er sich überhaupt Mühe geben? Er beginnt, seine Pistolentasche zu öffnen. Er wird mich erschießen, weil das viel weniger Arbeit macht. Und auf einmal fange ich an zu denken – schnell und klar. Es ist wie beim Skilaufen oder wie in der Nacht auf Helgoland oder wie beim Spazieren im Faelled Park [neben dem Institut in Kopenhagen]. Was mir diesmal einfällt, ist die Schachtel mit den amerikanischen Zigaretten, die ich in meiner Tasche habe. Schon halte ich sie in meiner Hand – ich strecke sie ihm hin. Die verzweifeltste Lösung für ein Problem bislang. Ich warte, während er dasteht und hinsieht. Er versucht, sich klarzuwerden, versucht zu denken, in seiner linken Hand mein nutzloses Papier, und die rechte Hand an der Pistole. Auf der Packung stehen zwei einfache Worte, schön gedruckt: Lucky Strike. Er läßt die Waffe stecken und entscheidet sich für meine Zigaretten. Es hat geklappt, es hat geklappt. Wie bei all den anderen Lösungen bei all den anderen Problemen. Für zwanzig Zigaretten bin ich am Leben geblieben. Und ich konnte weiter. Drei Tage und drei Nächte. Vorbei an weinenden Kindern, den verratenen und hungrigen Kindern, die man noch in den Krieg befohlen hatte und die jetzt von ihren Vorgesetzten im Stich gelassen worden waren. Vorbei an unterernährten Zwangsarbeitern, die auf dem Weg zurück in ihre Heimat sind, nach Frankreich, Polen, Estland. Weiter durch Gammertingen und Biberach und Memmingen. Mindelheim, Kaufbeuren und Schöngau. Quer durch meine geliebte Heimat. Meine verwüstete, entehrte und geliebte Heimat.«

Auf dem Weg nach Farm Hall

Heisenberg erreicht Urfeld Ende April 1945. Viel Zeit kann er nicht im Kreise der Familie verbringen, denn das Hauptquartier der amerikanischen Armee sendet ein Spezialkommando nach Bayern, um ihn zu finden. Die Soldaten treffen am 3. Mai bei seinem geliebten Sommerhaus am Walchensee ein. Auf dem unbequemen und harten Rücksitz eines Jeeps geht es für Heisenberg am nächsten Morgen zurück in Richtung Heidelberg. Den drei gefährlichen Nächten der Heimfahrt folgen drei knochenschindende Tage der Rückfahrt, deren Ende mit der deutschen Kapitulation zusammenfällt. Heisenberg und andere Physiker werden nach England gebracht, wo sie interniert werden, und zwar in einem großzügig angelegten englischen Landhaus, das bei dem Dorf Godmanchester nahe Cambridge liegt und unter dem Namen Farm Hall bekanntgeworden ist. Hier läßt es sich gut leben, aber wir wollen uns Heisenbergs Gemütszustand nicht vorstellen, dessen Gedanken mehr in Urfeld gewesen sein müssen, wo seiner Familie so sehr fehlte, was ihm reichlich zur Verfügung stand – Nahrungsmittel, neue Kleidung und Freizeit. Es sollte noch acht Monate dauern, bis er seine Frau und die Kinder wieder in die Arme schließen konnte. Eigentlich ist es unfair, die wirklichen Helden des Krieges und seiner Folgezeit immer nur als Randfiguren auftreten zu lassen, weshalb ich an dieser Stelle um Verzeihung bitte. Das Herz gehört ihnen, während sich der Kopf den Wissenschaftlern zuwendet.

Bevor Heisenberg nach Farm Hall gebracht wurde, traf er in Heidelberg den etwa gleichaltrigen, in Holland geborenen

Physiker Samuel A. Goudsmit, der in den Kindertagen der Atomphysik zu den Bewunderern Heisenbergs zählte und dem es gemeinsam mit seinem Kollegen George E. Uhlenbeck gelungen war, die klassisch nicht beschreibbare Größe namens Spin als meßbare Eigenschaft der Elektronen und Protonen nachzuweisen. Warum die beiden Physiker dafür nicht mit dem Nobelpreis für Physik ausgezeichnet wurden, wird das Geheimnis des Stockholmer Komitees bleiben und soll hier nicht weiter erörtert werden. Goudsmits Eltern waren in den Gaskammern der Nazis umgekommen, und an einer Stelle war Heisenberg gebeten worden, sie davor zu bewahren. Er hatte aber mehr gezögert als gehandelt, und nun traf ihr in die USA emigrierter Sohn als wissenschaftlicher Leiter der von den Alliierten eingesetzten Nachrichteneinheit ein, die Auskunft über die deutsche Atomforschung während des Krieges einholen sollte. Offiziell ist dabei von der Alsos-Mission die Rede. Bevor Goudsmit Heisenberg in dieser Angelegenheit gegenübertrat, hatte er in seiner Heimatstadt Den Haag vor dem Trümmerhaufen Halt gemacht, der von dem Haus seiner Eltern übriggeblieben war.

Für Goudsmit blieb Heisenberg zwar ein großer Physiker, aber er konnte nicht umhin, auch die Schwächen an dem bewunderten Mann zu sehen. Daß Goudsmit aus Holland stammte, machte die Sache deshalb schwieriger, weil es wohl keinen unglücklicheren Besuch gab als Heisenbergs Visite in den Niederlanden, um die sich zahlreiche Gerüchte rankten, die Goudsmit bekannt gewesen sein mußten. Es scheint sicher, daß Heisenberg im Juni 1943 eine Einladung der niederländischen Erziehungsbehörde erhalten hat, eine Vortragsreise durch die holländischen Universitäten zu unternehmen, die dann im Oktober auch stattgefunden hat. Es ist natürlich ebenso sicher, daß solch eine Reise nicht ohne politische Kulissenschiebereien zustande kommt, aber darauf soll es hier nicht ankommen. Was von Heisenbergs holländischer Herbstreise bleibt, erinnert sehr an das, was von seiner Kopenhagener Katastrophe zwei Jahre zuvor bekannt ist und nicht vergehen will – eine Unterhaltung zwischen alten Freunden beim Spaziergang zu zweit. Der zweite hieß diesmal Hendryk Casimir, und Heisenberg kannte ihn aus gemeinsamen Vorkriegstagen in der Umgebung von Bohr. Wenn Casimir richtig hingehört und weitergegeben hat und wenn seine weiteren Gesprächspartner dasselbe getan haben, dann hat Heisenberg im Herbst 1943 zum einen gesagt, daß er über den Nazi-Terror, die Konzentrationslager und die Ausplünderungen der besetzten Gebiete informiert war, und er soll zum zweiten geäußert haben, daß es bei dem Krieg langfristig um die Frage gehe, wer in Europa die Vorherrschaft hat. Dafür gäbe es aber nur zwei Möglichkeiten, nämlich Deutschland oder die Sowjetunion. »Und dann wäre vielleicht ein Europa unter deutscher Führung das kleinere Übel«, soll Heisenberg schließlich wörtlich hinzugefügt haben.

Wie gesagt, da gibt es viele »wenn«, die hier eine Rolle spielen, und die in diesen viel diskutierten Worten erkennbare »Russen-Angst« war zumindest in der Generation der europäischen Menschen, zu der Heisenberg gehörte, so weit verbreitet, daß man sie fast für natürlich halten konnte. Doch bleibt solch ein Satz unverzeihlich, wenn er in einem Land ausgesprochen wird, das von den Deutschen besetzt ist und erleben muß, wie nicht nur seine Bürger jüdischen Glaubens deportiert und ermordet werden. Das Wort vom »kleineren Übel« kann dann nur entsetzlich wirken.

All dies und mehr muß Goudsmit durch den Kopf gegangen sein, als er im Mai 1945 Heisenberg vor sich hatte. Ein Gespräch zwischen den beiden konnte nur sehr kurz oder sehr lang dauern. Goudsmit entschied sich für die erste Variante und ließ Heisenberg internieren. Er brachte ihn – gemeinsam mit Hahn, von Weizsäcker und anderen – in das schon erwähnte englische Landhaus Farm Hall, in dem die deutschen Atomwissenschaftler die nächsten Monate verbrachten.

Über das, was in Farm Hall passiert und erledigt worden ist, zirkulierten lange Zeit nur vage Vermutungen, die sich aus Berichten und Erinnerungen der Internierten speisten. Doch eines Tages stellt sich zur allgemeinen Überraschung und Freude der Historiker heraus, daß der britische Geheimdienst das ganze Haus rundum verwanzt und alle Gespräche der deutschen Wissenschaftler mitgehört und aufgezeichnet hatte. Zu Beginn der neunziger Jahre sind die Bänder endlich freigegeben worden, und kurz darauf konnten zahlreiche Versionen der sogenannten »Farm-Hall-Berichte« mit ebenso zahlreichen Kommentaren erscheinen.

Wer will, kann jetzt Wort für Wort nachlesen, was zum Beispiel Hahn und Heisenberg miteinander besprochen haben, als sie am 6. August 1945 vom Abwurf der ersten amerikanischen Atombombe über Japan erfahren. Hahn, der unfreiwillige und ahnungslose Entdecker der Kernspaltung, wird kurz nach sechs Uhr abends von einem Major der britischen Armee über die Nachricht informiert, die der BBC eben verbreitet hat. Nun warten alle auf die nächsten Nachrichten um 21 Uhr, und während sie dies tun, hört man Hahn, wie er Heisenberg als zweitklassigen Physiker beschimpft. Heisenberg macht sich den Vorwurf zwar zu eigen, äußert aber Zweifel an der Bombe. Er spricht von zehn Tonnen reinem Uran-235, das man dazu brauchen würde, und genau an dieser Stelle scheint Heisenberg zu offenbaren, daß er und seine Mannschaft die Kernwaffe tatsächlich nicht bauen *konnten.*

Nachdem die internierten Physiker die Spätnachrichten gehört haben und keine Zweifel an der Existenz der Bombe mehr sinnvoll sind, wundert sich Heisenberg zwar immer noch über die benötigte Menge an Uran, aber es werden auch viele andere Fragen aufgeworfen. Sie drehen sich um die Verantwortung der Forschung und versuchen konkret herauszufinden, welche Art von Schuld zum Beispiel Otto Hahn trifft, der als erster erkannt hat, daß es überhaupt so etwas wie eine Kernspaltung gibt, oder ob es eine kollektive Schuld der Wissenschaft gibt. Wie unvermeidlich ist es, daß Menschen eine Atombombe bauen, wenn einer weiß, was dafür zu tun ist? Und hätten die Forscher die Kettenreaktion in der zerstörerischen Weise eingesetzt, wenn es keinen Krieg und damit auch keinen Auftrag durch eine Regierung gegeben hätte?

Die entsprechenden Diskussionen dauern kürzer als die Unterhaltungen über die technischen und wissenschaftlichen Einzelheiten. Sie ziehen sich so lange hin, bis Heisenberg für den 14. August eine Vorlesung zu dem Thema ankündigt. Bei dieser Gelegenheit scheint er zum ersten Mal alle Aspekte des Problems zu erfassen. Er trägt vor, daß eine Kettenreaktion dann zu einer Explosion – also zu einer Bombe – führen kann, wenn dafür gesorgt ist, daß die Vermehrung der Neutronen durch die Kernspaltungen größer ist als ihre Abnahme durch einfaches Verschwinden von der Oberfläche des Metalls. Die theoretische Lösung des Problems steckt in der Berechnung von sogenannten Streuquerschnitten und den dazugehörigen mittleren freien Weglängen, die Neutronen zur Verfügung stehen. Diese mathematischen Hürden nimmt Heisenberg jetzt mit Leichtigkeit, und mit einem Mal sieht er den Weg, den die alliierten Physiker gefunden und gangbar gemacht haben. Er ist zufrieden, jetzt endlich verstanden zu haben, wie man eine Atombombe baut; aber er sagt nichts darüber, daß er so lange dazu gebraucht hat.

Mit anderen Worten, als Heisenberg in dem zitierten Interview viele Jahre nach dem Krieg behauptet, bereits im September 1941 einen Weg zur Bombe vor sich gesehen zu haben, da hat er sich deutlich geirrt und wahrscheinlich sich selbst ebenso belogen wie seine Umwelt. Er wollte sein Leben so erfinden wie die Bahnen des Elektrons und hat dabei vergessen, daß es in seinem Fall zwei Arten des Sehens gibt, den Blick von außen und den von innen. Sie können sich widersprechen, aber nur im Sinne der Komplementarität – aber das war ja Bohrs Idee.

»Ordnung der Wirklichkeit«

Die Einsamkeit, von der in der Kapitelüberschrift die Rede ist und von der Heisenberg selbst spricht, wenn er die Jahre meint, in denen Deutschland nationalsozialistisch beherrscht wurde, kann nicht den vielfachen Funktionsträger meinen, der Physik in Leipzig und Berlin unterrichtet, der verantwortlich im Uranverein tätig ist, der häufig zu Vorträgen ins Ausland reist und der nicht zuletzt eine wachsende Familie gründet. Zur Einsamkeit gehört sicher, daß die früher so offenen Freundschaften unterbrochen sind und daß selbst engsten Vertrauten gegenüber kein Vertrauen mehr möglich ist, weil überall der Verrat droht, den die staatlichen Stellen ermutigen und belohnen, wo sie können. Zum Gefühl der Einsamkeit trägt aber auch Heisenbergs Einsicht bei, daß ihn nicht mehr tröstet, was ihn bislang getragen hat, nämlich seine Wissenschaft. Ihn überkommt eine unsägliche Trauer, aus der es nur einen Ausweg gibt, nämlich den Versuch, sie in Worte zu fassen. Als er in den Sommermonaten bis 1942 Gelegenheit hat, wohl ein paar zusammenhängende Wochen mit seiner Familie in Urfeld zu verbringen, nutzt er diese Gelegenheit, um seinen inneren Zustand in einem philosophisch anmutenden Papier festzuhalten, das ohne Titel bleibt und nur an wenige Freunde verschickt wird, von denen er annehmen kann, daß sie für sich behalten, was er ihnen anvertraut.

Was wohl im Herbst 1942 fertiggestellt worden ist, blieb rund fünfzig Jahre lang unveröffentlicht, bis es schließlich unter dem Titel »Ordnung der Wirklichkeit« erschienen ist. Tatsächlich geht es Heisenberg um die Ordnung, die Menschen zu allen Zeiten ihrem Wissen über das Wirkliche geben wollen, und er beschreibt ausführlich »die Goetheschen Bereiche der Wirklichkeit«, um zu zeigen, daß »die Ordnung, die durch die Entwicklung der Naturwissenschaft nahegelegt wird, ... sich an uralte Denkformen an[schließt]«, doch der eigentlich Ton, den dieses Manuskript hören läßt, hat mit Abschied zu tun. Wer den nicht zur Veröffentlichung vorgesehenen und nur einem privaten Kreis zugedachten Text nicht für sich nimmt, sondern an die Person des Verfassers und ihre konkrete Situation beim Schreiben denkt, der spürt, daß Heisenberg über das Endes seines Lebens spricht. Er redet von Hölderlin, von Hugo Wolf, von Mozart und Schubert, und er meint damit Menschen, die im Brennpunkt der Kräfte bleiben, »die am menschlichen Geist weiterbauen zu etwas Höherem«. Was »für diese wenigen« zutrifft, daß nämlich ihr »Schicksal allein von der gestellten Aufgabe her bestimmt« wird, trifft sicher auch für ihn zu, den wir als Künstler wie die anderen verstehen wollen. Und was Heisenberg für die genannten Komponisten und Dichter festhält, finden wir auch in seinem Leben: »Nicht selten sprengen die Kräfte das Gefäß des Geistes, in dem sie wirksam sind, und beenden durch eine Katastrophe die einzelne geistige oder körperliche Existenz.«

Natürlich gibt es »ganz wenige«, die »ein ganzes Leben hindurch ... der Last einer solchen Aufgabe gewachsen« sind, und wenn dieser Glücksfall eintritt, so erhalten wir zuletzt »jene ganz reinen, von allem Irdischen abgelösten geistigen Gebilde, wie etwa der Schluß des ›Faust‹ oder die Takte« (Abb. 20).

Abbildung 20: Die Takte aus der »Ordnung der Wirklichkeit«

Heisenberg sagt nicht explizit, welche Musik ihm da vorschwebt, er setzt ebenso voraus, daß man die Takte erkennt, wie die Herausgeber der »Ordnung der Wirklichkeit« und seiner »Gesammelten Werke«. Vielleicht halten auch sie die Noten für nebensächlich, obwohl das Gegenteil der Fall ist. Die Praxis läßt leider erkennen, wie weit Wissenschaft und Kunst noch voneinander entfernt sind, obwohl Heisenberg in seinen Schriften vielfach betont hat, daß im innersten Bereich des Geistigen Kunst und Wissenschaft »kaum mehr getrennt werden können«.

Was Heisenberg als Notenschrift notiert (wobei die Baßstimme eine Oktave zu hoch liegt), ist das Arietta-Thema aus dem zweiten und letzten Satz der letzten Klaviersonate (Opus 111, in c-Moll) von Ludwig van Beethoven (Abb. 21).[*] Ihre Erwähnung in Verbindung mit Goethes »Faust« muß nicht allein deshalb unsere Neugierde erregen, weil es immer wieder das frühe 19. Jahrhundert mit seinen romantischen Strömungen ist, das Heisenbergs Aufmerksamkeit findet, sondern weil Beethovens letzte Sonate und die Frage, warum sie nur zwei (!) und nicht vier Sätze enthält, ausführlich in dem Roman erörtert wird, den Thomas Mann keine zwölf Monate nach der

[*] Ich verdanke diesen Hinweis Elmar Budde, der viel Zeit aufgewendet hat, um mir die Musik näherzubringen, die Heisenberg gespielt und geliebt hat.

Zeit zu schreiben beginnt, in der Heisenberg die »Ordnung der Wirklichkeit« zu Papier bringt. Daß der Roman »Doktor Faustus« heißt, braucht weder erwähnt zu werden noch jemanden zu wundern. Das Motiv des Arietta-Themas, das aus den drei Tönen d-g-g besteht, muß skandiert werden wie »Lie-besleid«, wie Mann sagt, oder wie »Hei-senberg«, wie hier hinzugefügt werden darf. Mit diesen Tönen vollzieht der Komponist den Abschied, und zwar nicht nur den Abschied von dieser Sonate, sondern von der »Sonate überhaupt, als Gattung, als überlieferte Kunstform, ... sie habe ihr Schicksal erfüllt, ihr Ziel erreicht, über das hinaus es nicht gehe«. Es liegt nahe, daß auch Heisenberg mit seinem Hinweis auf das Arietta-Thema an Abschied, an »Nimmerwiederkehr« denkt, und jeder kann leicht aufzählen, was er alles aufgegeben hat, um in diesem Deutschland zu leben, oder was alles noch aufzugeben sein wird, bevor der braune Alptraum sein Ende findet.

Während Goethes Faust und Manns Doktor Faustus ihre Begegnungen mit einem imaginären Teufel und der Idee des Bösen haben, muß Heisenberg mit realen Teufeln in Uniform und der Möglichkeit zur Konstruktion des Bösen umgehen. Vielleicht sollte man seinen Umgang mit der Kernenergie weniger unter technisch-wissenschaftlichen und mehr unter religiösen Aspekten betrachten und dabei weniger vom Versagen

Abbildung 21: Das Arietta-Motiv

seiner Rationalität und mehr von Abwehr einer Versuchung reden.

Heisenberg fragt sich, wie er in diesen grausamen Gang der Weltgeschichte geraten ist. Er will wissen, wer oder was für die dazugehörigen Kräfte sorgt und ob Menschen daran beteiligt sind. Sein resignierend klingendes Fazit »Der einzelne kann dazu nichts tun, als sich innerlich bereitmachen für die Veränderungen, die ohne sein Zutun geschehen« wird nur abgefangen durch seine Hoffnung, daß »bei der zukünftigen Gestaltung der Welt die Wissenschaft eine noch wichtigere Rolle spielen [wird] als bisher«. Das politische Leben weist er als völlig unzureichend weit von sich. Es stellt sich für ihn bestenfalls als »Kampf verlogener Ideale gegen andere verlogene Ideale« dar, und er wagt sogar die Behauptung, daß politische Macht »stets durch Verbrechen begründet worden ist« und ein »Staatsmann ... kaum ein Mensch zu sein« braucht. Auf diese Weise kommen die tiefen Fragen, die über die Zukunft der Menschen entscheiden, gar nicht in den Blick der Verantwortlichen. Die Fragen, die sich uns im Verlauf der wissenschaftlichen Bemühungen immer stärker stellen, haben damit zu tun, »daß wir die Kräfte der Natur in viel höherem Maß beherrschen als frühere Zeiten«. Nach Heisenbergs Ansicht können diese Kräfte »in ihrer Wirkung zum Guten geleitet werden«, und zwar »solange sie noch durch uns von einer Mitte her geordnet werden, die nicht von uns, sondern von einer höheren Macht gesetzt ist«. Er hofft, daß »dieser zentrale Bereich der Wissenschaft unangetastet bleibt«.

»Wer je die flamme umschritt...«, zitiert Heisenberg zuletzt Stefan George in dessen 1914 entstandenem Gedicht. George fleht diejenigen an, die solch eine Erfahrung gemacht haben, auf keinen Fall aufzugeben und »der flamme trabant« zu bleiben. Wer dies versäumt, dem fehlt »der mitte gesetz«, und dann »Treibt er zerstiebend ins all«.

Als Heisenberg George zitierte und seine Erfahrungen des »Stirb und werde« bedachte, gab es nicht nur die metaphorischen Flammen. Es herrschte Krieg, und die Welt begann nach und nach zu brennen. Zuerst waren es nur kleine Flammen, die von Menschen angezündet worden waren. Aber es dauerte nur wenige Jahre, bis die große Flamme gezündet wurde, die »heller als tausend Sonnen« strahlte. Mit ihr hatten die Wissenschaftler die Wirklichkeit verwandelt. Damit stellt sich ihnen die große Aufgabe, eine neue Ordnung zu suchen.

Zweiter Exkurs

Komplementäre Wunderkinder: Pauli und Heisenberg

»Was wir heute brauchten, wäre eine Synthese
zwischen ostasiatischer Weisheit und abendländischer aktiver,
auf naturwissenschaftliche Einsicht
gegründeter Tendenz zur Beherrschung der Natur.«
Wolfgang Pauli, 1954

Wenn unter Physikern von Heisenberg die Rede ist und es um die Geschichte ihrer Wissenschaft geht, dann dauert es nicht lange, bis der Name Wolfgang Pauli fällt. Heisenberg und Pauli – das sind zwei ganz große Namen der theoretischen Physik, und die beiden etwa Gleichaltrigen sind sich schon in jungen Jahren, in Heisenbergs erstem Semester in München, begegnet. Der 1900 in Wien geborene Pauli, den Heisenberg in seinen Erinnerungen – und zwar in dieser Reihenfolge – als »scharfen Kritiker und Freund« einführt, galt bereits als Wunderkind, als der Jüngere neben ihm auf der Hörsaalbank Platz nahm. Pauli hatte als kaum Zwanzigjähriger von Sommerfeld und Einstein höchstpersönlich den Auftrag erhalten, die damals noch ziemlich neue und von sicher nicht mehr als einer Handvoll Physikern verstandene allgemeine Theorie der Relativität zusammenfassend für eine Enzyklopädie der Wissenschaften – also für die Ewigkeit – darzustellen. Und er tat dies mit einer mathematischen wie philosophischen Bravour, die selbst Einstein dazu brachte, »bravo« zu rufen.

Sommerfeld ermutigte seine beiden studentischen Wunderknaben im Hörsaal von Anfang an, sich gegenseitig die Physik zu erklären und zu prüfen, was sie davon nicht verstanden hatten. Doch so einfach dieser Tipp lautete, so kompliziert erwies sich seine Umsetzung, denn:

»Wolfgangs Lebensweise war der meinen fast diametral entgegengesetzt«, wie Heisenberg in seiner Autobiographie berichtet. »Während ich den hellen Tag liebte und alle freie Zeit wenn möglich außerhalb der Stadt auf Wanderungen im Gebirge oder badend und kochend am Ufer eines der bayerischen Seen verbrachte, war Wolfgang ein ausgesprochener Nachtmensch. Er bevorzugte die Stadt, ließ sich gern abends durch den Besuch von amüsanten Aufführungen in irgendwelchen Lokalen anregen und arbeitete danach einen großen Teil der Nacht hindurch an seinen physikalischen Problemen mit höchster Intensität und großem Erfolg. Aber natürlich kam er dann, zu Sommerfelds Leidwesen, nur selten in die Morgenvorlesung und erst um die Mittagszeit ins Seminar.«

Während Heisenberg im ersten Licht der aufgehenden Sonne seinen Schlafsack zusammenrollte, um zeitig den Vorortzug zu erreichen, der ihn pünktlich in die Stadt und möglichst noch vor allen anderen ins Institut bringen sollte, damit er hier in Ruhe auf Sommerfelds Vorlesung warten konnte, ließ Pauli sich Zeit mit seinem Erscheinen. Nachdem er endlich aufgestanden war und den Weg zum Seminarraum gefunden hatte, »könnte sich unsere Begrüßung etwa in folgender Weise abgespielt haben«, schreibt Heisenberg:

»Wolfgang: ›Guten Morgen, da ist ja unser Naturapostel. Du siehst so aus, als habest du wieder einige Tage nach den Prinzipien eures Schutzheiligen Rousseau gelebt. Ihm wird doch der berühmte Leitsatz zugeschrieben: ›Zurück zur Natur; auf die Bäume, ihr Affen.‹ ›Der zweite Teil stammt nicht von Rousseau‹, konnte ich entgegnen, ›und vom Baumklettern war keine Rede. Aber du hättest nicht ›Guten Morgen‹, du hättest ›Guten Mittag‹ sagen sollen. Es ist 12 Uhr. Ich betone, es ist 12 Uhr. Aber nächstens mußt du mich mal in eins deiner Nachtlokale mitnehmen, damit ich endlich auch physikalische Einfälle bekomme.‹«

Heisenberg hat ja recht, würde Loriot sagen, wenn er von dem Dialog gehört hätte, aber das macht ihn leider nicht sympathisch. Tatsächlich wirkt Heisenberg in seinen eigenen Worten eher steif und streberhaft neben dem frechen und pfiffigen Pauli, und so fügt der geschilderte Austausch der Begrüßungsfloskeln dem Bild eines komplementären Paares fugenlos ein weiteres Mosaiksteinchen hinzu, und es wird nicht das letzte bleiben. Denn nicht nur in ihren menschlichen Schwächen, sondern auch oder gerade in ihren wissenschaftlichen Stärken stehen sich Heisenberg und Pauli wie Plus- und Minus-Zeichen gegenüber. Während Heisenberg immer wieder durch unkonventionelle und überraschende Vorschläge auffällt, die aus der unbedingten Überzeugung entstehen, daß sich auch die schwierigsten Fragen lösen lassen, übt Pauli den größten Einfluß durch seine unnachgiebige und umfassende Fähigkeit zur Kritik aus, die aus der verständlichen Überzeugung entsteht, daß auch die kleinsten Fehler das physikalische Denken in die Irre führen können. Heisenberg hat den Atem für neue Wege, und Pauli hat den Blick für Sackgassen, vor denen er warnt. Seine Kollegen nennen ihn den »fürchterlichen« Pauli, der zwar nicht immer erkennt, ob eine Idee richtig ist, der aber zielsicher ausmacht, wenn eine Idee Unsinn ist. Heisenberg verläßt sich fast blind auf das kritische Verständnis des Freundes, und zumindest in den Jahren vor dem Zweiten Weltkrieg hat er keine Arbeit veröffentlicht, die Pauli nicht vorher zu lesen bekommen hätte.

Lebenslinien

Heisenberg und Pauli – im Vergleich scheinen sie so etwas wie die Tag- und die Nachtseite sowohl der Wissenschaft im besonderen als auch des menschlichen Denkens im allgemeinen zu repräsentieren. Auf diesen Unterschied soll nach der Verfolgung einiger biographischen Linien näher eingegangen werden.

Pauli, der eher klein und dicklich war und mit Sicherheit keinerlei Sport getrieben hat, durcheilt zunächst die gleichen Lebensstationen wie Heisenberg, dem er vom Alter her um mehr als ein Jahr voraus ist. Beide studieren bei Sommerfeld in München, beide werden Assistenten von Born in Göttingen, und beide bauen enge Verbindungen zu Bohr in Kopenhagen auf. Sie treffen sich regelmäßig bei den legendären Frühlingskonferenzen, die in den dreißiger Jahren an dessen Institut stattfinden und mit deren Hilfe es gelingt, die neue Botschaft der Quanten zugleich zu festigen und zu verbreiten. Auf den Fotos aus diesen Tagen sieht man die beiden immer in der ersten Reihe sitzen, und es läßt sich leicht vorstellen, wie sie die Diskussion beherrschten (Abb. 22). Übrigens – als Pauli in Göttingen war, mußte sein Chef Born natürlich glauben, nie wieder einen besseren Assistenten bekommen zu können. Born konnte ja nicht ahnen, daß es da noch so ein Kaliber, nämlich Heisenberg, gab, der Pauli nachfolgte und neben dessen wissenschaftlicher Qualität noch den Vorteil der Disziplin mit sich brachte.

Von Göttingen aus geht Pauli erst nach Hamburg, bevor er 1928 einen Ruf nach Zürich erhält und annimmt. Die ihm von da an bis zu seinem frühen Tod (1958) noch verbleibenden dreißig Jahre bleibt er dieser Stadt treu, mit der Ausnahme der Kriegsjahre, die er als Gast des berühmten »Institute for Advanced Study« in Princeton (USA) verbringt, an dem auch

Abbildung 22: Kopenhagener Tagung von 1937. In der ersten Reihe (von links) Bohr, Heisenberg, Pauli, Otto Stern und Lise Meitner

Einstein tätig ist. Einstein empfiehlt der Institutsleitung im übrigen, Pauli als seinen Nachfolger zu berufen, weil er in ihm seinen »geistigen Sohn« sieht. Pauli dankt zwar herzlich für das Kompliment, lehnt aber ein entsprechendes Angebot trotzdem ab. Er möchte nach Kriegsende lieber nach Europa zurückkehren – der Kultur wegen –, und die Schweiz richtet ihm seinen alten Arbeitsplatz wieder ein.

In die Hamburger Zeit fällt eine erste Ehe Paulis, die so kurz wie unglücklich war. Das einstige Wunderkind durchlebt als Mann in den Zwanzigern eine schwierige Phase, die er selbst einer Neurose zuschreibt und aus der er die Konsequenz zieht, sich in Zürich in psychiatrische Behandlung zu begeben. In deren Verlauf kommt es zur Begegnung mit Carl Gustav Jung, aus der sich ein eigenwilliger und über viele Jahrzehnte hinziehender Briefwechsel entwickelt. In ihm entwirft Pauli unter anderem das, was er etwas geheimnisvoll eine »Hintergrundsphysik« nennt. Er versucht darin, den Einfluß zu erkunden, den das Unbewußte auf die Entwicklung physikalischer Ideen hat, und die meisten Anregungen und Materialien dazu verdankt er eigenen Träumen, die er mit und ohne Hilfe von C. G. Jung zu deuten versucht. Pauli hat zwar schon in jungen Jahren geträumt, aber der neue und ungeheure Schub der nächtlichen Bilder setzt in demselben Jahr 1934 ein, in dem er zum zweiten Mal heiratet. Diese Ehe ist zwar das Gegenteil der ersten, nämlich lang und glücklich, aber auch sie bleibt kinderlos.

Zweideutigkeiten

Was für nahezu alle großen Quantenphysiker zutrifft, kann bei Pauli am deutlichsten festgestellt werden. Gemeint ist eine besondere Zweiteilung des Lebens, die sich bei ihm am besten durch die Begriffe *öffentlich* und *privat* kennzeichnen läßt. Der öffentliche Pauli publiziert bis zum Ende seines Lebens schwierige theoretisch-physikalische Arbeiten, die höchste mathematische Rationalität verlangen. Und der private Pauli schreibt unermüdlich lange und umfangreiche Briefe, in denen er sich zu vielen kulturellen und politischen Fragen äußert und über das nachdenkt, was man die Nachtseite der Wissenschaft nennen könnte. Diese Seite Paulis begann man erst zwanzig Jahre nach seinem Tode zu erschließen. Seit dieser Zeit wird sein inzwischen viele tausend Seiten umfassender »Wissenschaftlicher Briefwechsel« ediert, den er vor allem mit Einstein, Bohr und Heisenberg geführt hat.

Die Idee einer Nachtseite entspringt der Romantik, und da der Name dieser Epoche auch immer wieder ins Spiel kommt, wenn versucht wird, Heisenbergs kreative Art des Vorgehens zu beschreiben, dürfte sich eine tiefergehende Untersuchung lohnen, die nach einer Verbindung zwischen den Revolutionen des romantischen Denkens und der theoretischen Physik gräbt. Ein Zusammenhang, auf den man dabei stoßen könnte, läßt sich mit dem Vorhaben vergleichen, das Nietzsche sich im 19. Jahrhundert gesteckt und die »Umwertung aller Werte« genannt hat. Sie hatte bereits in der Romantik stattgefunden, und sie sollte sich erneut in Verbindung mit der Quantenphysik ereignen. In beiden Epochen der Geistesgeschichte wird erkannt, daß es neben den Fragen (nach Tatsachen), auf die man antworten kann, auch Fragen (nach Werten) gibt, auf die keine Antwort möglich ist. Was zum Beispiel für die Romantik die Frage nach der »richtigen« Lebensführung war, ist für die Quantenphysik die Frage nach der »wahren« Natur des Lichts und der Materie.

Pauli selbst hat einmal formuliert, daß die Physiker in der Quantentheorie entdecken, daß eine in der Philosophie der Romantik getroffene Unterscheidung in ihrem Arbeitsbereich konkret spürbar wird und sich auswirkt. Sie bemerkten plötzlich, so Pauli, daß sie *natura naturata* und *natura naturans* – erschaffene und erschaffende Natur – zugleich sind, und es wundert Pauli nicht, daß dabei einiges schiefgeht, denn schließlich ist es für die Physiker das erste Mal, daß sie ihre eigene Doppelnatur und die Zweiteilung der Natur erkennen, die sich als Dualität von Welle und Teilchen äußert und ihre Verarbeitung im Gedanken der Komplementarität und im Konzept der Unbestimmtheit hat.

Die dunkle Seite der Physik als komplementäres Gegenstück der hellen Vernunft scheint Pauli schon in seinen jungen Jahren – und damit eher unbewußt – vertraut gewesen zu sein, denn er ist es, der als erster in Briefen an Heisenberg in vagen Vermutungen andeutet, daß es der Beobachter ist, der die Bahn eines Elektrons festlegt, und daß sich stets nur eine von zwei (komplementären) Größen eines Mitspielers im Theater der Atome genau bestimmen läßt. Mit diesen Anmerkungen zweifelt Pauli an der Vorgehensweise anderer Physiker, ohne selbst einen entscheidenden produktiven Schritt zu tun. Er sagt, was nicht geht, aber er sagt nicht, was geht. Das tut Heisenberg, der unbekümmert auftrumpft und nicht nach den tieferen Quellen des Wissens fragt, sondern auf sie zugeht und aus ihnen trinkt.

Das Genie und sein Kritiker

Den Mut, den Pauli als Verfasser privater philosophischer Briefe zeigt, läßt er etwas vermissen, wenn er zum Verfasser öffentlicher wissenschaftlicher Texte wird. Auf diesem Terrain ist es Heisenberg, der mit seinem intuitiven Zugriff viel mehr riskiert. Heisenberg hält sich dafür – in angemessen komplementärer Weise – viel stärker zurück, wenn er sich philosophisch äußert. Dieser vornehmen Art verdanken wir zahlreiche allgemeinverständliche Schriften, die im abschließenden Kapitel ausführlich gewürdigt werden sollen.

Der junge Heisenbergs wagt es vielfach aber erst, seine oft kühnen Vorschläge zur Physik zu publizieren, nachdem Pauli sie gesehen und kommentiert hat. Paulis oftmals boshafte Anmerkungen sind die entscheidende Wegmarke, an der sich Heisenberg orientiert, wobei es einem Leser der heutigen Zeit seltsam anmutet, wie lange die beiden Genies der Physik als junge Männer brauchen, um sich mit einem freundschaftlichen »Du« anzureden. Sie tun dies erst, als sie schon mit Professorentitel versehen sind und die Quantenmechanik errichtet und in Grundzügen verstanden ist. Dabei fällt auf, daß sie sich selbst dann in den Briefen nicht mit ihren jeweiligen Vornamen anreden, sondern es im schriftlichen Austausch bei »Lieber Pauli!« bzw. »Lieber Heisenberg!« belassen.

Zwischen den Freunden blieb also immer eine Distanz, und es ist klar, daß sie mit den Kriegsjahren nicht kleiner wurde. Pauli verbringt sie in den USA, ohne sich in die Nähe der Physiker zu begeben, die an Atomwaffen forschen. Er lenkt seine ganze Aufmerksamkeit auf komplizierte Grundlagenphysik, und zwar nicht aus politischen, sondern aus ethischen Gründen, die zeigen, wie er über die Wissenschaft als Ganzes denkt. An ihrem historischen Anfang stand bekanntlich die Einsicht »Wissen ist Macht«, und das damit verbundene Streben zeigte im 20. Jahrhundert seine Schattenseiten. Die aus der Antike übernommene Gleichsetzung des Rationalen und des Guten hat dabei ihre Gültigkeit verloren. Der wissenschaftliche Sachverstand bereitete in Form der Atombombe das Böse vor, und an diesem Treiben will Pauli sich nicht beteiligen.

Mit solchen Gedanken im Hintergrund ist leicht einzusehen, warum Pauli Heisenberg manchmal als etwas naiv ein-

Abbildung 23:
Wolfgang Pauli, Zürich 1953

schätzte und seine politischen Handlungen für allzu schlicht hielt. Aus diesem Grund hat Pauli in seinen Briefen mit Heisenberg auf jede politische oder philosophische Diskussion verzichtet und sich allein auf die Erörterung wissenschaftlicher Fragen eingelassen. Dabei ist es in den späten fünfziger Jahren zu einer spannenden Auseinandersetzung gekommen, über die zuletzt berichtet werden soll.

Kein gutes Ende

Das Ende haben Heisenberg und Pauli nicht gut bestanden. Etwa seit dem Sommer 1956 haben sich beide um eine neue Theorie für die Elementarteilchen bemüht, wobei hinzugefügt werden sollte, daß dieser lange Zeit hindurch populäre Name »Elementarteilchen« heute eher verpönt ist. Die Wissenschaftler sprechen lieber von der Hochenergiephysik, die sie da betreiben, weil es hohe Energien braucht, um die Materie so zu zerlegen, daß innere Strukturen von Protonen und Neutronen erkennbar werden und sich die einstigen Elementarteilchen zeigen.

Wie in seinen jungen Jahren bemüht sich der fünfundfünfzigjährige Heisenberg mit unkonventionellen Vorschlägen, eine mathematische Struktur für das Innerste der Dinge zu finden, und wie in seinen jungen Jahren reagiert Pauli mit scharfen kritischen Tönen: »Diese Bemerkungen«, so schließt er einen Brief an Heisenberg, den er im Sommer 1956 aus Zürich an ihn schickt, »sollen hauptsächlich den Nachweis erbringen, daß Du ... so gut wie nichts von Deinen eigenen Arbeiten verstanden hast.«

Was Heisenberg vorhat, kann man unphysikalisch so ausdrücken, daß er versucht, an die alten Tage mit den alten Erfolgen anzuknüpfen. Er will – genauer gesagt – versuchen, den Raum zu erweitern, in dem seit seinem Durchbruch auf Helgoland die Größen angesiedelt sind, mit deren Hilfe die Physiker die Naturgesetze formulieren. Heisenberg ist nicht der erste, der dies versucht, und er hat erleben müssen, wie ein Vorschlag, den Dirac bereits in den vierziger Jahren gemacht hat, von Pauli scharf zurückgewiesen und als unzureichend verworfen worden ist. Pauli konnte nämlich nachweisen, daß in Diracs Schema auch Wahrscheinlichkeiten auftreten, die negativ sind, und so etwas macht auch beim allerbesten Willen keinen Sinn. Schließlich muß selbst die Wahrscheinlichkeit, daß ein Ereignis nicht eintritt, einen positiven Wert annehmen.

Da für Pauli eine Mathematik mit negativen Wahrscheinlichkeiten keinerlei vernünftigen Umgang zuläßt, wollte er von Vorschlägen in die von Dirac eingeschlagene Richtung nichts mehr hören, selbst als sie von Heisenberg kamen. Doch der Kommilitone von einst ist so hartnäckig wie eh und je. Immer wieder fallen ihm neue mathematische Methoden ein, die eine Chance bieten, Paulis Einwände zu widerlegen, und immer wieder schickt Heisenberg lange Briefe, in denen er darlegt, was ihm eingefallen. Das geht hin und her, bis Pauli eines Tages der Kragen platzt und er Heisenbergs Briefe als »schlimm« bezeichnet:

»Fast alles darin halte ich für hoffnungslos falsch... Du wiederholst nur Deine fixen Ideen bzw. faulen Schlüsse, so als ob ich Dir nie geschrieben hätte. Auf diese Weise habe ich nur Zeit verloren, und ich muß unsere Diskussion jetzt unterbrechen...«

Auch Heisenberg muß die Diskussion unterbrechen, und es sind zwei Entwicklungen, die ihn an der Weiterführung hindern. Zum einen wird er zwar nicht lebensgefährlich, aber ernsthaft krank, und er muß viele Wochen erschöpft das Bett hüten. Zum zweiten arbeiten 18 deutsche Atomphysiker –

unter ihnen trotz aller Widrigkeiten Heisenberg – an dem Entwurf für einen Offenen Brief an die Bonner Regierung unter Bundeskanzler Konrad Adenauer, in dem sie deutlich machen wollen, daß das angestrebte Mitspracherecht bei atomaren Waffen die Sicherheit Deutschlands nicht erhöht, wie der damalige Verteidigungsminister Franz Josef Strauß meint, sondern im Gegenteil erniedrigt. Die Wissenschaftler legen Wert auf die Feststellung, daß es nötig sei, die Bevölkerung – heute würde man sagen: die Öffentlichkeit – über die Wirkung von Atomwaffen umfassend aufzuklären.

Als die »Göttinger Erklärung« im April 1957 endlich abgeschickt und publiziert wird, nehmen natürlich die politischen Verpflichtungen Heisenbergs zu, der zu Gesprächen mit der Regierung – vor allem mit Adenauer selbst – eingeladen wird. Er erledigt dies, doch spannender bleibt für ihn die Wissenschaft, und die Physik hat in diesem Jahr etwas Besonderes zu bieten. In den USA hatten zwei Forscher mit chinesischen Namen – Tsung Dao Lee und Chen Ning Yang – darauf hingewiesen, daß es keinen experimentellen Nachweis für die unter Physikern selbstverständliche Annahme gebe, daß das Spiegelbild eines natürlichen Vorgangs etwas zeigt, was selbst ein natürlicher Vorgang sein könne. Anders ausgedrückt: Die Wissenschaftler glaubten fest daran, daß die Naturgesetze spiegelsymmetrisch seien, wie man sagt, und Heisenberg und Pauli gehörten dazu. Doch Lee und Yang schlugen vor, dies bei dem radioaktiven Zerfall von Atomen zu prüfen, bei dem Elektronen freiwerden. Man spricht dabei aus historischen Gründen vom Beta-Zerfall. Dieser Vorgang hatte schon länger die physikalischen Gemüter beunruhigt. Der Grund dafür lag in der seltsamen, bereits von Lise Meitner beobachteten Tatsache, daß die Elektronen aus dem Atomkern kamen, wo es sie eigentlich gar nicht gab. Sie mußten dort erst gebildet werden. Aber wie?

Im Laufe der Jahre konnten die Physiker verstehen, was bei diesem Zerfall passiert, wobei Pauli eine besondere Rolle spielte. Während man lange Zeit dachte, daß sich ein Neutron in ein Proton und ein Elektron verwandelt, das dann den Kern verläßt, konnte Pauli zeigen, daß es aus Gründen der Impulserhaltung noch einen Mitspieler geben mußte. Er heißt heute Neutrino und folgt seinem Elektron auf der dazugehörigen Flugbahn.

Als nun dieser Vorgang 1957 genauer untersucht wurde – und zwar durch die Physikerin Chien Shiung Wu, also erneut jemanden mit chinesischer Herkunft –, ergab sich, daß das Neutrino den Beta-Zerfall unsymmetrisch macht. Das Spiegelbild des tatsächlich ablaufenden Vorgangs kommt in der Natur nicht vor. Es ist durch die Gesetze nicht zugelassen.

Das war eine erregende Entdeckung, und Heisenberg und Pauli, die inzwischen Gras über ihren alten Streit hatten wachsen lassen, sahen hier die große Chance erstens zu einer intensiven Zusammenarbeit und zweitens auf das Finden neuer Fundamente der Natur und neuer Formen ihrer Gesetze:

»Wir, das heißt Wolfgang und ich«, so berichtet Heisenberg in seinen Erinnerungen, »waren immer der Ansicht gewesen, daß die Symmetrieeigenschaften, die von diesen einfachsten masselosen Teilchen [den Neutrinos] dargestellt werden, zugleich auch Symmetrieeigenschaften der zugrunde liegenden Naturgesetze sein müssen. Wenn nun die Rechts-Links-Symmetrie bei diesen Teilchen fehlte, so müßte man mit der Möglichkeit rechnen, daß auch in den fundamentalen Naturgesetzen die Rechts-Links-Symmetrie zunächst fehlt und daß sie erst sekundär – zum Beispiel auf dem Umweg über die Wechselwirkung und die aus ihr folgende Masse – in die Naturgesetze hereinkommt. Sie wäre dann die Folge einer nachträglichen Verdoppelung, die mathematisch zum Beispiel dadurch entstehen könnte, daß eine Gleichung zwei gleichberechtigte Lösungen besitzt. Diese Möglichkeit war deswegen so erregend, weil sie auf eine Vereinfachung der fundamentalen Naturgesetze hinauslief. Wir hatten aus unseren früheren Erlebnissen in der Physik längst gelernt, daß immer dann, wenn in den experimentellen Erfahrungen eine unerwartete Einfachheit zum Vorschein kommt, äußerste Aufmerksamkeit geboten ist; denn man ist dann möglicherweise an eine Stelle gelangt, von der aus die großen Zusammenhänge sichtbar werden. Wir hatten also das Gefühl, daß hinter der Lee-Yangschen Entdeckung entscheidende Erkenntnisse stecken könnten.«

Pauli selbst ist in der Tat von dem Gedanken der Zweiteilung fasziniert, da mit ihr oder dem dazugehörigen Mechanismus die Natur die Möglichkeit erhält, immer wieder neue Symmetrieeigenschaften einzuführen. Pauli kann sich sogar den Idealfall vorstellen, daß alle wirklichen Symmetrien der Natur durch eine Folge von Zweiteilungen zustande gekommen sind. Er hält die Zweiteilung deshalb »für des Pudels Kern« und weist immer wieder auf die Vermutung hin, daß sie ein »sehr altes Attribut des Teufels« ist und daß »Zweifel« von Zweiteilung kommt. Paulis Zweifel machen ihn zu dem Teufel, der er in der Kopenhagener Faust-Parodie leibhaftig gewesen ist.

Als sein Partner Heisenberg – als Faust? – sich unter diesen Vorgaben und nach seiner Genesung um die mathematischen Strukturen bemüht, mit der man diesen Gedanken eine präzise Form geben könnte, da hat er das Gefühl, die Vergangenheit wiederholt sich, und ein neuer Durchbruch scheint ihm gelingen zu können. Was sich Goethe in »schwankenden Gestalten« nähert und ihn zur Dichtung des Faust bringt, taucht bei Heisenberg plötzlich in Form von »schwankenden Bildern« auf, und dazu gehört vor allem »eine Feldgleichung von ungewöhnlich hoher Symmetrie«.

Sie ist es, die Heisenberg später als »Weltformel« an öffentliche Tafeln schreiben wird, und ein Grund, warum er hofft, damit an die Tage seiner frühen Erfolge anknüpfen zu können, liegt darin, daß Pauli so reagiert wie damals. Der kritische Geist reagiert erst interessiert und dann begeistert, und beide beschließen – nach langen Jahrzehnten der Unterbrechung –, in diesem Projekt zusammenzuarbeiten und gemeinsam der Frage nachzugehen, ob Heisenberg in seiner Intuition etwas geschaut hat, was nach sorgfältiger mathematischer Behandlung zur stabilen Grundlage einer einheitlichen Theorie der Elementarteilchen werden könnte.

Bei seinen Grüßen zum Jahreswechsel 1957/58 spricht Pauli die Hoffnung aus, nun in das Jahr treten zu können, das die Klärung aller Fragen bringt, und er bittet Heisenberg in seinem Brief mit einer Anspielung auf das Helgoland-Erlebnis, »die Morgenröte [zu grüßen], wenn 1958 beginnt, vor Sonnenaufgang«.

Doch dann nimmt seine Euphorie nicht nur nach und nach ab, im Sommer zeigt sich Pauli plötzlich sogar feindlich Heisenberg gegenüber, und er will mit dem gemeinsamen Ansatz nichts mehr zu tun haben. Die beiden treffen sich im Juli bei einer Tagung in Genf, und sie gehen unbefriedigt und unversöhnt auseinander.

Es war ihre letzte Begegnung. Pauli stirbt im Dezember 1958, und Heisenberg stellt sich die Frage, ob es der Beginn seiner Krankheit war, die in Pauli jede Hoffnung auf eine Vollendung der Theorie der Elementarteilchen zunichte gemacht hatte. Heisenberg hat als Überlebender das letzte Wort, und er beantwortet seine eigene Frage mit Ja. Vielleicht hätte man ihm davon abraten sollen. Denn so symmetrisch seine Ausgangsformel auch war, in der Physik spielt sie keine Rolle mehr – wenigstens nicht zur Zeit. Vielleicht hatte Pauli gesehen, daß Heisenbergs Tagtraum diesmal keinen Rückhalt in der Tiefe der Nacht hatte.

3.
Der humanistische Gelehrte

»Das Verstehen der Welt wird für die Menschheit
nie mit einer endgültigen Wahrheit enden,
sondern es ist ein unendlicher Prozeß, von dem
wir uns weder Anfang noch Ende denken können,
und der doch immer voranschreitet.«
Werner Heisenberg

Der geniale Physiker, als der Heisenberg in seinen Jugendtagen umgeben von politischen Unruhen kreativ in Erscheinung getreten ist, lebte von innen heraus, ohne sich um das Außen zu sorgen; der beamtete Professor, als der Heisenberg in seinem mittleren Lebensabschnitt unter der Naziherrschaft pflichterfüllt agiert hat, wurde so sehr von außen erdrückt, daß sein Innen oft gefährdet war; der humanistische Gelehrte, als der Heisenberg sein ganzes Leben hindurch unabhängig von jedwedem staatlichen Rahmen mit wunderbarer Klarheit sprach und schrieb, hat versucht, die beiden Sphären zu verbinden, um der Öffentlichkeit eine Ahnung von den großen Entdeckungen und ihren aufregenden Konsequenzen zu geben, die sich in ihrer Mitte und zu ihren Lebzeiten ereigneten. Von diesem Heisenberg, der sich dem Publikum stellte, um ihm zu erläutern, was die Wissenschaft der Physik an Erkenntnissen liefert, die nicht bloß den Fachmann, sondern gerade den Laien angehen und ihn als Menschen betreffen, ist viel zuwenig die Rede, wenn seine Leistungsfähigkeit gewürdigt wird. Dabei zeigt die Art und Weise, mit der sich Heisenberg von einem gegebenen Thema her den Fragen nähert, die ein wissenschaftlich interessiertes Publikum bewegen, wie das aussehen könnte, was im Sprachgebrauch heutiger Forschungsfunktionäre »public understanding of science and humanities« (PUSH) heißt.* Tatsächlich gibt es bei diesem Thema von Heisenberg viel zu lernen und in seinen Texten zu entdecken, und ein Ziel dieses dritten Kapitels besteht darin, dafür die geeignete Hilfestellung anzubieten. Heisenberg hat von Anfang an verstanden, daß Wissenschaft von und für Menschen gemacht wird und ein Forscher seine Ergebnisse so aufbereiten muß, daß die Menschen spüren, von ihm und von ihnen gemeint zu sein.

»Allgemeinverständliche Schriften«

Es bleibt merkwürdig, wie gering bisherige Biographen Heisenbergs Bemühungen um den gemeinverständlichen Aspekt der Wissenschaft einschätzen. Die Bücher, die über ihn geschrieben werden, handeln zuviel von Krieg, Waffen und Politik und zuwenig von Kultur, Musik und Bildung, und so ist es kein Wunder, daß viele von Heisenbergs wesentlichen und ihn auszeichnenden Zügen nur am Rande erwähnt werden oder gar nicht erscheinen. Selbst in der umfangreichen Biographie des amerikanischen Historikers David Cassidy, deren Titel im Original »Uncertainty« lautet, spielen die zahlreichen »Allgemeinverständlichen Schriften« Heisenbergs eine unscheinbare und völlig nebensächliche Rolle, obwohl sie immerhin fünf dicke Bände mit vielen tausend Seiten Text umfassen, die alle nicht nur ungewöhnlich verständlich, sondern vor allem in einer wunderbaren Sprache geschrieben worden sind. Diese Schriften sind im Rahmen seiner »Gesammelten

* Das englische »science« meint unsere Naturwissenschaften, und das englische »humanities« meint unsere Geisteswissenschaften; beide Kulturen sollen zusammenwirken, um die Öffentlichkeit zu erreichen.

Werke« seit 1984 erschienen, und es stünde besser um die Bildung in unserem Land, wenn das, was Heisenberg hier »allgemeinverständlich« zu Papier gebracht hat, dazugehören und immer wieder gelesen würde.

Doch bislang ignorieren wir seine Schätze hartnäckig – und zwar vor allem in der Schule und dort, wo sich der Geist zu Hause fühlt. So findet sich zwar in diesen Tagen schon länger ein Buch mit dem Titel »Bildung« auf den aktuellen Bestsellerlisten, aber wer in seinem Register nach Heisenbergs Namen sucht, blickt ins Leere. Zwischen den Dichtern Heine und Hemingway trifft das Auge nur auf Könige und Seefahrer, die Heinrich hießen.

Natürlich klingt ein Titel wie »Allgemeinverständliche Schriften« nicht unbedingt einladend, und es ist leider nach wie vor so, daß solch eine Ankündigung bei Fachkollegen und in den philosophischen Seminaren eher Verdacht als Aufmerksamkeit erregt. Aber wer sich davon unberührt zeigt und einen Blick auf das Inhaltsverzeichnis wirft, wird feststellen, daß Heisenberg in diesen Arbeiten nicht nur als Pionier des »public understanding of science« erkennbar wird, sondern daß er darüber hinaus schon in seinen Tagen das interdisziplinäre Vorgehen und Denken praktiziert, das die Funktionäre heute von allen Wissenschaftlern fordern (ohne selbst dazu auch nur ansatzweise in der Lage zu sein oder es wirklich einmal ernsthaft zu versuchen). Bei Heisenberg geht es nicht nur um Quantenmechanik und Neutronenstrahlung, bei ihm geht es unter anderem auch um die antike Naturphilosophie, er behandelt weiter die Erkenntnistheorie von Kant, er äußert sich zu dem Zusammenhang von Sprache und Wirklichkeit, er denkt über die Bedeutung des Schönen nach, er versucht vorsichtig zwischen der religiösen und der naturwissenschaftlichen Wahrheit zu unterscheiden, er malt sich und uns Goethes Naturbild vor dem Hintergrund des technisch-wissenschaft-

Abbildung 24: Otto Hahn, Konrad Adenauer und Werner Heisenberg auf einer Hauptversammlung der Max-Planck-Gesellschaft in Hannover 1958 (links Forschungsminister Siegfried Balke, rechts der niedersächsische Ministerpräsident Heinrich Hellwege)

lichen Fortschritts der Neuzeit aus, indem er zum Beispiel die Doppelhelix der Molekularbiologie mit der Urpflanze Goethes vergleicht, und er bemüht sich nicht zuletzt darum, die Entwicklungen der modernen Biologie in die gesamte wissenschaftliche Entwicklung einzuordnen. Bei alledem erinnert Heisenberg zusätzlich und eindringlich an die Einheit der Natur, wie sie zum Beispiel noch für Alexander von Humboldt selbstverständlich gewesen ist.

Heisenberg ist im übrigen 1955 vom damaligen Bundeskanzler Adenauer zum Präsidenten der Alexander-von-Humboldt-Stiftung ernannt worden, und er hat diese Aufgabe bis 1975 erfüllt – also mehr als zwanzig Jahre lang und bis kurz vor seinem Tod. Es ist anzunehmen, daß er diese Verpflichtung auch deshalb übernommen hat, weil er eine innere Übereinstimmung zwischen seinen Ansichten von der Natur und denen von Alexander von Humboldt gesehen und gespürt hat. Mit Sicherheit übereingestimmt haben die beiden Naturforscher in der Forderung, daß die Wissenschaft ihre Humanität bis in die Sprache – bis in einzelne Formulierungen – hinein zeigen muß, und zwar in öffentlicher Rede. Genau aus diesem Grund hat Alexander von Humboldt seine großen Kosmos-Vorlesungen gehalten, und genau in diesem Sinne hat Werner Heisenberg seine vielfältigen Vorträge vorbereitet und verfaßt, deren Wortlaut in den »Allgemeinverständlichen Schriften« zu finden ist. Heisenberg war ein Meister der Sprache, nicht nur in dem theoretischen Sinn, der ihm erlaubte, sich verständlich und profund zugleich über »Sprache und Wirklichkeit in der modernen Physik« zu äußern, sondern auch und vor allem in dem praktischen Sinn, daß er über einen Rede- und Schreibstil verfügte, der jeden Interessierten zu seinen (Heisenbergs) Einsichten hinführte und das wörtlich verstandene Nachdenken ermöglichte. Bei allen allgemeinverständlichen Schriften Heisenbergs spürt man die doppelte Ernsthaftigkeit des Autors, die sowohl seinem Gegenstand als auch seinem Leser gilt. Heisenberg ist ein Vermittler im besten Sinne des Wortes, und er hat diese Aufgabe schon sehr früh an- und aufgenommen.

Angefangen mit seinen öffentlichen Auftritten für ein Laienpublikum hat Heisenberg schon sehr früh, nämlich im Jahre 1927, als er gerade verstanden hatte, daß es eine Unbestimmtheit im Zentrum der Dinge gibt und daß im Bereich der Atome Worte wie Ort und Geschwindigkeit »jeden vernünftigen Sinn verlieren«, wie er selbst seine Einsicht und Ansicht zusammenfaßt. Aus der unanschaulichen Wirklichkeit der Atome zieht Heisenberg nicht den inhumanen Schluß, zu dem manch ein Philosoph rät und der sich in den bekannten Worten niederschlägt: »Worüber man nicht reden kann, darüber muß man schweigen.«* Für Heisenberg kommt eher das Gegenteil in Frage. Er hat eine Welt gesehen, über die man nicht reden kann, über die man aber sprechen muß, weil sie die Menschen betrifft. Aus dem Privileg und dem Paradox ergibt sich eine neue Aufgabe, die er so hätte formulieren können: Worüber man nicht reden kann, darüber muß man sich verständigen, darüber muß man einen Dialog führen, und es ist die Aufgabe des Wissenschaftlers, damit zu beginnen, um den Weg zu der Welt zu bereiten, die zu finden er in der Lage und die zu kennen sein Privileg ist.

Heisenberg hat sich an genau diese Aufgabe gemacht; es liegt nun an der Öffentlichkeit und ihren intellektuellen Vertretern, ihm zu antworten. Das lohnt sich gerade deshalb, weil – aus der Sicht von geschulten Dialektikern und anderen Geistesgrößen – oft kritisch angemerkt wird, daß Heisenberg in seinen Vorträgen manches zu einfach gerate und er sich nicht auf der Höhe des philosophischen Diskurses befinde. Aber bekanntlich ist dies das Schwerste. Heisenberg hat sich die Mühe gegeben und auf seine Weise die Wissenschaft, die von Menschen gemacht wird, für andere Menschen zugänglich gemacht.

Die Kritik an Kant

Zu den durchgängig erkennbaren Grundzügen von Heisenbergs öffentlichen Auftritten gehört die Forderung: »Der Physiker muß in seinen Wünschen bezüglich der Erfolge seiner Wissenschaft äußerst bescheiden sein; er kann nicht ... hoffen, das allgemeine Wesen des Raums oder der Zeit zu er-

* Mit diesem Diktum endet der »Tractatus logico-philosophicus« (1922) von Ludwig Wittgenstein.

gründen. Er findet nur Sätze über einen kleinen Teil der Welt.«

Es ist der siebenundzwanzigjährige Heisenberg, der diese Bemerkungen als frischgebackener Professor für Theoretische Physik vor Philosophen an der Universität Leipzig spricht, wobei nicht daran erinnert zu werden braucht, daß er im Jahr zuvor mit der Unbestimmtheitsrelation seinen weltberühmten Teil an der Kopenhagener Deutung geliefert hat. Er hätte also allen Grund, so selbstzufrieden und unbescheiden aufzutreten, wie es gelegentlich die Vertreter der Philosophie tun, die immer gleich ganze Weltsysteme entwerfen oder sich nicht einmal mit dem allgemeinen Wesen der Zeit begnügen, sondern gleich auch noch das ganze Sein in seiner Tiefe mit ergründen.

Wie gesagt, Heisenberg könnte groß auftrumpfen, aber erstens wäre solch ein Verhalten nicht mit seinem Charakter zu vereinbaren, und zweitens möchte er eine ernsthafte Bitte an die Philosophie richten, und hierzu braucht er das Vertrauen und Verständnis ihrer Wortführer. Heisenberg formuliert seinen Wunsch an die Kollegen aus der geisteswissenschaftlichen Fakultät am Ende seines Leipziger Vortrags, der »Erkenntnistheoretische Probleme in der modernen Physik« behandelt (wobei das bescheidene und unscheinbare dritte Wort des Titels zu beachten ist, das ein Philosoph weggelassen hatte). Er sagt:

»Es wäre eine ungeheuer interessante, aber auch sehr schwere Aufgabe, [im Anschluß an die Entwicklungen der Relativitätstheorie und der Quantenmechanik] noch einmal das Kantsche Grundproblem der Erkenntnistheorie aufzurollen, sozusagen von vorne anzufangen und noch einmal die Scheidung zu versuchen, wieviel unserer Erkenntnis aus der Erfahrung stammt und wieviel aus dem Denkvermögen.«

Wie man früher – als Heisenberg noch lebte – bereits auf

der Schule lernen konnte, hat Kant am Ende des 18. Jahrhunderts in seiner umfangreichen »Kritik der reinen Vernunft« erkundet, wie menschliche Erkenntnis zustande kommt bzw. möglich wird. Kant hat die Bedingungen der Möglichkeit von Erkenntnis untersucht und dabei mehrere Unterscheidungen eingeführt, die bis heute maßgeblich geblieben sind und in den philosophischen Seminaren behandelt werden. So sagt er zum Beispiel, daß jede Erkenntnis die beiden Komponenten der Anschauung und des Begriffs braucht, deren Wechselspiel im Einzelfall natürlich schwierig ist. Zwar bleibt die Anschauung ohne Begriffe blind und die Begriffe ohne Anschauung bleiben leer. Aber was gilt in diesem Fall: Sieht man nur, was man weiß? Oder weiß man nur, was man sieht?

Ein kompliziertes Problem, dem sich Kant vor allem dadurch nähert, daß er seine Begriffe ordnet. Bei dieser Arbeit unterscheidet er Einsichten oder Urteile, die es ohne Anschauung gibt – daß Bälle oder Kreise rund sind, zum Beispiel –, von Einsichten oder Urteilen, für die dies nicht der Fall ist – daß ein Ball rot oder ein Kreis schlecht gezeichnet ist, zum Beispiel. Wichtig ist Kant vor allem die Einteilung in Kenntnisse, die Menschen vor jeder Erfahrung haben – er nennt sie *a priori,* also *vorher* –, und Kenntnisse, die sie danach erwerben – Kant nennt sie *a posteriori,* also *nachher.* Zu dem, was Menschen ohne Anschauung der Welt wissen, gehören Raum und Zeit. Für Kant sind nicht die Menschen im Raum, vielmehr ist der Raum in den Menschen, und das gleiche gilt für die Zeit; er vollzieht damit das, was er die Kopernikanische Wende der Metaphysik nennt. Es ist nicht der Himmel, der sich um die Erde dreht, es ist vielmehr die Erde (und mit ihr die Menschen), die sich um ihre Achse dreht, während der Himmel im wesentlichen feststeht.

Man muß sich klarmachen, daß Kants Kopernikanische Wende gerade das Gegenteil von dem tut, was das allgemeine

Bewußtsein in Form des gesunden Menschenverstandes erwartet, wenn der Name Kopernikus fällt. Der Mensch wird durch Kant nicht aus dem Zentrum der Welt vertrieben, er wird genau dorthin gestellt. In Kants Sicht der Dinge schreibt der Mensch der Natur die Gesetze vor. Es ist nicht so, daß er Raum und Zeit vorfindet. Vielmehr führt er sie beide als zwei Denkformen ein, die der Wirklichkeit übergestülpt werden. Raum und Zeit stammen Kant zufolge nicht aus der menschlichen Erfahrung, sie dienen nur zu deren Ordnung. Aus diesem Grund kann kein Mensch etwas über Raum und Zeit durch seine Erfahrung lernen, noch etwas an ihnen ändern. Hier zieht Kant eine scharfe Grenze, die für Menschen – für jedes menschliche Wissen – nicht überschreitbar sein soll, und er beruft sich dabei auf das reine Denken, das zu kritisieren er sich vorgenommen hat.

Es hat lange gedauert, bis Kant bekommt, was er will, nämlich eine *Kritik seines reinen Denkens,* aber was lange währt, wird meistens gut, und das trifft auch für die moderne Physik des 20. Jahrhunderts zu, die mit Kant kollidiert und mit deren Erfolgen sich die erkenntnistheoretischen Vorgaben nahezu vollkommen ändern.

Auf diese neue philosophische Situation geht nun der blutjunge Physiker Heisenberg in den zwanziger Jahren ein. In seinem erwähnten öffentlichen Vortrag macht er deutlich, daß die von Kant eingeführte und von vielen späteren Philosophen vorbildlich verteidigte Linie unter dem Ansturm der physikalischen Wissenschaften nicht mehr haltbar ist. Sie muß aufgegeben werden und benötigt dringend eine Verschiebung. Entsprechend lautet Heisenbergs Frage an die Philosophen: »Kann man eine neue Grenze ziehen?«

Es liegt nun über siebzig Jahre zurück, daß die Physik die Philosophie gebeten hat, sich dieser Aufgabe anzunehmen, und Einsteins Relativitätstheorie, durch deren Erfolg man als erstes lernen konnte, daß bei Kants Kritik etwas Grundlegendes nicht stimmt, hat sogar noch ein Jahrzehnt mehr auf dem Buckel. Daß bis heute nahezu nichts in diese Richtung geschehen ist, daß die philosophischen Lektionen sowohl auf der Schule als auch an der Universität immer noch so aussehen, als hätte es die moderne Physik nicht gegeben und Kant hätte in allen Details, für alle Zeiten und in allen Winkeln des Denkens recht. Diese Situation stellt den Betreffenden kein gutes Zeugnis für den Stand ihrer Bildung aus.

Anders ausgedrückt: Es ist höchst blamabel, was sich hier abspielt, und dabei hat sich Heisenberg bereits 1928 die allergrößte Mühe gegeben, die Inhalte seiner Wissenschaft ohne mathematische Rückgriffe verständlich zu präsentieren. Er beginnt mit der Relativitätstheorie und bittet seine (überwiegend aus der philosophischen Fakultät stammenden) Zuhörer zunächst, darunter »nicht jenen Wust von populärer Literatur zu verstehen, die schließlich mit dem dummen Schlagwort ›Alles ist relativ‹ jede Diskussion unmöglich macht«.

Nebenbei sei angemerkt, daß in dem oben erwähnten Buch, das dem Leser des 21. Jahrhunderts »Bildung« verspricht, das von Heisenberg erwähnte dumme Schlagwort besonders dumm gebraucht wird, nämlich in der Form »Alles ist irgendwie relativ«. Man langt sich an den Kopf und fragt, warum viele Dichter und Denker Angst vor den Wissenschaften haben, deren Vertreter doch nur versuchen, über einen kleinen Teil der Wirklichkeit Sätze zu formulieren, und zwar über den Teil, »über den man sich einigen kann«, wie Heisenberg schreibt, um anschließend zu zeigen, wie das, was Einstein erkundet hat und was experimentell vielfach abgesichert ist, dem zentral widerspricht, was Kant meint (und seine Jünger bis heute als Wahrheit anbieten und preisen).

Zunächst faßt Heisenberg zusammen, was Kant in seiner »Kritik der reinen Vernunft« ausgearbeitet hat, wobei zu beachten ist, daß von einem Physiker selbstverständlich erwartet wird, philosophische Text zu kennen, während die dazu symmetrische Forderung, auch einmal eine physikalische Arbeit zu lesen, meist auf taube Ohren stößt. Kant zufolge ist der Raum eine notwendige Vorstellung, die allen äußeren Anschauungen der Menschen zugrunde liegt und ihnen vor jeder Erfahrung zur Verfügung steht – *a priori.* In diesem Raum gilt fraglos die Geometrie, wie sie bei Euklid nachzulesen ist, was zum Beispiel heißt, daß die Winkelsumme in jedem Dreieck 180 Grad beträgt und parallele Linien sich nicht schneiden. Und die Zeit ist ebenfalls eine notwendige Vorstellung *a priori,* die allen Anschauungen zugrunde liegt, woraus zum Beispiel folgt, daß die Behauptung »Verschiedene Zeiten können nicht zugleich sein« unabhängig von jeder Erfahrung richtig ist. Doch genau dies ist *nicht der Fall,* wie Einstein mit seiner Theorie der Relativität nachweist, deren zentrales Ergebnis in Hinblick auf die Zeit Heisenberg in der Einsicht zusammenfaßt, »daß dem Satz ›Zwei Ereignisse an verschiedenen Orten sind gleichzeitig‹ kein eindeutiger Sinn zugeordnet werden kann«. Und was den Raum angeht, so macht Einsteins Relativität klar, daß zwar der leere Raum euklidisch ist, daß aber ein Raum, in dem sich Materie (mit der dazugehörigen Masse) befindet, durch deren Anwesenheit gekrümmt wird. Der Raum, in dem wir leben, muß mehr wie die Oberfläche einer Kugel vorgestellt werden, und auf solch einem Parkett lassen sich leicht Dreiecke zeichnen, deren Winkelsumme größer als 180 Grad ist – zum Beispiel dadurch, daß man am Nordpol beginnt, bis zum Äquator geht, dort im rechten Winkel abbiegt, ein Stück auf ihm entlangläuft und dann wieder im rechten Winkel nach Norden abbiegt und bis zum Ausgangspunkt zurückläuft. Das gebogene Dreieck hat allein durch die beiden rechten Winkel die 180 Grad erreicht, die ihm auf einer euklidischen Ebene allein zustehen würden.

Mit dem Winkel am Pol selbst wird dieser Wert dann überschritten.

Es ist Heisenberg natürlich klar, daß Einsteins Ergebnisse nicht mit dem gesunden Menschenverstand zu fassen sind und seinen Ordnungskriterien eher fremd erscheinen. Aber er beschwört seine Zuhörer, der wissenschaftlichen Theorie zu vertrauen, denn bei dem, was sie sagt, handelt es sich »nicht um Vermutungen oder Spekulationen der Physik«. Vielmehr, so stellt Heisenberg klar, wissen wir »aus den Experimenten, daß der Zeitbegriff so *ist,* wie ich eben andeutete. Wir wissen das so sicher wie: ›Hier ist ein Saal.‹« Und dasselbe gilt mutatis mutandis für den gekrümmten Raumbegriff.

Mit anderen Worten, Kants Zeitbegriff ist der modernen Physik weder gewachsen noch angepaßt, und wenn sich die Formulierung, daß verschiedene Zeiten nicht zugleich sein können, nur auf den Spezialfall der physikalischen Zeit bezieht, dann wird die philosophische Auskunft sogar inhaltslos. Dasselbe Urteil muß für den Begriff des Raums ausgesprochen werden, für den Kant eine durchgängige Gültigkeit der Euklidischen Geometrie als gegeben sah. Genau dies wurde erneut von Einstein widerlegt, der einen Zusammenhang zwischen der Geometrie und den Gravitationskräften entdeckt hat. Wenn physikalische Massen auftauchen, verändern sie die Geometrie des Raumes, wie die Erfahrung zeigt. Die Materie krümmt, was ohne sie gerade ist, und den ersten experimentellen Beweis dafür haben die Physiker bereits 1919 geliefert.

Wieder mit anderen Worten – denen von Heisenberg: »Es liegt daher sehr nahe zu glauben, daß [die Kantschen *a priori*-Begriffe] letzten Endes gar nicht der reinen Vernunft entstammen, sondern eben der alltäglichen Erfahrung. Die Naturwissenschaften glauben also, daß der Teil unseres Denkens, der von Kant ›reine Vernunft‹ genannt wird, doch geformt ist durch die täglichen Erfahrungen, daß also die Schlüsse, die a priori und synthetisch scheinen, in Wirklichkeit Schlüsse a posteriori waren.« Und er fügt eine Unterscheidung hinzu, die auf den Künstler hinweist, der immer auch in Heisenberg am Werke ist:

»In früheren Zeiten glaubte man sauber unterscheiden zu können zwischen dem *Inhalt* unseres Denkens, den Erfahrungen, und der *Form* unseres Denkens«, doch »dies scheint jetzt nicht mehr richtig, vielmehr ist offenbar auch die *Form* unseres Denkens aufs innigste mit den alltäglichen Erfahrungen verknüpft; in welcher Weise, das ist noch ein ungelöstes Problem«, das er den Philosophen, bislang offenbar vergeblich, ans Herz gelegt hat, um sie abschließend zu einem »Roll over Kant« aufzufordern, wie man es in Anklang an das »Roll over Beethoven« der sechziger Jahre ausdrücken könnte.

Es ist spannend, sich die Situation in dem Leipziger Hörsaal genau vorzustellen, in dem Heisenberg seinen philosophiebeflissenen Zuhörern mit den physikalischen Theorien und Experimenten und seiner daraus folgenden erkenntnistheoretischen Kritik der »Kritik der reinen Vernunft« sehr viel auf einmal abverlangte. Wie muß dieser jugendliche Professor, der noch keine dreißig Jahre alt war, auf die eher ältlichen Herren im Philosophenrock gewirkt haben, als er von seinen Erfahrungen berichtet hat und in ihnen den so sehr verinnerlichten Glauben an die Kraft des reinen Denkens erschütterte? Vermutlich ist den meisten nicht klar genug ins Bewußtsein getreten, was Heisenberg vielfach betont, nämlich die überragende Bedeutung, die er dem Experiment, der Frage an die Natur, beimißt. »Aus unseren Experimenten wissen wir«, »wir wissen aus den Experimenten« – Heisenberg wiederholt so oft wie möglich, daß für einen Naturwissenschaftler von entscheidender Bedeutung ist, was einem Philosophen eher lästig erscheint, nämlich die empirische Überprüfung des bloß

Abbildung 25: Werner Heisenberg 1936 bei einem Vortrag in Kopenhagen; es geht um die Physik der Atomkerne und ihren Zerfall.

Gedachten und thesenartig Behaupteten. Er weiß, daß es auf die genaue Beobachtung der Natur ankommt, und er versteht in seiner ganzen Bedeutung, was Bohr auf der Skihütte in das Gleichnis vom Spülen gekleidet hat, daß es nämlich *drei* Elemente braucht, um sauberes Geschirr zu bekommen, und daß man dreckige Teller weder alleine mit Tüchern noch alleine mit Wasser reinigen kann.

»Kausalgesetz und Quantenmechanik«

Die moderne Physik – so macht Heisenberg deutlich – hat »für den gesunden Menschenverstand etwas höchst Überraschendes«, und diesen Tatbestand gilt es sich immer wieder ins Gedächtnis zu rufen. Was im Angelsächsischen »common sense« heißt, versteht Zeit und Raum sicher so, wie die klassischen Physiker es seit den Zeiten Newtons getan haben, nämlich als zwei Gegebenheiten, die mit dem Beiwort »absolut« zu belegen sind und in ihrer unangreifbaren Gradlinigkeit ungestört und unabhängig existieren. Doch die Relativitätstheorie hebt diesen Zustand auf, sie verknüpft, was der gesunde Menschenverstand getrennt hält, und verbindet nicht nur Raum und Zeit miteinander. Sie koppelt zudem die beiden Grundgrößen noch an die zwei anderen physikalischen Qualitäten, die das anorganische Geschehen weitgehend bestimmen, nämlich die Masse und die Energie. Mit diesem Vierergespann lassen sich sowohl die kosmischen als auch die irdischen Abläufe in den wissenschaftlichen Griff bekommen, wenn man zusätzlich kausale Verknüpfungen einführt, und zwar in Form der Naturgesetze.

Damit ist das Stichwort der Kausalität gefallen, mit dem der wahrscheinlich dickste Brocken bezeichnet wird, den der gesunde Menschenverstand verdauen muß, um die Quantentheorie zu verstehen. Die Hürde der Kausalität hat Heisenberg in seinem ersten Vortrag kaum gestreift und eher unterlaufen. Aber er äußert sich grundlegend und ausführlich zu dem Thema »Kausalgesetz und Quantenmechanik« auf einer »Tagung für exakte Erkenntnislehre«, die im Rahmen der 91. Versammlung der Gesellschaft Deutscher Naturforscher und Ärzte im September 1930 in Königsberg stattfindet.

Bevor näher auf seine Ausführungen eingegangen wird, darf angemerkt werden, daß die Versammlungen der Gesellschaft Deutscher Naturforscher und Ärzte – abgekürzt GDNÄ – von ihrem Anfang im frühen 19. Jahrhundert an auf das angelegt waren, was im Jargon unserer Tage als interdisziplinäres Gespräch bezeichnet wird. Es ging den Gründern darum, »in wahrem und tiefem Gefühl der Einheit der

Natur« alle Zweige des »beschreibenden, messenden und experimentierenden Wissens innigst miteinander« zu vereinigen, wie es einer ihrer ersten Präsidenten, Alexander von Humboldt, im Jahre 1828, noch zu Goethes Lebzeiten, formuliert hat. Humboldt sah in diesem gemeinsamen Gespräch die große Chance der Gesellschaft, »die schönsten Blüthen der Humanität, Wissenschaft und Kunst« hervorzubringen. Es ist nun keine Frage, daß der Physiker Heisenberg hundert Jahre später bei seinem Vortrag in Königsberg den Dreiklang im Ohr hat, den Humboldt in seinen Tagen vorgegeben hat. Und es ist ebenfalls keine Frage, daß Heisenberg genau bei diesen Gelegenheiten zu sich selbst gefunden hat und also aus sich herausgehen konnte. Hier war er Mensch, hier durfte er es sein, nämlich in den Augenblicken, in denen es nur darum ging, »dem geheimen Wirken der Naturkräfte nachzuspüren« und zu erleben, wie sich das Land »in seiner geistigen Einheit« offenbart, um auf die Worte zurückzugreifen, mit denen Alexander von Humboldt die 1828 in Berlin abgehaltene Versammlung der Gesellschaft Deutscher Naturforscher und Ärzte eröffnet hatte.

Etwas mehr als ein Jahrhundert später beginnt Heisenberg seinen Vortrag über den Begriff der Kausalität mit dem überraschenden Hinweis, daß er tatsächlich genau darüber redet, nämlich über einen *Begriff*. Er handelt nicht von physikalischen Meßergebnissen oder mathematischen Theorien. Vielmehr begibt er sich auf das Terrain der Philosophie, und dies hat Folgen. Denn nach dieser Vorgabe ist nicht mehr zu erwarten, so führt Heisenberg aus, daß die Frage nach der Gültigkeit des Kausalgesetzes, über die so viel im Zusammenhang mit der Unbestimmtheit gerätselt worden ist, sich »so einfach mit Ja oder Nein beantworten läßt«, wie es der gesunde Menschenverstand in seiner Schlichtheit gerne möchte. Bei dem Kausalgesetz geht es eben in erster Linie um Philosophie, auch wenn es ein Naturwissenschaftler ist, der die Arbeit der reinen Denker erledigt und dabei bemerken muß, daß »die bisherigen Formulierungen des Kausalgesetzes keinen rechten Sinn mehr haben, wenn man die neueste Entwicklung der Physik in Betracht zieht«, und genau dies soll im folgenden geschehen.

Mit dem vertrauten Begriff der Kausalität verbinden die meisten Menschen die Vorstellung, die in den vielfach zu hörenden Worten »Keine Ursache ohne Wirkung« ihren allgemeinverständlichen Ausdruck gefunden hat. Kausalität ist für uns immer gegeben, wenn in irgendeiner Form Energie übertragen wird – etwa die Energie der elektrischen Entladung, die bei einem Gewitter die Ursache der Wirkungen ist, die wir als Blitz und Donner erleben und die einen Baum spalten kann. Heisenberg erläutert zunächst, wie die Wissenschaft im Verlauf ihrer Geschichte den in einem derartigen Kausalgesetz behaupteten Zusammenhang schärfer formuliert hat, nämlich so:

»Wenn der Zustand der Welt zu einer bestimmten Zeit bekannt ist, so kann das zukünftige Verhalten und Geschehen ausgerechnet werden«, und zwar mit Hilfe der physikalischen Gesetze, die den Verlauf der Energie und ihrer Folgen angeben.

Wissenschaftler oder Philosophen, die sich mit diesem Satz identifiziert haben und ihn für richtig hielten, vertreten die klassische Haltung des Determinismus, die auch heute wieder durch die Köpfe spukt, wenn es um die Frage geht, ob die Gene eines Menschen bestimmen, was und wie er oder sie wird. Die vollständige Festlegung künftiger Ereignisse durch die naturgesetzlichen Zwänge und Zusammenhänge läßt auf den ersten Blick keinen Platz für Freiheit, und so schien die Naturwissenschaft bei allem Erfolg immer das Gespenst des Determinismus mit im Gepäck zu tragen. Heisenberg formuliert es zwar in seiner Rede auf die sanfteste und unauffälligste Weise, aber er hätte es auch deftiger tun können, denn mit der Quantenmechanik naht die Rettung, auch wenn dies eher unwahrscheinlich und vielleicht zunächst sogar komisch klingt.

Heisenberg will und kann zeigen, wie die Physik und die Menschen von dem erwähnten Gespenst befreit werden. Und der »Trick«, den er dazu anwendet, ist ganz einfach, denn in der Quantentheorie hat sich – der Unbestimmtheit sei Dank – herausgestellt, daß es »prinzipiell nicht möglich ist, alle zur Berechnung der Zukunft notwendigen Bestimmungsstücke eines isolierten Systems zu ermitteln«. Damit wird zwar die eben zitierte Fassung des Kausalgesetzes nicht als ungültig nachgewiesen, sie ist jetzt aber inhaltsleer und damit zugleich sinnlos. Sie ist so inhaltsleer wie der Satz »Alles, was geschieht, das mußte auch geschehen« oder wie eine Begriffskombination von der Art »Temperatur des Atoms«. Die meßbare Eigenschaft der Temperatur kann nämlich nur statistisch und also nicht für elementare Objekte definiert werden. Wenn die Temperatur eines Körpers verstanden wird als Ergebnis der Bewegung, die Atome in ihm ausführen, dann können Atome selbst keine Temperatur haben.

Heisenberg bietet seinen Zuhörern nun statt des klassischen Kausalgesetzes eine eingeschränkte Version an, die mit den Erfahrungen der Quantenphysik verträglich ist und in ihrem Rahmen sinnvoll bleibt. Sie lautet:

»Wenn die Bestimmungsstücke eines isolierten Systems zu einer gegebenen Zeit genau bekannt sind, so gibt es zu jeder späteren Zeit Experimente an diesem System, deren Resultate genau determiniert sind und vorausberechnet werden können, wenn das System keinen Störungen ausgesetzt ist, außer denen, die durch das genannte Experiment verursacht werden.«

Heisenberg gibt gerne zu, daß seine Formulierung »umständlich« ist, aber sie hat einen Vorteil, sie gibt nämlich »genau die Grenzen an, innerhalb deren die Quantenmechanik als kausale Theorie bezeichnet werden kann«. Dabei gilt es sich immer wieder klarzumachen, daß die Quantenphysik etwas Neues und sehr anders als die klassische Physik ist. Denn die moderne Atomtheorie handelt »nicht vom Wesen und Bau der Atome, sondern von den Vorgängen, die wir beim Beobachten des Atoms wahrnehmen«. Und dieser aktive Prozeß der Beobachtung kann nicht ein so passiver Gegenstand sein, wie ihn noch die klassische Physik mit ihrem Verlangen nach Objektivität – und damit nach Objekten – vor Augen hatte. Aus der Welt, die man früher mit den Naturgesetzen beherrschen wollte, ist in der Moderne sehr viel weniger geworden. Das Gespenst des Determinismus ist davongeflattert, nur einige wenige Spuren sind zurückgeblieben, die Heisenberg am Ende seines Vortrags so zusammenfaßt:

»Wenn zu einer Zeit ein System in allen Bestimmungsstücken bekannt ist, so gibt es auch zu jeder späteren Zeit Experimente an dem System, deren Resultat präzis vorhergesagt werden kann.« Und er fügt hinzu: »Ob man ein solches Verhalten noch kausal nennen soll oder nicht, scheint mir keine interessante Frage.«

Sie ist auf jeden Fall nicht so interessant wie die Frage, welche Erschütterung diese neue Physik für die Philosophie bedeutete, die doch meinte, daß Kausalität gerade nicht ein an der Erfahrung prüfbarer Zusammenhang von Ursache und Wirkung, sondern eine dem Menschen vor jeder Erfahrung zur Verfügung stehende – und damit unveränderliche – Denkform sei. Es war wieder Kant, der so geurteilt und die Kausalität als *a priori*-Kategorie bezeichnet und damit unabweislich festgelegt hat. In seiner »Kritik der reinen Vernunft« führt er sogar den »Beweis«, daß die Möglichkeit der Menschen, ihren Wahrnehmungen eine objektive Form zu geben, an die Forderung eines kausalen Zusammenhangs geknüpft sei. Das Prinzip von Ursache und Wirkung komme vor jeder Erfahrung und liefere erst die Grundlage, auf der Naturwissenschaft möglich sei.

So spricht bzw. schreibt der Philosoph, und er meint damit auch folgendes: Wenn das physikalische Geschehen an irgendeiner Stelle nicht determiniert erscheint, dann hat der Physiker die Aufgabe, so lange zu suchen, bis er das fehlende Bestimmungsstück entdeckt. Dies aber bedeutet, daß das, was Kant gesagt hat, durch keine Erfahrung widerlegt werden kann. Es sagt ja nichts über sie aus. Kants Kausalität ist folglich inhaltsleer und damit uninteressant.

Doch so deprimierend dies auch klingt, es kommt noch schlimmer. Kants Kausalität ist nämlich darüber hinaus unzweckmäßig, wie die Physiker mit der Quantenmechanik und ihrer Unbestimmtheit verstanden haben. In den Worten ihres Entdeckers:

»Die Unbestimmtheitsrelationen zeigen fürs erste, daß eine genaue Kenntnis der Bestimmungsstücke, die in der klassischen Theorie zur Festlegung eines Kausalzusammenhangs notwendig sind, in der Quantentheorie unmöglich ist. Die weitere Folge der Unbestimmtheit ist, daß auch das künftige Verhalten eines derart ungenau bekannten Systems nur ungenau, d.h. statistisch vorhergesagt werden kann. Es ist einleuchtend, daß durch die Unbestimmtheitsrelationen die Grundlage für das präzise Kausalgesetz der klassischen Physik verlorengeht.«

Es ist also auf keinen Fall die Aufgabe der Physiker, irgendwelche fehlenden Bestimmungsstücke zu suchen – verborgene Parameter –, mit denen die Unbestimmtheit hintergangen oder aufgehoben werden kann. Es ist vielmehr »die Aufgabe der Philosophie, sich mit der neuen Sachlage abzufinden«, wie Heisenberg kurz nach seinem dreißigsten Geburtstag im »Berliner Tageblatt« ungewöhnlich keck schreibt, als ihn die Herausgeber um einen Artikel gebeten hatten, der die »Probleme der modernen Physik« schildert. Und diese neue Situation ist doch wie geschaffen für einen frischen und originellen philosophischen Zugriff. Die ihn Ausführenden könnten sich zum Beispiel darüber wundern, daß Physiker über einen mathematischen Apparat (mit imaginärer Dimension) verfügen, in der von der Unbestimmtheit der (realen) Vorgänge nichts zu spüren ist, daß sie zudem genaue Grenzen für die Anwendbarkeit von Worten wie Ort und Geschwindigkeit kennen und daß sie damit einen Bereich des Unanschaulichen erobert haben, unter dem nichts mehr sein kann, was sich sinnvoll erkunden läßt.

Mit anderen Worten (erneut denen von Heisenberg): »Die moderne Atomphysik hat zum ersten Mal gezeigt, wie ein Abschluß der Welt im kleinen prinzipiell denkbar ist.« Die Quantentheorie spannt also ein Netz vor dem großen Nichts, das wir alle fürchten, und ihr gelingt dies, weil sie ein kleines Nichts an den Anfang stellt. Sie hat dies zwar vor hundert Jahren getan, aber wir wundern uns noch immer nicht genug darüber – vor allem nicht in den Bereichen des Denkens, in denen früher einmal das Wundern erfunden worden ist.

»Zur Geschichte der physikalischen Naturerklärung«

Bereits vor seinem 31. Geburtstag wird Heisenberg noch mutiger, was die öffentliche Darstellung seiner Wissenschaft angeht; er zögert nicht einmal mehr, ihr den Charakter des Wundersamen zuzuschreiben. In einem Vortrag, der im November 1932 vor der Sächsischen Akademie der Wissenschaften stattfand und die »Geschichte der physikalischen Naturerklärung«

zum Thema hat, weist er auf das »außerordentliche Erlebnis« hin, das den Zeitgenossen Newtons bereitet wurde, als dessen Genie zwei völlig getrennte Gebiete der Erfahrung – nämlich die des Himmels und die der Erde – in einer einzigen Gesetzmäßigkeit zusammenfassen konnte, die zudem einfach dargestellt werden konnte, nämlich in einigen wenigen Gleichungen. Heisenberg bemerkt dazu: »Wer nicht selbst ein wenig von der Bedeutung dieses Wunders verspürt hat, kann nie hoffen, etwas vom Geist der modernen Naturwissenschaft zu verstehen.«

Zwar kann dieser Satz für sich selbst sprechen, und das von Heisenberg Gemeinte bedarf keiner Auslegung. Doch scheint der Hinweis nicht unangebracht, daß es genau dieses Spüren des Besonderen und Wunderbaren ist, welches den heutigen Studenten der Physik nicht mehr beigebracht wird. Sie fühlen nichts von der Physik, die sie betreiben sollen, und so kommt ihnen zum einen nicht die Einseitigkeit ihres Vorgehens in den Sinn, und so bekommen sie zum zweiten auch nichts von dem Geist zu fassen, der ihre Wissenschaft in ihren großen Tagen erfüllt hat und den sie wieder benötigt. Tatsächlich nehmen Studenten inzwischen nicht nur als schlichte Rechenübung hin, was für Newtons Zeitgenossen einem Wunder gleichkam, sie lassen sich auch in völliger Gleichgültigkeit die Grundgleichungen der Quantentheorie vorlegen, ohne auch nur die geringste Ahnung von dem geistigen Abenteuer zu spüren, das hinter ihrer Entdeckung steht. Natürlich erwartet niemand von einem Touristen, seine Urlaubsreise mit derselben Erregung und ähnlichen Gefühlen anzutreten, mit denen Seeleute wie Kolumbus oder Flieger wie Lindberg sich auf ihren Weg gemacht haben. Aber wenn die Studenten der Physik nicht zu bloßen Konsumenten ihrer Wissenschaft verkümmern wollen, dann muß sich an der Lehre (und an den Lehrern) etwas ändern – wenn Heisenberg recht hat mit dem, was oben zitiert wurde und was an dieser Stelle nicht bezweifelt wird.

Die innere Erregung, die sich mit einer Entdeckung wie Newtons Himmelsmechanik oder Heisenbergs Quantenmechanik verbindet, kann nur vermittelt werden, wenn man sich in der Lehre nicht auf die Vermittlung des gängigen Handwerkszeugs beschränkt, wie es leider immer noch und nur der Fall ist, sondern wenn immer auch die humane Dimension des jeweils Erkannten angesprochen und erörtert wird. Heisenberg zeigt, wie dies aussehen und gelingen könnte, indem er sich das von Newton vollbrachte Wunder genauer anschaut und im Anblick des Erreichten fragt, ob man durch Newtons Entdeckungen die Bewegungen der Sterne »wirklich besser als früher verstehen kann«.

Früher – damit ist die Antike und genauer die Zeit gemeint, in der Platon lebte und in der das Wort vom Kosmos aufkam, weil den Menschen erste Regelmäßigkeiten (Gesetzmäßigkeiten) am Himmel aufgefallen waren. Sie verlangen nach einer Begründung, und darum kümmert sich Platon. In seinem Dialog »Timaios« versucht der Philosoph mit mathematischen Neigungen die Planetenbewegung zu »erklären«, indem er »beseelte Bänder« einführt, die ihre Sterne zusammenhalten und diese »zu lebendigen Wesen« machen, die »des ihnen Aufgetragenen« innewerden. Auf diese plastisch leicht vorstellbare Weise gehen sie herum, »indem sie teils eine größere, teils eine kleinere Kreisbahn umschreiben«, wie Heisenberg bei Platon liest, der sich anschließend sogar noch bemühte, Details über die Geschwindigkeiten anzugeben.

Die entsprechende Stelle, die sich wissenschaftlich um denselben Tatbestand bemüht, lautet in einem damals modernen und verbreiteten Lehrbuch der Astronomie Heisenberg zufolge so:

»Die Planeten bewegen sich um die Sonne und müssen demnach einer gegen die Sonne gerichteten Kraft gehorchen. Diese Kraft kann nichts anderes sein als die Gravitation, die Anziehung der Sonne selbst. Eine einfache Rechnung nach Keplers drittem Gesetz zeigt, daß die Kraft, mit der die Planeten gegen die Sonne gravitieren, sich umgekehrt wie die Quadrate ihrer mittleren Entfernungen verhält. [...] So verschwand alles Geheimnisvolle aus den himmlischen Bewegungen, und die Planeten erwiesen sich einfach als schwere Körper.«

Heisenberg kommentiert diese Passage, indem er auf drei charakteristische Züge hinweist, durch die sich die moderne physikalische Erklärung von den philosophisch erläuternden Bemühungen Platons unterscheidet: Die Wissenschaft ersetzt zuerst die qualitative Aussage durch eine quantitative; sie führt danach verschiedene Phänomene auf den gleichen Ursprung zurück; und sie verzichtet zuletzt auf die spannende Frage nach dem »Warum«, um sich mit dem »Wie« zu begnügen.

Nun braucht nicht betont zu werden, daß Newtons Mechanik mit dem Bewegungen am Himmel für alle praktischen Fragen unendlich viel besser zurechtkommt als das System der Erklärungen, das seine antiken Vorgänger vorgeschlagen und verwendet haben. Aber wir vergessen leicht, daß die Welt nach diesem Erfolg leblos und tot erscheint, und es gibt bedeutende Naturforscher, die meinen, daß es auf diese Weise nicht gelingen kann, eine Wissenschaft zu schaffen, die zu den Menschen spricht. »Nicht durch Stoßen und Schlagen schafft ihr die Welt«, so zitiert Heisenberg Lorenz Oken, den Gründer der GDNÄ, »sondern durch Beleben.« Und Heisenberg empfiehlt, diesen Gedanken ernster zu nehmen, als es üblich geworden ist. Er selbst will dies versuchen, indem er mit offenem Herzen prüft, ob das, was er und seine Kollegen heute tun, »als konsequente Fortsetzung der Jahrtausende alten Bemühungen des Menschen um ein Verständnis der Natur betrachtet werden kann«. Dabei macht er einen Vorschlag, der überaus modern klingt und damals wohl kaum verstanden wurde. Heisenbergs Hinweis kann in seiner Bedeutung wahrscheinlich erst in unserer Gegenwart richtig eingeschätzt werden. Es lohnt sich nicht nur deshalb, ihn genau zu beachten, und man wundert sich, warum dies nicht schon längst in großem Umfang geschieht.

Heisenberg beklagt, daß »es üblich geworden ist, den Werdegang der Naturwissenschaften als eine Kette glänzender und überraschender Entdeckungen zu sehen, deren innerer Geist durch das Instrument der Mathematik erschlossen werden kann«. Es scheint ihm aber wichtig, gegen diese Tradition zu steuern und »einmal einen anderen, weniger in die Augen fallenden Zug in der Entwicklung der Naturwissenschaften hervorzuheben, der einem sorgfältigen Beobachter ihres Werdegangs nicht entgehen kann« und der den Naturwissenschaften ein »inneres Gleichgewicht« verleiht.

»Fast jeder Fortschritt der Naturwissenschaften ist mit einem Verzicht erkauft worden«, betont Heisenberg am Anfang seiner Rede, wobei er mit immer nachdrücklicheren – und letztlich bedrückenden – Worten erläutert, welchen Verzicht er genau meint. Erst spricht er davon, daß »Begriffsbildungen aufgeopfert werden«, dann sagt er, daß »die Ansprüche der Naturforscher auf ein Verständnis der Welt im ursprünglichen Sinne« immer mehr schwinden, und zuletzt heißt es:

»Der Fortschritt der Naturwissenschaft wurde erkauft durch den Verzicht darauf, die Phänomene in der Natur unserem Denken durch Naturwissenschaft unmittelbar lebendig zu machen.«

Zur Erinnerung – hier redet kein frustrierter Physiker der Moderne. Hier redet vielmehr einer der erfolgreichsten Naturforscher der ersten Hälfte des 20. Jahrhunderts (und wahrscheinlich darüber hinaus). Wir schreiben das Jahr 1932, in dem das Neutron entdeckt worden ist und in dem sich für Heisenberg und seine Mitsucher der Weg zu erkennen gibt, auf dem nicht nur das Atom in seiner ganzen Gestalt, sondern auch der Atomkern in seiner massiven Form verstanden werden kann. Doch so unanschaulich die Zonen sind, die den theoretischen Wissenschaftlern mit ihren mathematischen Werkzeugen zugänglich sind, Heisenberg vergißt nicht, daß jede Suche nach Wissen mit der Wahrnehmung beginnt und daß es schon bei diesem Vorgang zu einer »Selbstbeschränkung des Ich« kommt, wie die Philosophen der Romantik die Tatsache genannt haben, daß jede Wahrnehmung der Natur zu einer Auswahl gezwungen ist und jeder Blick, der etwas sieht, zur gleichen Zeit etwas anderes übersieht.

Heisenberg unternimmt es im folgenden, diese »Selbstbeschränkung«, »die mit jeder neuen physikalischen Erkenntnis zwangsläufig verbunden ist«, in ihrem historischen Verlauf zu studieren, um »ein Gefühl für den Grad der Notwendigkeit« zu bekommen, »mit dem der Weg der Naturwissenschaften im Laufe der Geschichte vorgeschrieben war«.

Eine zentrale Ordnung?

Heisenberg stellt hier eine ungeheuer spannende Frage, die von modernen Kritikern der Wissenschaft neu entdeckt worden ist und unter den Stichworten des »Konstruktivismus« bzw. der »sozialen Konstruktion« abgehandelt wird. Dabei fragen sie nach der Unvermeidlichkeit wissenschaftlicher Theorien und Vorstellungen, und während sie dies tun, decken sie das ganze Spektrum der Forschung von der grundlegenden Physik der Quarks bis zu der biomedizinischen Genetik und ihrer klinischen Anwendung ab.

Wir können auf dieses weite und offene Feld nur hinweisen und müssen auch darauf verzichten, Heisenberg bei seinen Erkundigungen der oben gestellten Frage im Detail zu folgen. Gerade deshalb soll an dieser Stelle zur Lektüre seiner historischen Analysen eingeladen werden, die Heisenberg im übrigen all seinen Fachkollegen empfiehlt. Er ist nämlich der Ansicht, daß ein Suchen nach dieser inneren Notwendigkeit des eigenen Tuns und ein Einlassen auf die dazugehörigen Einsichten »die moderne Naturwissenschaft vor dem Vorwurf der Einseitigkeit und Überheblichkeit« schützt, wie es ihm geboten scheint. Heisenberg sieht sich hier, ohne daß der Name fällt, in der Tradition Alexander von Humboldts, der die Freiheit der Forschung immer nur vor dem Hintergrund der Unvermeidlichkeit des wissenschaftlichen Menschen sah. In unseren europäischen Breiten »kann man nicht nicht wissen wollen«, wie im 20. Jahrhundert gesagt worden ist. Heisenberg muß nicht nur in dieser Hinsicht als Gefolgsmann Humboldts gelten. Hinzu kommen auch die angesprochene Empfindsamkeit für das Naturgeschehen und die hier vorgestellte unbedingte Bereitschaft zur gebildeten Popularisierung von Wissenschaft.

Die Idee, daß der Weg der Naturwissenschaften uns vorgeschrieben sein könnte, führt zu der Frage, wer diese der menschlichen Wahrnehmung zunächst sicher unzugängliche Instanz sein könnte, die das tut, wo sie sitzt und wie wir uns ihr nähern könnten. Heisenberg hat sich – bis auf seine allgemeinen Hinweise auf eine zentrale Ordnung in einem zentralen Bereich, an die beide er fest glaubt – dazu nicht in erhellender Weise geäußert. Dafür hat sein kritischer Freund Pauli an dieser Stelle mehr gewagt. Pauli hat das Konzept der Archetypen aufgegriffen und die Vorstellung übernommen, auf die hingewiesen worden ist, als Heisenberg (auf Helgoland) sich durch den festen Glauben an die Gültigkeit des Energiesatzes beim Weg in die neue Quantenwelt orientierte.

Pauli nahm an, daß es eine Ebene des Wirklichen gibt, auf der die Unterscheidung zwischen dem Materiellen und dem Immateriellen – also zwischen Körper und Geist – keinen Sinn macht und auf der die Gegebenheiten angesiedelt sind, die für die von Menschen erfahrenen Ordnungen sorgen. In Übereinstimmung mit der psychologischen Literatur und der Wissenschaftsgeschichte nennt Pauli diese einheitsstiftenden und ganzheitlichen Formen »Archetypen«. Es sind Urformen oder Urgegebenheiten, die sich in zwei Richtungen entfalten können: in die Richtung der Psyche, in der sie zu inneren Bildern werden, und in die Richtung der Physis, in der sie zu Naturgesetzen werden. Heisenberg kennt die von Pauli mehr privat bzw. in Briefen geäußerte Auffassung, die ihr historisches Vorbild in Johannes Kepler hat, und Heisenberg spricht selbst öffentlich über die Vorstellung von Archetypen, aber erst 1971, als er sich über »Die Bedeutung des Schönen in der exakten Naturwissenschaft« äußert. Leider stellt er bei dieser Gelegenheit Paulis Ansicht nur vor, und ein Bekenntnis für oder gegen diesen Ansatz sucht der Leser vergebens. Die so früh – nämlich bereits 1933 – und öffentlich gestellte Frage nach dem Hintergrund, vor dem die Naturwissenschaft angetreten ist, läßt Heisenberg sein Leben lang offen. Man kann dies bedauern, sollte aber bedenken, daß die mit dieser Einstellung verbundene philosophische Bescheidenheit Heisenbergs, die ihn weitgehend auf besondere Bekenntnisse verzichten ließ, auch einen Gewinn bringt. Denn sie ist es, die seine Texte über die Wissenschaft und ihre Geschichte so ungewöhnlich lesbar macht.

Zwei Farbenlehren im Lichte der modernen Physik

Einer von Heisenbergs Versuchen, den Weg der Naturwissenschaften nachzuzeichnen, gilt der Wissenschaft, die sich mit dem Gang das Lichts beschäftigt, also der Optik. In einem kurzen Abriß zeigt er, wie die Physik hier vorangekommen ist. Sie hat mit Newtons Zerlegung des weißen Sonnenlichts in das bunte Farbenspektrum angefangen, sie ist fortgefahren mit Überlegungen über Wellenbewegungen in einem Lichtmedium namens Äther, und sie hat ihren klassischen Höhepunkt mit der Deutung des Lichts als elektromagnetische Welle erfahren. Was früher eine Empfindung war, wird in der Wissenschaft durch die Schwingungen von elektrischen und magnetischen Feldern ersetzt. Mit Heisenbergs Worten:

»Auch hier sehen wir deutlich, daß die Naturwissenschaft immer mehr auf ein Lebendigmachen des sinnlich unmittelbar gegebenen Phänomens verzichtet und nur den mathematisch-formalen Kern des Vorgangs herausschält.«

Er fährt ein paar Absätze weiter fort:

»Dieser Verzicht auf Lebendigkeit und Unmittelbarkeit, der die Voraussetzung war für die Fortschritte der Naturwissenschaften seit Newton, bildet auch den eigentlichen Grund für den erbitterten Kampf, den Goethe gegen die physikalische Optik Newtons in seiner Farbenlehre geführt hat.«

Die Selbstverständlichkeit, mit der der junge Heisenberg interdisziplinär denkt, zeigt sich darin, daß er seine Kollegen – er spricht vor den Mitgliedern der ehrwürdigen Sächsischen Akademie der Wissenschaften in Leipzig – darauf hinweist: »Es wäre oberflächlich, diesen Kampf als unbedeutend zu vergessen.« Und es wäre erst recht unsinnig zu denken, daß Newton sich doch durchgesetzt und Goethe vergessen gemacht habe. Heisenberg denkt anders. Für ihn hat es »seinen guten Sinn, daß einer der größten Menschen alle Kraft daransetzte, die Fortschritte der Newtonschen Optik zu bekämpfen«.

Trotz seiner ungewöhnlichen Sympathie für Goethe verzichtet Heisenberg 1933 nicht auf eine Kritik an dem Dichter. Doch sie bezieht sich nicht auf Goethes Unverständnis für physikalische Gesetze, sondern auf seinen »Mangel an letzter Konsequenz«. Goethe hätte – Heisenberg zufolge – »nicht nur die *Ansichten* Newtons bekämpfen sollen, sondern sagen müssen, daß die ganze Physik Newtons: Optik, Mechanik und Gravitationsgesetz vom Teufel stammt«.

Damit ist der Grundton angeschlagen, der sich bis 1941 zu einem längeren Stück erweitert, womit gesagt sein soll, daß Heisenberg im Mai 1941, also mitten im Krieg, nach Ungarn – genauer: in die Hauptstadt Budapest – reist, um dort auf Einladung der »Gesellschaft für kulturelle Zusammenarbeit« über das eben angetippte Thema (auf deutsch) zu sprechen, ausführlich über »Die Goethe'sche und die Newton'sche Farbenlehre im Lichte der modernen Physik«.

Natürlich kann nicht von den äußeren Umständen abgesehen werden, unter denen dieser Vortrag stattgefunden hat, der noch im selben Monat in einer Zeitschrift mit dem heute eher unheilvoll klingenden Titel »Geist der Zeit – Wesen und Gestalt der Völker« veröffentlicht wurde. Aber dies soll nicht in Hinblick auf die mögliche Instrumentalisierung Heisenbergs als Propagandamittel geschehen, sondern durch Hinweis auf die Tatsache, wie weit sich Heisenberg bei diesem Bemühen von seiner eigentlichen Aufgabe, der Entwicklung von Atomwaffen, entfernt. Es ist die Zeit seines 40. Geburtstags, und er zieht sich in sich selbst zurück. In den Jahren 1941/42 verfaßt er ja nicht nur den noch vorzustellenden Budapester Vortrag, er skizziert auch seine sehr persönlichen Gedanken über eine »Ordnung der Wirklichkeit«, bei deren Abfassung er sich stark an Goethe orientiert. Und er arbeitet an einem umfangreichen Text über »Die Einheit des naturwissenschaftlichen Weltbildes«, der 1942 als Leipziger Universitätsrede publiziert worden ist.

Es ist dabei nicht nur erstaunlich, es ist »bewundernswert zu sehen, wie Werner Heisenberg, der berühmte Naturwissenschaftler des 20. Jahrhunderts, [in diesen gefährlichen und einsamen Jahren] über die Grenzen seiner Wissenschaft nachdachte und eingestand, daß es auch noch andere, gleichberechtigte Betrachtungsweisen über die Natur und unseren Platz darin gibt als den kühlen, oft ausbeutenden Rationalismus derjenigen, die seit Bacon [im 17. Jahrhundert] der Ansicht sind, daß Wissen Macht bedeute«, wie Heisenbergs Biograph Cassidy schreibt, der ansonsten nicht viel Sympathie für die philosophischen Ansichten und schwärmerischen Elemente seines Helden aufbringt – eines Mannes, der doch so tief in der Politik stecken und Kernreaktoren und Schlimmeres bauen sollte.

Heisenbergs Budapester Analyse der beiden komplementären Farbenlehren (vgl. weiter unten) ist im übrigen ein solcher Erfolg gewesen, daß die Frage lohnt, ob sich daraus nicht etwas allgemein für die aktuellen Bemühungen um ein *public understanding of science* lernen läßt. Es scheint, die Öffentlichkeit versteht Wissenschaft – versteht ihren Platz in der Wissenschaft – am besten, wenn sie und ihre Einsichten den Bemühungen der Kunst bzw. der Künstler gegenübergestellt werden. Genau dies tut Heisenberg, der wie Goethe vor ihm »den Kampf für eine lebendigere Naturwissenschaft« und damit für eine humanere Wissenschaft wagen will.

Natürlich weiß Heisenberg, daß Newtons Art, die Farben zu erklären, sich in der Forschung durchgesetzt hat, aber er nennt auch den Preis dafür, nämlich »die befremdende Abstraktheit der Vorstellungen«, die wir dabei von der Natur entwickeln und die uns gestatten, sie zu beherrschen. »Lebendig« heißt das Attribut, das Heisenberg gerne benutzt, wenn er auf Goethes Umgang mit der Natur zu sprechen kommt. Da finden sich »lebhafte Schilderungen« dessen, was er »lebendig mit seinen Sinnen« aufnimmt, der die »lebendige Berührung mit der Natur« sucht, um des »lebendigen Eindrucks von der Welt« sicher zu sein. An dieser Aufzählung ist vor allen Dingen bemerkenswert, daß sie für einen Naturforscher moderner Prägung nicht mehr zutrifft. Sie haben »die lebendigen Regionen« verlassen und ihre »Beziehungen zum Leben selbst« verloren. Anders ausgedrückt: Heisenberg stellt bereits kurz nach 1940 fest, was das allgemeine Bewußtsein frühestens in dem Jahrzehnt seines Todes erreichte, daß nämlich die Naturwissenschaften wenig mit der lebendigen Natur zu tun haben und ihr so fremd und hilflos gegenüberstehen wie der ebenfalls sehr lebendigen Öffentlichkeit.

Dieses Problem kannte Heisenberg nicht, der seinen Zuhörern zunächst erläutert, daß Goethe und Newton zwar dieselbe Intention haben – nämlich ihre Untersuchung mit der einfachsten Erscheinung zu beginnen –, damit aber etwas völlig Verschiedenes meinen: »Die einfachste Erscheinung der Newtonschen Theorie ist der engbegrenzte, einfarbige Lichtstrahl, der durch komplizierte Vorrichtungen von Licht anderer Farbe und anderer Richtung gereinigt ist. Der einfachste Begriff der Goetheschen Lehre ist das helle, um uns flutende Tageslicht.«

Was für Goethe einfach ist – das uns gegebene weiße Licht der Sonne –, ist für Newton zusammengesetzt, nämlich aus all den Farben, die er mit einem Prisma auftrennen kann. Und was für Newton einfach ist – nämlich ein Lichtstrahl, der durch eine Wellenlänge (und damit durch eine Farbe) charakterisiert werden kann –, ist für Goethe kompliziert, nämlich am Ende eines Vorgangs, zu dem verschiedene technische Hilfsmittel eingesetzt werden müssen. Während Newton die

Teile sucht, sieht Goethe das Ganze; während Goethe das Sehen bedenkt, analysiert Newton das Licht – und auf diese Weise tragen beide zum Verständnis dessen bei, was die Farben sind, mit denen wir Menschen die Welt schmücken. Während Goethe kaum in der Lage ist, optische Phänomene zu erklären – zum Beispiel den Regenbogen oder die Farben, die Ölschichten auf Wasser hervorbringen –, kann Newton wenig zu den Wirkungen sagen, die Farberscheinungen auf Menschen ausüben. Die beiden sich widersprechenden und gleichzeitig ergänzenden (komplementären) Farbtheorien sind ja auch aus völlig anderen Gründen entstanden. Während Goethe eine Theorie für die Kunst beabsichtigte und die Harmonie der Farben auf Gemälden erfassen wollte, bestand Newtons Bestreben darin, den Weg zu verstehen, den das Licht zurücklegt, wenn es Entfernungen überwindet und dabei auf Hindernisse trifft. Was passiert, wenn Licht in ein Auge fällt? Das wollte Newton wissen, und er versuchte, eine Antwort zu geben, in der er selbst nicht vorkam. Was passiert, wenn Licht in *mein* Auge fällt? Das wollte Goethe wissen, und er versuchte, eine Antwort zu geben, mit der er »die unmittelbare Wahrheit des sinnlichen Eindrucks gegen die Angriffe der Wissenschaft« retten konnte.

Mit diesen Worten zitiert Heisenberg eine Bemerkung, die Hermann von Helmholtz im 19. Jahrhundert zu dem hier verhandelten Thema gemacht hat. Heisenberg greift diesen Gedanken auf, stellt sich doch die von Helmholtz formulierte Aufgabe im 20. Jahrhundert »dringender denn je, denn die ganze Welt wird verwandelt durch die ungeheure Erweiterung unserer naturwissenschaftlichen Kenntnisse und durch den Reichtum der technischen Möglichkeiten, der uns ... teils als Geschenk, teils als Fluch gegeben ist. Daher sind in den letzten Jahrzehnten immer wieder warnende Stimmen laut geworden, die zur Umkehr raten. Sie weisen darauf hin, daß dieser Abkehr von der unmittelbaren sinnlich gegebenen Welt und der damit verbundenen Teilung der Welt in verschiedene Bereiche schon jetzt eine große Zersplitterung des Geisteslebens gefolgt sei, und daß wir uns mit der Entfernung von der lebendigen Natur gewissermaßen in einen luftleeren Raum begeben, in dem kein weiteres Leben möglich sei.«

Heisenberg sieht offenbar früher als seine Zeitgenossen die Gefahren der Naturwissenschaften, die heute immer deutlicher zutage treten und in das allgemeine Bewußtsein dringen, weil wir immer weniger die Natur selbst und immer mehr die durch unsere Tätigkeit veränderte Natur anschauen. Nun braucht nicht betont zu werden, daß warnende Stimmen leicht und leichtfertig überhört werden, wenn der Zug des Fortschritts neue Länder und Regionen erreicht und Gebiete erschließt, in denen Schätze zum Nutzen der Menschen zu erwarten sind. Naturwissenschaft und Technik werden sich nach ihren ursprünglichen Vorgaben weiterentwickeln, denn »ebensowenig, wie irgendwelche Grenzpfähle den Zug in die fremden Länder hindern konnten, wird auch der Weg der Technik durch äußere Hindernisse aufzuhalten sein. Nur die Natur selbst«, so Heisenberg, »kann diesem tätigen Vorwärtsdringen in ihre entlegensten Bereiche dadurch Einhalt gebieten, daß sie uns zeigt, daß auch das hier zu erobernde Land nicht unendlich ist. Der wichtigste Zug der modernen Physik besteht vielleicht eben darin, daß sie uns klarmacht, wo die Grenzen unseres aktiven Verhaltens zur Natur liegen.«

Heisenberg erinnert in diesem Zusammenhang an Goethes bekannten und in Festreden vielfach zitierten Hinweis, daß das, was die Physiker mit ihren Apparaten beobachten, nicht mehr die Natur sei. Aber er gibt diesem Gedanken eine positive Wendung, indem er sagt, daß es dann »lebendigere Bereiche« der Natur geben muß, die der naturwissenschaftlichen Methode nicht zugänglich seien:

»In der Tat werden wir gerne glauben, daß die Naturwissenschaft dort, wo sie sich nicht mehr der leblosen, sondern der belebten Materie zuwendet, immer vorsichtiger werden muß mit den Eingriffen, die sie zum Zwecke der Erkenntnis an der Natur vornimmt. Je weiter wir unseren Wunsch nach Erkenntnis auf die höheren, auch die geistigen Bereiche des Lebens richten, desto mehr werden wir uns mit einer nur aufnehmenden, betrachtenden Untersuchung begnügen müssen.«

»Die Einheit des naturwissenschaftlichen Weltbildes«

Die Naturwissenschaft soll also dort, wo sie sich nicht mehr der leblosen, sondern der belebten Materie zuwendet, »immer vorsichtiger werden«, und zwar allein schon mit den Eingriffen, die sie zum Zwecke der *Erkenntnis* an der Natur vornimmt. Was hätte Heisenberg erst gesagt über Eingriffe, die sie zum Zwecke der *Verbesserung* der Natur selbst vornimmt, wie sie heute, sechzig Jahre nach der oben zitierten Empfehlung, immer wieder erörtert und anvisiert und sicher bald auch konkret eingeleitet und durchgeführt werden. Es darf an dieser Stelle – in aller Bescheidenheit – darauf hingewiesen werden, daß es ein Vertreter der Wissenschaft selbst – einer aus ihrem innersten Kreis – gewesen ist, der vor allen anderen, die von außen zuschauen und nicht die Verantwortung der Wissenschaft kennen, auf Grenzen hinweist, die nicht überschritten werden sollen, und der immer wieder seiner Hoffnung Ausdruck gibt, daß es solche Grenzen von (der) Natur aus gibt. Und dieser Wissenschaftler, also Heisenberg, begründet diese Selbstbeschränkung nicht mit der Angst vor einem konkreten Mißbrauch, sondern aus einer Einsicht in viel tiefere Zusammenhänge heraus; die Einsicht hat mit dem Konzept zu tun, das er in einem Manuskript aus dem

Jahre 1942 »Die Einheit des naturwissenschaftlichen Weltbildes« nennt. Der Text bildet die Grundlage für einen »öffentlichen Vortrag des ordentlichen Professors für theoretische Physik«, der Heisenberg damals war, gehalten am 26. November 1942 im Auditorium Maximum der Universität Leipzig.

Heisenberg ist sich bei dieser Gelegenheit sehr wohl darüber im klaren, daß sich – mitten im Zweiten Weltkrieg – vor seinen Augen und denen der Zuhörer vor allem das äußere Bild der Welt ändert. Aber so schnell und gewaltig sich die dabei ablaufenden Vorgänge auch vollziehen und im Alltag auswirken, es lohnt sich immer, auch die zwar langsamen, aber langfristig wirksamen inneren, geistigen, Veränderungen anzusehen, in denen man Trost finden und aus denen man Hoffnung schöpfen kann. Darauf will Heisenberg hinaus. Ihm geht es nicht nur um die Entwicklung der Physik, die zu einem mechanischen Weltbild geführt hat, und zwar in ihren Kreisen und unter ihren Vertretern. Heisenberg geht es um ein Bild der Welt, das aus den Naturwissenschaften heraus in den Köpfen aller Menschen erscheint und dann bestimmt, wie in einer Gesellschaft zu einer bestimmten Epoche gedacht und gehandelt wird. Nun kann seiner Ansicht nach frühestens in der zweiten Hälfte des 19. Jahrhunderts von solch einem einheitlichen Weltbild gesprochen werden, als die Wissenschaften schon ihre erste Spezialisierung erfahren hatten und es unter anderem neben der Physik eine tatkräftige Chemie gab, die eine Großindustrie ermöglicht hatte; in der sich weiter eine systematische Geologie aufbaute, die das Alter der Welt erkundete; und in der eine vergleichende Biologie ihren Anfang nahm, die mit der Tiefenzeit der Erdgeschichte dem Gedanken der Evolution nähertreten konnte.

Damals erschien so etwas wie eine *Welt der Wissenschaft* am Horizont. Heisenberg zufolge bestand die Welt in einem Rahmen der Physik »aus Dingen im Raum, die sich in der

Zeit durch Wirkung und Gegenwirkung gesetzmäßig veränderten. Die Veränderung vollzog sich durch ihre Bewegung im Raum, auch etwa durch eine innere Bewegung einzelner Teile, und durch den Wechsel der materiellen Qualitäten (der Farbe, der Temperatur, der Festigkeit), wobei vielleicht die Änderung der Qualitäten wieder auf die Bewegung der kleinsten Teile, der Atome, zurückzuführen war.«

Heisenberg erinnert daran, daß für dieses Weltbild allerdings ein Preis bezahlt werden mußte. Zum einen wurde der (möglicherweise romantische) Glaube an die Eigengesetzlichkeit des Lebens aufgegeben (Vitalismus), und zum zweiten bot sich in ihm kaum eine Möglichkeit, die Wirklichkeit der geistigen Vorgänge angemessen einzuordnen. Doch da mit dem 20. Jahrhundert und der Quantenmechanik die Wissenschaftler begonnen haben, ein neues Weltbild zu malen, in dem Atomen und Elektronen keine Eigenschaften mehr »an sich« zukommen, sondern nur noch in dem Maß, in dem sie durch äußere Eingriffe der Beobachtung zugänglich werden, gilt es die Konsequenzen der neuen Denkformen für das Wissensgebiet zu bedenken, das der Physik und der Chemie übergeordnet ist. Heisenberg meint »die Lehre vom Leben«, die lange Zeit als Biologie eher ein Schattendasein führte, die aber heute als »Lebenswissenschaft« bereit ist, hohe Ansprüche zu stellen.

Es geht Heisenberg um den leidlich bekannten und immer wieder erörterten Widerspruch »zwischen den Einzelvorgängen im Organismus, die offenbar vollständig durch Physik und Chemie erklärt werden können, und den charakteristischen Zügen des Lebensprozesses im ganzen«. Er betont dabei, daß die populäre Formulierung »Das Ganze ist mehr als die Summe seiner Teile« nicht weiterhilft, denn sie »bildet diesen scheinbaren Widerspruch zwar ab, löst ihn aber nicht auf«. Doch anders als dieser alte Satz können die neuen

Denkerfahrungen der Quantenmechanik, vor allem in Form der Komplementarität, weiterhelfen, und Heisenberg nimmt die erkenntnistheoretische Situation der Atomphysik zu Hilfe, um dem Widerspruch der Lebenswissenschaften seine Schärfe zu nehmen:

»Auch in der Quantentheorie bestand ja zunächst ein scheinbarer Widerspruch zwischen der klassischen Physik einerseits, die das Verhalten eines Systems vollständig aus seinen Anfangsbedingungen bestimmt und die überall gilt, wo sie nachgeprüft werden kann, und dem chemischen Geschehen andererseits, das zu einer Begriffsbildung geführt hat, die mit der klassischen Physik nicht unmittelbar zu tun hat. Dort wurde der Widerspruch aufgelöst durch die Feststellung, daß die genaue Kenntnis einer in den chemischen Begriffen beschreibbaren Situation die genaue Kenntnis der mechanischen Bestimmungsstücke ausschließt. Und zwar geschieht dieses Ausschließen automatisch durch die Störung, die nach den Naturgesetzen unvermeidlich mit jeder Beobachtung verknüpft ist. In ähnlicher Weise kann man auch in der Biologie an die Möglichkeit denken, daß die Feststellung: ›eine Zelle lebt‹, in einem ausschließenden Verhältnis steht zur genauen und vollständigen Kenntnis aller ihrer physikalischen Bestimmungsstücke. Zur Erlangung einer solchen vollständigen Kenntnis wären ja wahrscheinlich so starke Eingriffe nötig (z. B. Beleuchtung durch Röntgenstrahlen), daß die betreffende Zelle durch sie zerstört würde. Das methodische Vorbild der Quantentheorie zeigt also, daß zwischen der Grundthese der mechanistischen Auffassung: ›In der belebten Natur gelten die physikalisch-chemischen Gesetze uneingeschränkt‹ und der vitalistischen These von der Eigengesetzlichkeit des Lebens kein logischer Widerspruch besteht.«

Mit anderen Worten: Gerade im Zeitalter der Molekularbiologie darf nicht vergessen werden, daß vitalistische Gedanken nicht nur zulässig, sondern sogar notwendig sind, wenn es wissenschaftlich um das Leben geht. Natürlich liefert dieser Hinweis nicht gleichzeitig die Lösung der Frage, wie denn jene »Gesetzmäßigkeiten anderer Art« aussehen, die über physikalisch-chemische Zusammenhänge hinausgehen und ihnen komplementär entgegenkommen. Aber trotz aller Euphorie, die man den Vertretern der modernen molekularen Genomforschung zugesteht, scheinen sie gut beraten zu sein, wenn sie sich immer wieder vor Augen halten, daß sie mit den Details (Sequenzen) der Erbsubstanz *nur eine Seite* der Medaille Leben ins Visier nehmen. Natürlich sollte man die Molekularbiologie in ihrem Bemühen unterstützen, »das physikalisch-chemische Begriffssystem sozusagen bis zum letzten auszunutzen und nachzusehen, wie weit man mit ihm bei der Beschreibung lebendiger Vorgänge kommt«, wie Heisenberg explizit bemerkt, doch »der Umstand, daß wir mit der Möglichkeit rechnen müssen, hier einmal auf eine durch die Naturgesetze selbst aufgerichtete Schranke zu stoßen, wird die Forschung davor bewahren, jene anderen Seiten des Lebensprozesses dabei zu vergessen, von denen der Vitalismus seinen Ausgang genommen hat, und die in dem sorgfältigen Betrachter in noch höherem Maße jenen inneren Zustand hervorrufen, von dem man als ›Ehrfurcht vor dem Leben‹ gesprochen hat«.

Es ist spannend zu sehen, wie Heisenberg bereits in den Zeiten des Zweiten Weltkriegs zu demselben ethischen Prinzip rät, das Hans Jonas viele Jahrzehnte später in seinem »Prinzip Verantwortung« empfiehlt, um den befürchteten Genmanipulationen Einhalt zu gebieten. (Und es ist eher deprimierend zu sehen, wie Jonas deswegen von den Zeitgenossen als originell gefeiert wird.) Heisenberg tat seinen Schritt, als all die gentechnischen und zellbiologischen Verfahren, die heute die Schlagzeilen der Presse und die Debatte um die Verantwortung der Forschung beherrschen, noch nicht einmal am Horizont der zukünftigen Wissenschaft erscheinen konnten, weil es weder eine Molekulargenetik im modernen Sinne noch die Kenntnis gab, daß Mikroorganismen wie Bakterien ebenso über Gene verfügen wie die höheren Lebensformen. »Ehrfurcht vor dem Leben« könnte konkret für die Praxis der Forschung bedeuten, den Versuch als einseitig anzusehen, die Eigenschaften eines lebendigen Wesens auf tote Moleküle zurückzuführen, auch wenn deren Gestalt noch so schön ist. Leben kann nicht nur von unten – von den genetischen Strukturen her – erklärt werden, ebensowenig wie die Eigenschaft des Moleküls H_2O, als Ganzes Wasser zu sein, das Fließeigenschaften hat; der Blick von unten auf die Verbindung aus Sauerstoff und Wasserstoff zeigt weder etwas Flüssiges noch etwas Trinkbares, weil diese beiden Begriffe auf der Ebene von Molekülen keinen Sinn haben. Und sowenig wie H_2O Wasser erklärt, erklären die Bausteine eines Organismus dessen Erscheinung und Lebensweise. In Übereinstimmung mit der Lektion der Atome, die Bohr als Komplementarität bezeichnet hat, läßt sich sagen, daß Leben nur durch zwei sich widersprechende, aber zusammengehörende Sichtweisen verstanden werden kann, die sich als Blick von oben (vom Leben her) und als Blick von unten (von den Genen her) unterscheiden und charakterisieren lassen.

Was Heisenberg ganz allgemein formuliert, kann zum Beispiel konkret auf die Gene selbst angewendet werden, und zwar in Hinblick auf das, was wir seit den fünfziger Jahren wissen, als sich im Anschluß an die Entdeckung der Doppelhelix eine Molekularbiologie etablieren konnte. Auch die Gene müssen von oben *und* von unten betrachtet werden, um sie zu verstehen. Von unten sind Gene die Sequenzen der Bausteine (Basenpaare oder Nukleotide), die in diesen Tagen massenhaft ermittelt und offengelegt werden. Von oben sind

Abbildung 26:
Werner Heisenberg 1963 vor derselben Tafel wie in Abb. 25 (S. 206), also im physikalischen Hörsaal des Niels-Bohr-Instituts in Kopenhagen

Gene Gebilde, die Anweisungen zum Bau anderer Moleküle – der Proteine – enthalten, welche dann die chemischen Reaktionen in einer Zelle in Gang bringen und halten. Ein Basenpaar – ein genetischer Buchstabe – »weiß« nichts von dem Wort, das er bildet, und er weiß erst recht nichts von dem Leser, den das Wort interessiert. Wer an eine Einheit des naturwissenschaftlichen Denkens und des dazugehörigen Weltbildes glaubt, ist gut beraten, sobald wie möglich Abschied vom genetischen Determinismus zu nehmen und an die vitalen Elemente zu denken, die sein Leben und Erleben immer ausmachen bzw. ausmachen sollten.

»Das Naturbild Goethes und die technisch-naturwissenschaftliche Welt«

Wie raffiniert man über Gene selbst im Zeitalter der Molekularbiologie denken kann, macht Heisenberg klar, als er sich umfassend über Goethes Naturauffassung in dem Vortrag äußert, den er im Mai 1967 vor der Hauptversammlung der Goethe-Gesellschaft in Weimar hält – womit damals noch tiefe DDR gemeint war. Bevor er zu den Genen kommt, erläutert Heisenberg den Kontrast, der zwischen Goethes Naturbetrachten und dem modernen Forschen steckt. Dieser Kontrast hat mit dem Unterschied zwischen dem unmittelbaren sinnlichen Eindruck zu tun, den der Dichter favorisiert, und der »mit einer durch Apparaturen ausgefilterten, der Natur gewissermaßen abgezwungenen Einzelerscheinung«, wie Heisenberg es ausdrückt. Natürlich hat diese Blickrichtung ihre Erfolge und ihre Qualitäten. Aber selbst wenn an der Richtigkeit der wissenschaftlichen Beobachtungen, die »zum Experiment verfeinert« werden, und der dazugehörigen mathematischen Darstellung kaum ernsthafte Zweifel bestehen können, bleibt doch eine Frage offen, und zwar die Wertfrage: »Ist die so gewonnene Erkenntnis wertvoll?«

Bei allem Respekt vor den Errungenschaften der Technik: Diese Frage, die gerade Goethe ernst genommen hat, wie Heisenberg mit Blick auf die »Wanderjahre« und den »Faust« anmerkt, »ob der so erreichte Fortschritt wertvoll sei, wird damit überhaupt nicht entschieden«. Manchmal scheint es Heisenberg, daß der zeitgenössische Literaturwissenschaftler Erich Heller recht hat, der die technischen Fortschritte unserer Zeit einmal als verzweifelte Versuche charakterisiert hat, die Hölle zu einem angenehmeren Aufenthaltsort zu machen.

Mit anderen Worten: In dem Jahrzehnt der Fortschrittseuphorie erinnert Heisenberg an die Frage, ob der technische

Fortschritt ein Fortschritt für den Menschen ist. Und er tut dies in einem Staat, der annimmt, auf wissenschaftlicher Grundlage errichtet und deswegen der richtige für die ihn bewohnenden Menschen zu sein. Gegen seine Gastgeber und den Zeitgeist gerichtet zeigt sich Heisenberg eher skeptisch, was die Antwort angeht, und in seiner Frage nach dem Wert steckt schon der Zweifel an der scheinbar selbstverständlichen Humanität des wissenschaftlichen Fortschritts.

Doch diese allgemeinen Überlegungen interessieren hier nur am Rande, denn im Mittelpunkt steht Heisenbergs moderne Deutung einiger Auffassungen von Goethe. Es geht ihm um die uns heute nicht mehr einfach zugänglichen und nur mühsam einleuchtenden Konzepte der Urpflanze und des Urphänomens. Heisenberg macht dazu einen wunderbaren Vorschlag, der gerade in Zeiten, in denen das humane Genom in allen Einzelheiten offengelegt wird, auf Aufmerksamkeit stoßen sollte.

In Heisenbergs Verständnis ist die Urpflanze »die Urform, die Grundform, das gestaltende Prinzip der Pflanze, das man freilich nicht nur mit dem Verstand konstruieren, sondern dessen man im Anschauen unmittelbar gewiß werden kann«. Mit der Urpflanze hat man den Bau der Pflanze verstanden, und »verstehen« heißt dabei, man hat das Wachsen der Pflanze und das Erscheinen ihrer Gestalt auf ein einfaches, einheitliches Prinzip zurückgeführt.

Genau dies aber ist der modernen Molekularbiologie in den fünfziger Jahren gelungen, wie Heisenberg 1967 erkennt. Er meint die berühmte Struktur des Erbmaterials, die Doppelhelix aus DNA. Dieses Molekül erfüllt in der Genetik die gleiche Funktion, die Goethes Urpflanze in der Botanik erfüllen soll. »Es handelt sich in beiden Fällen um das Verständnis der gestaltenden, formgebenden Kräfte der belebten Natur, um ihre Zurückführung auf etwas Einfaches, allen lebendigen

Gestalten Gemeinsames. Das eben leistet das Urgebilde der heutigen Molekularbiologie, das noch etwas zu primitiv ist, um schon ein Urlebewesen genannt zu werden. Dieses Urgebilde hat auch dies mit der Goetheschen Urpflanze gemeinsam, daß es nicht nur eine Grundstruktur, eine Idee, eine Vorstellung, eine formgebende Kraft, sondern auch ein Objekt, eine Erscheinung ist, wenn es gleich nicht mit unseren gewöhnlichen Augen gesehen, sondern nur indirekt erschlossen werden kann. Es kann mit hochauflösenden Mikroskopen und mit dem Mittel der rationalen Analyse erkannt werden, ist also durchaus wirklich und nicht etwa nur ein Gedankengebilde. Insofern genügt es fast allen von Goethe an das Urphänomen gestellten Forderungen. Ob wir es allerdings im Goetheschen Sinne ›schauen, fühlen, ahnen‹ können, ... das mag zweifelhaft erscheinen. Normalerweise wird das biologische Urgebilde jedenfalls nicht so gesehen. Man könnte sich nur vorstellen, daß es den Entdeckern vielleicht zum ersten Mal so erschienen ist.«

Weltbilder und Märchen

Die Vermutung, die Heisenberg da äußert, bekommt ihren besonderen Wert natürlich durch die Tatsache, daß er das Glück des Entdeckers kennt, der etwas zum ersten Mal zu sehen bekommt und anschließend die Wahrnehmung der Welt ändert. Heisenberg hat aus dem eigenen Erleben heraus eine Vorstellung über die Art und Weise, auf der ungewöhnliche wissenschaftliche Entdeckungen zustande kommen, und die Doppelhelix gehört ebenso dazu wie die Quantenmechanik. Es ist ja nicht so, wie der gesunde Menschenverstand denkt, daß es die Doppelhelix in der Wirklichkeit der Zelle bzw. als Erbsubstanz in der Zelle gibt und die Struktur von demjenigen erfaßt wird, der zufällig in die richtige Richtung sieht bzw. die richtigen Instrumente verwendet. Vielmehr enthält die Struktur, die Watson und Crick vorgeschlagen haben, auch eine kreative Komponente, wie sich jeder klarmachen kann, wenn er versucht, die Frage zu beantworten, wo denn die Doppelhelix war, bevor Watson und Crick sie gefunden haben. In einer Zelle sicher nicht, denn dort finden sich nur komplizierte Vermischungen und Verbindungen aus vielen Molekülen, die getrennt und in höchst künstliche Umgebungen gebracht werden müssen. Natürlich hat die vorgeschlagene Struktur des Erbmaterials eine Entsprechung in der molekularen Wirklichkeit der Zelle, aber wie diese Realität mit der des Modells zusammenhängt, das die berühmte Doppelhelix zeigt, stellt keinesfalls eine banale Frage dar. Die Doppelhelix ist sowohl Schöpfung als auch Entdeckung, und der Bereich ihres Daseins ist nicht die Natur (und erst recht nicht eine Zelle), sondern die Gedanken- und Bilderwelt der Kultur namens Naturwissenschaft. Es gehört nicht zu den Ruhmesblättern der Wissenschaftshistorie, daß sich die Geschichts- und Lehrbücher über Herkunft und Existenz dieses Anteils ausschweigen.

Heisenbergs Hinweis öffnet plötzlich und unauffällig die Möglichkeit, mehr auf das kreative Geschehen einzugehen, das zu wissenschaftlichen Fortschritten gehört, und mehr nach den inneren Bildern zu fragen, die bei Entdeckungen zum Vorschein und zum Tragen kommen, aber diese Aufgabe muß in einem anderen als dem hier vorgegebenen biographischen Rahmen in Angriff genommen werden. Hier gilt es mehr und allgemein auf »Das physikalische Weltbild« und das »Weltbild der Naturwissenschaft« einzugehen, denn es sind immer wieder solche Themen, die Heisenberg beschäftigen, und zwar nicht nur in seinen hellen, sondern auch in seinen dunklen und melancholischen Jahren. Gemeint ist die Zeit um 1941/42, als seine Freude an der Physik bestenfalls gedämpft zur Geltung kam. Es bleibt erstaunlich, wie konsequent diese von Heisenberg häufig durchdachten und sorgfältig bearbeiteten Themen von seinen Biographen übersehen werden, die nur danach fragen, wie genau er und der »Uranverein« damals zwischen einem Atomreaktor und einer Atombombe unterscheiden konnten und ob die deutschen Physiker die kritische Masse des Urans, die man für eine Kettenreaktion braucht, nun richtig berechnen konnten oder ob sie dies nicht konnten. Natürlich macht es einen Unterschied, ob die Deutschen oder die Amerikaner zuerst eine Atombombe bauen und abwerfen – allerdings nicht für das Land, das bisher in diesem Buch noch gar nicht erwähnt worden ist und tatsäch-

Abbildung 27: Werner Heisenberg, J. Robert Oppenheimer und Niels Bohr (von links) in den späten fünfziger Jahren am CERN in Genf

lich getroffen wurde, nämlich Japan –, aber wer sich dem denkenden und wissenschaftlich tätigen Heisenberg dieser Jahre nähern will, sollte die atomaren Waffen lassen, wo sie hingehören – nämlich im Bereich der äußeren Welt –, und fragen, worauf damals sein eigentliches Denken und inneres Hoffen gerichtet war. Dies lohnt sich, denn dabei findet man erstaunlich weitsichtige und moderne Gedanken.

Es ist Heisenberg zum Beispiel längst klar, daß es (zu seinem Leidwesen) kein naturwissenschaftliches Weltbild mehr gibt – dies trifft (zum allgemeinen Leidwesen) bis in die Gegenwart hinein zu –, weil es so etwas tatsächlich nur in einer kurzen Epoche in der zweiten Hälfte des 19. Jahrhunderts gegeben hat. Aber er behält die Hoffnung, dieser negative Tatbestand könne positiv mehr als ausgeglichen werden. Heisenberg hofft nämlich, das Verschwinden des Weltbildes – und das Fehlen seiner Orientierungshilfe – könne dazu führen, daß sich die Natur- und die Geisteswissenschaft endlich wieder verstehen. Die Geisteswissenschaften könnten zum Beispiel jetzt lernen, »wie ernst die Probleme sind, um die in der Naturwissenschaft gerungen wird«, und sie könnten bei ihrer Lösung helfen, denn anders als Physik, Chemie und Biologie verfügen sie über »die durch Jahrhunderte erworbene Schulung, mit Problemen umzugehen, bei denen es sich gleichzeitig um die Dinge und um uns selbst handelt«.

Die Naturwissenschaften von sich aus können dies nicht. Sie liefern vor allen Dingen Wissen darüber, wie man mit den Dingen umgehen kann. Die heutige Philosophie spricht dabei von Verfügungs- oder Herrschaftswissen, und sie mahnt an, daß dem ein gleichwertiges Orientierungs- oder Bildungswissen an die Seite gestellt werden muß. So berechtigt diese Kritik ist, sie darf nur bedingt gegen die Naturwissenschaften und auf keinen Fall gegen sie allein erhoben werden. Versagt hat das gesamte Spektrum der Wissenschaften, in deren Reihen lange Zeit versäumt wurde, was Heisenberg bereits im Zweiten Weltkrieg angemahnt hat, nämlich ein Aufeinanderzugehen der Natur- und der Geisteswissenschaften. Es hat bis in die sechziger Jahre des 20. Jahrhunderts gedauert, bis diese Problematik unter dem Schlagwort der »zwei Kulturen« endlich so bekannt wurde, daß die Hoffnung auf die humane Wende der Wissenschaft realistisch erschien, die Heisenberg oben ausgesprochen hat. Doch der Streit der Fakultäten hält bis heute an, wobei es zu seltsamen Gesten der Unterwerfung von seiten der Geisteswissenschaften gekommen ist, in dem Sinne, daß sich Philosophie und Kunst die Aufgabe der Kompensation gestellt haben. Für jede Landschaft, die durch Auswirkungen der Naturwissenschaft – etwa in industrieller Form – zerstört wird, sollen die schönen Künste Gedichte oder Gemälde liefern, die diesen Verlust ausgleichen oder kompensieren. Dies ist natürlich kein tragfähiges Konzept, und die Auseinandersetzung zwischen den beiden Fakultäten ist noch lange nicht entschärft. Es wird noch lange dauern, bis die Stunde der Geisteswissenschaften geeignet schlagen wird, in deren Anschluß es dann endlich »um die Dinge und uns selbst« zugleich geht, wenn naturwissenschaftlich geforscht wird, in denen also der Mensch wieder seinen Ort bekommt, wie es Heisenberg sich gewünscht und für uns alle gewollt hat.

Die Frage, wie gefährlich die tiefgreifenden Veränderungen unserer Umwelt durch die Erfolge der Technik sind und wie sehr das menschliche Denken durch die Erfolge der Wissenschaft dabei zugleich umgestaltet wird, kann wahrscheinlich nur durch das interdisziplinäre Wechselspiel von Natur- und Geisteswissenschaft beantwortet werden, also durch das Zusammenbringen von literarischer und wissenschaftlicher Intelligenz, wie es auch oft ausgedrückt wird. Wieder kann schon früh und vor dem Einsetzen aller modischen Strömungen bei Heisenberg gelernt werden, wie dies konkret aussehen könnte, und zwar in Verbindung mit seiner alten Frage nach dem Weltbild, die auch immer die Frage nach dem Natur- oder dem Menschenbild stellt, das wir in dem Moment schmerzlich vermissen, in dem die Wissenschaft den Menschen mit ihren Methoden direkt erfaßt, wie dies heute im Rahmen der modernen Biowissenschaft passiert.

Heisenberg greift sein bildsuchendes Thema der vierziger Jahre nach dem Zweiten Weltkrieg wieder gezielt auf. In einem Text aus den Jahren 1953/54 stellt er »Das Naturbild der heutigen Physik« vor. Der kurze Text, in einer damals weitverbreiteten Taschenbuchenzyklopädie (bei Rowohlt) erschienen, stellt neben der Autobiographie so etwas wie die schönste »Summe« von Heisenbergs Denken dar. Wir können und wollen hier nicht versuchen, sie noch kürzer zusammenzufassen, als sie schon ist, möchten aber unbedingt auf das Märchen hinweisen, auf das Heisenberg zurückgreift, um zu zeigen, daß die Frage, was technische Entwicklung für den Menschen bedeutet, sehr viel älter ist als die Neuzeit.

Heisenberg erzählt, was er bei dem chinesischen Weisen Dschuang Dsi gefunden hat, der schon vor zweieinhalb Jahrtausenden wußte, wie gefährlich selbst einfachste Maschinen werden können. Die Geschichte berichtet von einem jungen Mann namens Dsi Gung, der die Gegend nördlich das Han-Flusses bereist und dabei einen alten Mann trifft, der in seinem Gemüsegarten arbeitet. Er hatte dabei zwar einige Gräben zur Bewässerung gezogen, aber er ging immer noch sehr umständlich zu Werke, um sie mit Wasser zu füllen:

»Er stieg selbst in den Brunnen hinunter und brachte in seinen Armen ein Gefäß voll Wasser herauf, das er ausgoß. Er mühte sich aufs äußerste ab und brachte doch wenig zustande.

Dsi Gung sprach: ›Da gibt es eine Einrichtung, mit der man

an einem Tag hundert Gräben bewässern kann. Mit wenig Mühe wird viel erreicht. Möchtet ihr die nicht verwenden?‹

Der Gärtner richtete sich auf, sah ihn an und sprach: ›Und was wäre das?‹

Dsi Gung sprach: ›Man nimmt einen hölzernen Hebelarm, der hinten beschwert und vorne leicht ist. Auf diese Weise kann man das Wasser schöpfen, daß es nur so sprudelt. Man nennt das einen Ziehbrunnen.‹

Da stieg dem Alten der Ärger ins Gesicht, und er sagte lachend: ›Ich habe meinen Lehrer sagen hören: Wenn einer Maschinen benutzt, so betreibt er alle seine Geschäfte maschinenmäßig; wer seine Geschäfte maschinenmäßig betreibt, der bekommt ein Maschinenherz. Wenn aber einer ein Maschinenherz in der Brust hat, dem geht die reine Einfalt verloren. Bei wem die reine Einfalt hin ist, der wird ungewiß in den Regungen seines Geistes. Ungewißheit in den Regungen des Geistes ist etwas, das sich mit dem wahren Sinn nicht verträgt. Nicht, daß ich solche Dinge nicht kennte, ich schäme mich, sie anzuwenden.‹«

Seine gewissermaßen komplementär dazu bestehende Überzeugung, daß der befürchteten humanen Gefahr von Naturwissenschaft und Technik immer auch ein sinnvoller menschlicher Nutzen gegenüberstehen kann, hat Heisenberg ebenfalls in die Form einer Geschichte gekleidet. Er trägt die entsprechende Erzählung rund zehn Jahr später (1965) vor, als er »Atomphysik und modernes Denken« zu verbinden trachtet. Heisenberg stellt seinem Publikum die folgende Legende aus den chassidischen Schriften vor, die er bei Martin Buber gefunden hat:

»Es gab einen Rabbiner, der wegen seiner Weisheit berühmt war und zu dem alle Leute kamen, um seinen Rat einzuholen. Ein Mann besuchte ihn einmal voller Verzweiflung über all die Veränderungen, die um ihn herum vor sich gehen.

Er jammerte über den Schaden, den der sogenannte technische Fortschritt verursache: ›Ist nicht diese ganze technische Plage vollständig wertlos‹, sagte er, ›wenn man an die wirklichen Werte des Lebens denkt?‹ Aber der Rabbiner antwortete: ›Alles vermag uns zu lehren. Nicht bloß alles, was Gott geschaffen hat, auch alles, was der Mensch gemacht hat, vermag uns zu lehren.‹ – ›Was können wir‹, fragte der Mann zweifelnd, ›von der Eisenbahn lernen?‹ – ›Daß man um eines Augenblicks willen alles versäumen kann.‹ – ›Und vom Telegrafen?‹ – ›Daß jedes Wort gezählt und angerechnet wird.‹ – ›Und vom Telefon?‹ – ›Daß man dort hört, was wir hier reden.‹ Der Besucher verstand, was der Rabbiner meinte, und ging davon.«

»Naturwissenschaftliche und religiöse Wahrheit«

Als sich Heisenberg im Winter 1941/42 Gedanken über das physikalische Weltbild gemacht und die zwar verschiedenen, aber zusammengehörenden Aufgaben der Natur- und Geisteswissenschaften beschrieben hatte, da ordnete er seiner Fakultät eine besondere Qualität zu, die er als ihr eigentümliches »Gut« bezeichnete. Er meinte einen »auch durch die Stürme der vergangenen Jahrzehnte völlig unerschütterten Wahrheitsbegriff«. Dieser »Wahrheitsbegriff« ist für ihn »die eigentliche Grundlage für die große Bedeutung, die die Naturwissenschaft im geistigen Leben der Menschen gewonnen hat«, und er stellt auch den tiefen Grund dafür dar, daß Heisenberg sich mit Physik beschäftigt. Wie er an vielen Stellen schreibt – unter anderem in seiner Autobiographie –, markieren die Fortschritte der Physik den Ort, an dem zu seiner Zeit die Menschen am ehesten der Wahrheit gegenübertreten und eine Ahnung von ihr bekommen können. Es braucht nicht betont zu werden, was Heisenberg explizit anmerkt, daß es nämlich keineswegs einfach ist, »die Wurzel dieses Wahrheitsbegriffs bloßzulegen. Die Bewährung an der Welt der Erfahrung ist sicher nur eine von ihnen, aber es gehören zu diesem Wahrheitsbegriff noch ganz andere Elemente, z. B. die Klarheit und die mathematische Einfachheit, die Widerspruchsfreiheit und Geschlossenheit und manches andere.«

So einleuchtend sich dieser Satz auch anhört, ein wenig leichtfertig ist es schon, was der rund vierzigjährige Heisenberg da behauptet, denn er weicht seltsamerweise an einer zentralen Stelle von Bohr ab, als dieser davon spricht, daß sich eine wahre Aussage dadurch charakterisieren läßt, daß auch ihr Gegenteil eine (tiefe) Wahrheit ausdrückt. In solch einem Fall – so Bohr – kann die Formulierung der Wahrheit nicht klar sein; sie muß nicht unnötig kompliziert klingen, aber sie muß auf der sprachlichen Ebene eine Unklarheit enthalten. Als Beispiel kann man den einfachen Satz »Gott existiert« betrachten, der für viele Menschen sicher wahr ist, der aber keinesfalls klar ist, denn es stellt sich die Frage, was es heißen soll, daß Gott existiert, bzw. auf welche Weise sich zeigen kann, daß dies so ist. Und gerade weil dies unklar bleibt, stellt auch das Gegenteil des Satzes – »Gott existiert nicht« – für viele Menschen eine Wahrheit dar.

Die Klarheit, die Heisenberg meint, tritt vielleicht weniger in Worten und mehr in den sie begleitenden Bildern auf; sie sollte sich auch finden in den mathematisch formulierten Naturgesetzen, und zwar dann, wenn sie in eine möglichst einfache Form zu bringen sind. »Möglichst einfach« – das klingt eher entmutigend für Menschen, die mathematisch nicht so begabt sind wie Heisenberg und andere, aber diese Einsicht darf nicht darüber hinwegtäuschen, daß mit den Formeln der Mathematik und ihren Symbolen ein Art von Bildern geschaffen wird, mit deren Hilfe es einigen Wissenschaftlern gelingen kann, den Zusammenhang der Welt zu erkunden, der sich zwar hinter den Erscheinungen verbirgt, der aber trotzdem zu spüren ist.

Genau diese Aufgabe haben Heisenberg zufolge auch die Bilder und Gleichnisse der Religion. Sie bilden, meint er, eine Art Sprache, die ebenfalls eine Verständigung über einen Zusammenhang ermöglicht, der hinter dem Sichtbaren liegt und bei dem es diesmal nicht um Erkenntnis, sondern um Werte geht. Heisenberg äußert sich über die Verbindung, die »Naturwissenschaftliche und religiöse Wahrheit« aneinanderkettet, im März 1973, als ihm die Katholische Akademie in Bayern den Romano-Guardini-Preis verleiht. Er hält jede Vermengung für unglücklich und den Gedanken für abwegig, die eine Wahrheit könnte die andere ablösen oder aus dem Weg räumen. Für Heisenberg besteht kein Gegensatz zwischen den beiden Formen der Wahrheit, sondern ein Gleichgewicht, das es allerdings aktiv zu finden gilt. Ohne daß er das Wort benutzt, stellt Heisenberg die Komplementarität als geeignete Grundlage für eine Beschreibung des Verhältnisses von religiöser und wissenschaftlicher Wahrheit dar. In dem einen Fall handelt es sich um Dinge, über die sich Menschen wissenschaftlich und rational einigen können, und in dem anderen Fall handelt es sich um Dinge, die für Menschen etwas bedeuten und wertvoll sind. In dem einen Fall – so könnte man für Heisenberg persönlich hinzufügen – berechnen wir Streuquerschnitte von atomaren Stoßprozessen und kommen zu einem prüfbaren Ergebnis; im anderen Fall spielen wir den Klavierpart eines Beethoventrios und verlieben uns dabei in eine Zuhörerin.

Heisenberg macht auch darauf aufmerksam, daß Naturwissenschaft und Religion komplementäre Zugangsweisen zur Welt darstellen. Er beruft sich an dieser Stelle ausdrücklich auf Pauli, der »in diesem Zusammenhang einmal von zwei

Grenzvorstellungen gesprochen [hat], die beide in der Geschichte des menschlichen Denkens außerordentlich fruchtbar geworden sind, denen aber doch keine echte Wirklichkeit entspricht. Das eine Extrem ist die Vorstellung einer objektiven Welt, die unabhängig von irgendwelchen beobachtenden Subjekten in Raum und Zeit gleichmäßig abläuft; sie war ein Leitbild der neuzeitlichen Naturwissenschaften. Das andere Extrem ist die Vorstellung eines Subjekts, das mystisch die Einheit der Welt erlebt und dem kein Objekt, keine objektive Welt mehr gegenüber steht; sie war das Leitbild der asiatischen Mystik. Irgendwo in der Mitte zwischen diesen beiden Grenzvorstellungen bewegt sich unser Denken; wir müssen die Spannung, die aus den Gegensätzen resultiert, aushalten.«

»Gedanken zur ›Reise der Kunst ins Innere‹«

Es berührt den Verfasser, wenn er liest, wie Heisenberg gegen Ende seines Lebens zu den Gedanken der wissenschaftlichen Freunde zurückkehrt und zu ihnen aufschließt. Denn was Pauli in dem obigen Zitat herausstellt, basiert ja auf der großen Idee von Bohr, dem alle dankbar waren und sind. Der große Lehrer der Komplementarität ist es auch, auf den Heisenberg ganz am Ende seines Lebens in seinem letzten Text Bezug nimmt. Fünf Tage vor seinem Tod (am 1. Februar 1976 in München) erklärt er einen Aufsatz für druckfertig, der seine »Gedanken zur ›Reise der Kunst ins Innere‹« wiedergibt, wobei es sich bei dieser Reise der Kunst ins Innere um eine Sammlung von Essays handelt, die der Literaturwissenschaftler Erich Heller verfaßt hat. Heisenberg stellt die entsprechende Reise der Naturwissenschaft als Reise in das Innere der Materie dar, die zugleich eine Reise in die Abstraktion war. Dabei ist ein überraschendes Ende aufgetaucht, denn der uralte und für den gesunden Menschenverstand so selbstverständliche Begriff des Elementarteilchens hat plötzlich seinen Sinn verloren, wie er auf anschauliche Weise verdeutlicht:

»Wenn man zwei Elementarteilchen mit hoher Energie aufeinanderprallen läßt, so können im Zertrümmerungsvorgang viele Teile entstehen, aber die Teile sind nicht notwendig kleiner als das Geteilte. Es handelt sich in Wirklichkeit um die Entstehung neuer Elementarteilchen aus der kinetischen Energie der stoßenden Partner. Der Begriff der Teilung hat also seinen Sinn verloren und mit ihm auch der Begriff des kleinsten Teilchens.«

Wenn überhaupt, dann lassen sich Elementarteilchen (ebenso wie Atome) nur durch mathematisch erfaßbare Symmetrieeigenschaften charakterisieren, die trotz des auf Anschaulichkeit verweisenden Wortes »Symmetrie« sehr unanschaulich und für den ungeschulten Laien weder vermittelbar noch verständlich sind.

Heisenberg wundert es nicht, daß »sich dieser Reise in die Abstraktion große Widerstände entgegengestellt haben«: »Offenbar wehrt sich unser Geist mit aller Kraft gegen die Erkenntnis, daß der Weg zum Verständnis aus der Anschaulichkeit heraus, daß er aber nach einer endlichen Zahl von Schritten zum Ziel fuhrt.« Damit ist aber keinesfalls ein Abschluß erreicht, denn »der Umstand, daß in der Naturwissenschaft das Ziel nach einer endlichen Zahl von Schritten erreicht werden kann«, braucht keine Angst hervorzurufen. Es weckt vielmehr »die Hoffnung, daß von hier eine neue, weitere Art des Denkens ihren Ausgang nehmen könnte, die in unserer Zeit allerdings eher geahnt als beschrieben werden kann«.

Jedes Ende ist zugleich ein Anfang. Mit dieser Gewißheit stirbt Heisenberg, der von Bohr gelernt hat, daß »Licht und

Dunkel mit gleichen Gewichten verteilt sind«. Schließlich besteht der Sinn des Lebens darin, daß es keinen Sinn hat zu sagen, daß das Leben keinen Sinn hat.

Coda

»Wissenschaft wird von Menschen gemacht«

»Für einen gebildeten Menschen unserer Zeit
ist es unabdingbar, daß er über zwei Theorien unterrichtet ist:
die Atomtheorie der Materie
und die Evolutionstheorie der Biologie.«
John Searle

»Wissenschaft wird von Menschen gemacht« – mit diesen fünf Worten beginnt die schon oft zitierte Autobiographie von Heisenberg, und so einfach dieser Satz klingt und ins Ohr geht, so vieldeutig kann er dahinter – also im Kopf – verstanden und ausgelegt werden. Heisenbergs erster Satz stellt ein wunderbares Beispiel für das dar, was Bohr die Komplementarität von Wahrheit und Klarheit genannt hat. Wer ihn für klar hält, muß ihn trivial finden – schließlich treiben weder Maschinen noch Mäuse Wissenschaft in unserem Sinne –, und dann lohnt es nicht, nach seiner Wahrheit zu fragen. Wenn es sie aber gibt – diese Wahrheit in dem Satz –, dann muß, so würde es für Bohr völlig selbstverständlich sein und so wird es Heisenberg verstanden haben, auch die Umkehrung der Behauptung zutreffen. Sie ist allerdings nicht unmittelbar erkennbar und kann unterschiedliche Formen annehmen. Sie kann zum Beispiel heißen, daß Menschen (nicht als biologische Wesen, sondern als berühmte Persönlichkeiten) von der Wissenschaft gemacht werden, oder sie kann heißen, daß die Wissenschaft gar nicht von Menschen vorangebracht wird, sondern ihr Vorwärtsschreiten anderen Gründen verdankt, die wir nur hinnehmen können.

Was die erste Umkehrung angeht, so läßt sich ihr Anspruch

auf Wahrheit durch das bekannte Beispiel erhärten, das die Entdecker der Doppelhelix liefern. Einer von ihnen – Francis Crick – war und ist nämlich der Ansicht, daß es nicht Watson und er waren, die eine Struktur – die der Erbsubstanz DNA – gemacht haben, sondern daß es die Doppelhelix war, die Watson und ihn gemacht hat. Ebenso könnte man sagen, daß es in diesen Tagen nicht Craig Venter ist, der im Sinne Cricks das *Humane Genom* macht, sondern daß es umgekehrt die Sequenz der menschlichen Gene ist, die einen Venter macht. Und möglicherweise hat nicht nur Niels Bohr das (erste) Atommodell geschaffen, sondern es hat auch das Atommodell den Bohr geschaffen, den wir kennen (und verehren).

Es ist allerdings eher unwahrscheinlich, daß Heisenberg gerade diese Verwendung seiner Worte in den Sinn gekommen ist. In seinem Fall scheint mehr die zweite Deutung angemessen, die in der Wissenschaft etwas sieht, was über individuelle Menschen hinausgeht, was unabhängig von ihnen fortschreitet und sie mehr oder weniger zwangsläufig an ein Ziel kommen läßt – zum Beispiel an das Ziel, das jetzt erreicht worden ist, nämlich die vollständige Offenlegung der Gene, die sich in einer menschlichen Zelle befinden.

Ansichten dieser Art sind von Heisenberg öffentlich geäußert worden, wie das letzte Kapitel berichtet hat. In seiner Sicht vollzieht sich das wissenschaftliche Vorgehen im Rahmen der europäischen Kultur mit unausweichlicher Notwendigkeit, die jeder menschlichen Willkür und einem bewußten Zugriff entzogen zu sein scheint. Das unvermeidliche und immer weitere Bereiche umfassende Geschehen selbst kann dabei natürlich nicht ohne die handelnden Personen verstanden werden, die an dem Abenteuer der Forschung allein deshalb beteiligt sind, weil es um ihretwillen unternommen wird. Wissenschaft wird ja nicht nur *von,* sondern immer auch *für* Menschen gemacht. Doch dieser Satz ist banaler als der eingangs zitierte, was sich einfach daran erkennen läßt, daß seine Umkehrung entweder nicht zutrifft oder nichts hergibt.

Die zwei Kulturen

Heisenbergs Satz kann über das bisher Gesagte hinaus noch in einem ganz anderen Kontext gesehen werden. In ihm könnte sich der Versuch eines unmittelbar und aktiv Beteiligten verbergen, die unerfreulichen und zerstörerischen Auswirkungen seiner sonst so geliebten Wissenschaft zu erklären bzw. zu rechtfertigen, und zwar dadurch, daß er auf die Menschen mit ihren Fehlern und Mängeln hinweist, die für unangemessene oder bedrohliche *Anwendungen* der Wissenschaft gesorgt haben – und dies nicht unbedingt aus niederen Motiven heraus.

Man kann zuletzt aber auch annehmen, daß der Satz ganz einfach gemeint ist, nämlich genau so, wie es Heisenberg selbst im Anschluß an seine Formulierung explizit ausdrückt. Er bietet ihn als konkrete Ermutigung an, eine wenig nützliche Kluft zu überwinden, die unsere wissenschaftlich ausgerichtete Kultur behindert. Heisenberg versucht im zweiten Satz seiner Autobiographie, sich gegen die Einstellung zu wenden, in der nicht von einer, sondern von zwei Kulturen die Rede ist, wobei er die beiden getrennt vorgestellten Bereiche durch die zwar umständlichen, aber zutreffenden Begriffspaare »geisteswissenschaftlich-künstlerisch« und »technisch-naturwissenschaftlich« unterscheidet. Die mit diesen Attributen bezeichnete Trennung der geistigen Sphären war noch jung, als Heisenberg den ihm und uns wahr erscheinenden Satz niederschrieb, daß Wissenschaft von Menschen gemacht wird. Die Etablierung der genannten zwei Kulturen geht auf den britischen Physiker, Romancier und hohen Staatsbeamten

Charles Percy Snow (1905–1980) zurück, der Ende der fünfziger Jahre zum ersten Mal in aller Form öffentlich einen Mißstand beklagt hat, der sich ihm wie folgt darstellte:

Auf der einen Seite verdanken zwar die meisten Menschen in der westlichen Welt ihren Wohlstand und ihr Wohlergehen den Erfolgen von Naturwissenschaft und Technik, und die damit zusammenhängende Industrialisierung stellt die einzige Hoffnung der kleinen Leute auf ein besseres Leben dar. Auf der anderen Seite würde den intellektuellen Vertretern der Gesellschaft deswegen aber nicht einmal auf Cocktailparties einfallen, sich um die geistigen Inhalte dieser menschlichen Hervorbringungen zu kümmern. In den Kreisen, in denen Snow in Cambridge verkehrte, hielt man sich vom technischen Kram gerne fern. Natürlich könnte es sich niemand leisten, damit zu prahlen, die Sonette von Shakespeare nicht gelesen zu haben. Doch wenn jemand verkündete, er habe keine Ahnung, was der Zweite Hauptsatz der Thermodynamik besagt, brauchte er weder ein Naserümpfen noch ein Stirnrunzeln zu befürchten (von der Quantenmechanik wollen wir in diesem Zusammenhang gar nicht erst reden, und das derzeitige Interesse des Feuilletons unserer Zeitungen an den Biowissenschaften ist zu jung, um hier analysiert werden zu können – allerdings sollte erwähnt werden, daß bei diesem Trend auffällt, wie schlecht die Meister des Wortes mit den Worten der Wissenschaft umgehen; sie verwechseln zum Beispiel gerne und gründlich den genetischen Code mit der biologischen Information).

Heisenberg muß die arrogante Überheblichkeit der anderen Kultur in der deutschen Version – als gründliche Verachtung der sogenannten Dichter und Denker für die exakten Naturwissenschaften – in den sechziger Jahren deutlich erfahren haben, schließlich kommt sie ihm gleich zu Beginn seiner Autobiographie in den Sinn. In der Tat meinte die intellektuelle Oberschicht Deutschlands der späten sechziger Jahre des letzten Jahrhunderts, die geistige Situation der Zeit ohne die Naturwissenschaften und ihre Einsichten bewältigen zu können – trotz Mondfahrt, Herztransplantation, Lasertechnologie und Molekularbiologie (mit ihrem Verständnis für Genregulation und der Aufklärung des genetischen Codes), um nur einige Beispiele zu nennen. Erst seitdem die Gentechnik mit ihren Anwendungen die Biologie völlig neu gestaltet hat und umfassende Eingriffsmöglichkeiten in die inneren Strukturen des Lebens bietet, scheinen die sich im Feuilleton äußernden Meinungsführer zu erwachen und wenigstens etwas Zeit zum Kennenlernen der geistigen Qualität der Naturwissenschaften aufbringen zu wollen, von deren Existenz Heisenberg erstens überzeugt war und für die er zweitens selbst den nachprüfbaren Beweis lieferte.

Es muß Heisenberg – und viele Wissenschaftler mit ihm – verwundert und geärgert haben, daß die von ihm mitgestaltete Naturwissenschaft mit ihren Konsequenzen für das Weltbild und das Denken zu seiner Zeit damals trotz Einstein und Bohr und trotz seiner zahlreichen humanistischen Beiträge einfach nicht zur Bildung gerechnet wurde. Und es würde ihn noch mehr ärgern, wenn er erfahren könnte, daß seine Arbeiten und seine Einsichten bis heute immer noch nicht dazugehören, wie in einigen ahnungslosen Kreisen nach wie vor mit unnachahmlicher Chuzpe in die Welt hinausposaunt wird. Die von Snow konstatierte Spaltung hat noch längst nicht die besondere innere ideologische Tiefe überwunden, die sie in der Zeit erreicht hatte, in der Heisenberg »Der Teil und das Ganze« schrieb. Damals in den sechziger Jahren gaben in der Bundesrepublik Philosophen wie Jürgen Habermas den Ton an, dessen 1968 erschienenes Buch über »Technik und Wissenschaft als Ideologie« die Frustration erkennen läßt, die viele Sozialwissenschaftler im Angesicht der Qualität naturwissenschaftlichen Forschens im Bereich der Atome erfahren mußten. Es heißt bei Habermas:

»Die Erkenntnisse der Atomphysik bleiben, für sich genommen, ohne Folgen für die Interpretation unserer Lebenswelt. ... Erst wenn wir mit Hilfe der physikalischen Theorien Kernspaltungen durchführen, erst wenn die Information für die Entfaltung produktiver oder destruktiver Kräfte verwertet wird, können ihre umwälzenden praktischen Folgen in das literarische Bewußtsein der Lebenswelt eindringen – Gedichte entstehen im Anblick von Hiroshima und nicht durch die Verarbeitung von Hypothesen über die Umwandlung von Masse und Energie.«

Das Ganze in der Wissenschaft

Ist es wirklich zuviel verlangt, wenn man erwartet, daß jemand, der solche Sätze schreibt und damit eine ganze Studentengeneration beeinflußt, erst einmal Heisenberg liest und wenigstens versucht, ein wenig von dem zu lernen, was Bohr die Lektion der Atome genannt hat? Bescheidenheit gehört zum Beispiel dazu, wie Heisenberg betont und für seine Kollegen angemahnt hat, aber es gibt darüber hinaus noch viel mehr zu verstehen, was sich in Romanen und Gedichten niederschlagen könnte, wenn man es in sein Weltbild aufnehmen würde – wie es zum Beispiel Wolfgang Koeppen getan hat. Gemeint ist etwas, was mit dem zweiten Begriff im Titel von Heisenbergs Autobiographie zu tun hat, dem Ganzen. Die Atomphysiker erforschen zwar zunächst den Teil, den sie im Experiment oder im theoretischen Analysieren zu fassen bekommen können und der sich ihrem systematischen Zugriff darbietet. Sie haben aber auf dem Weg zur Quantenmechanik gelernt, dabei das Ganze in den Blick zu bekommen, an dem letztlich alle Menschen interessiert sind. Die Physiker wissen heute viel mehr vom »Ganzen« als viele Philosophen, die eine »Ganzheitlichkeit« beschwören, ohne mehr als eine Floskel anbieten und eine Grundlegung dafür nennen zu können.

Als wundersam erweist sich dabei die Einsicht, daß es gerade die Unstetigkeit im Kleinen ist, die Planck 1900 entdeckt und eingeführt hat, die den Zusammenhalt des Ganzen im Großen bewirkt. So paradox es auch klingen mag, aber es ist genau die Diskontinuität des Quantums – des Quantensprungs in der populären Version für Manager –, die für die Kontinuität des Wirklichen sorgt. Was nämlich mit der Quantentheorie der Atome, die wir Heisenberg und Co. verdanken, wirklich gelungen ist, kann man die Überwindung der uralten und klassischen Atomvorstellungen nennen, die dem gesunden Menschenverstand gefielen. Unter seiner Vorgabe denken wir (immer noch) gerne, daß Materie aus Atomen aufgebaut ist, wobei wir darunter elementare Bausteine verstehen, die deutlich begrenzt und nicht weiter zerlegbar sind (oder Strukturelemente enthalten, für die dies zutrifft). Für den *common sense* ist die Welt aus Atomen zusammengesetzt, und sie kann damit Stück für Stück erklärt und aufgebaut werden.

Doch mit dem Quantum hat sich eine andere Sicht der Dinge ergeben. Mit seiner Hilfe läßt sich nämlich zeigen, daß die materielle Welt ein Ganzes ist, das gar nicht aus Teilen aufgebaut und somit auch nicht in vorgegebener Weise aufgeteilt ist. Atome bzw. die in ihnen nachweisbaren Elektronen oder Protonen sind keine Dinge im gewöhnlichen Sinn des Wortes, es handelt sich bei ihnen vielmehr um mathematisch definierte und also fiktive Elementarsysteme, die in dieser theoretischen Sprache unzerlegbar sind und aus diesem Grund die Bezeichnung »elementar« beanspruchen dürfen.

Der Ganzheitscharakter der atomaren Wirklichkeit trägt in der technischen Sprache der Wissenschaft den Namen Einstein-Korrelation (für die manchmal auch die Bezeichnung EPR-Korrelation verwendet wird). Mit ihr drückt sich eine nachweisbare Verschränktheit der elementaren Einheiten aus, die ohne Zeitverzögerung geschieht und folglich nicht durch physikalische Wechselwirkungen zustande kommt. Die Ironie der Wissenschaftsgeschichte will es, daß diese heute als zentral angesehene Qualität der Quantenwelt nach Albert Einstein benannt ist, der auf diese Korrelationen zwar zum ersten Mal hingewiesen und sie somit entdeckt hat – im Jahre 1935 –, der sie aber für absurd hielt und eher glaubte, damit einen Beweis gegen die Vollständigkeit der Quantentheorie in Händen zu halten. Die Existenz der Verschränktheit ist inzwischen in zahlreichen Experimenten nachgewiesen worden und längst unbezweifelbar geworden. Die Quantensprünge weben auf ihre Weise ein Netz vor dem Nichts, das wir fürchten.

Nun verlangen die Quanten nicht nur die Existenz einer materiellen Realität, die ein Ganzes ist, das nicht aus Teilen aufgebaut ist (was die kuriose Paradoxie nach sich zieht, daß etwas experimentell zerlegbar ist, was keine Teile hat). Sie verlangen zudem, daß die Elementarsysteme – wie Atome – nur in Hinblick auf die eingesetzten Mittel der Beobachtung festzulegen sind. Schließlich muß mindestens ein Quantum verbraucht oder eingesetzt werden, wenn eine Messung oder ein anderer Eingriff unternommen wird. Konkret ist es zum Beispiel möglich, von einem Atom der Chemie zu sprechen, nämlich dann, wenn nur chemische Mittel zur Untersuchung herangezogen werden. In diesem Kontext wird das Atom wieder, was es ursprünglich war, nämlich unteilbar. Natürlich kann ein Physiker Atome in Elektronen und Atomkerne zerlegen, er kann dies allerdings nicht mit chemischen Mitteln tun.

Es hat sich in diesem Zusammenhang eingebürgert, von kontextuellen Objekten zu sprechen, und Atome gehören dazu. Sie lassen sich als offene Systeme charakterisieren, die nur durch Wechselwirkungen existieren, welche sie mit ihrer Umwelt eingehen – unter anderem auch mit einem Beobachter bzw. mit dessen Apparatur. Das Konzept eines kontextuellen Gegenstandes enthält nichts Geheimnisvolles und läßt sich zum Beispiel an einer Kerzenflamme anschaulich machen, an der zu lernen ist, daß kontextuelle Objekte ihre Zusammensetzung ständig ändern, ohne dabei ihre Identität zu wechseln. (Unter diesem objektiven Blickwinkel gesehen sind Menschen ebenfalls als kontextuell einzustufen, was sich auch darin zeigt, daß sie mit Vorliebe in einer Gemeinschaft leben und sich durch sie definieren.)

Im Licht der Quanten können Atome nicht mehr als aus sich heraus existierende und nach außen abgeschlossene Bausteine der Materie angesehen werden, wie es überhaupt ausgeschlossen ist, chemische oder biologische Erscheinungen auf physikalische Gegebenheiten zu reduzieren, die aus sich heraus nach außen wirken. Natürlich gibt es die Möglichkeit, mit partiellen Beschreibungen einige Aspekte der Natur zu erfassen, aber mit ihnen bleibt die Aufgabe bestehen, das Ganze zu erfassen, das mit Sicherheit vorhanden ist. Zur Lösung dieser Aufgabe läuft im Rahmen der Wissenschaft zuletzt alles auf sich zwar widersprechende, aber stets ergänzende Darstellungen hinaus, und erst deren Gesamtheit kann die ungeteilte Realität repräsentieren, wie unter den zeitgenössischen Quantenwissenschaftlern vor allem durch den Züricher Chemiker Hans Primas betont wird.

Der Heisenberg-Schnitt zum ersten

Auf Primas geht auch der Hinweis zurück, daß die Quantenmechanik die alte und scharfe Trennung der Welt in Geist und Materie überwunden hat, die im Abendland seit 400 Jahren unvermeidlich geworden ist und nach ihrem Erfinder René Descartes (1596–1650) benannt wird. Primas schlägt statt dessen vor, als zeitgemäßes Konzept von einem »Heisenberg-Schnitt« zu sprechen. Zwar bleibt die Quantenphysik eine kartesische Wissenschaft, indem sie stillschweigend die Trennung von Geist und Materie beibehält, wie bedauerlicherweise festgestellt werden muß, aber sie fügt dem menschlichen Erkenntnisvermögen etwas Neues hinzu, nämlich die Einsicht, daß ein beobachtetes Phänomen von der Aufteilung in das anvisierte System und das zur Untersuchung eingesetzte Instrument abhängt. In seinem Vortrag über »Prinzipielle Fragen der modernen Physik« hat Heisenberg bereits 1936 in aller Deutlichkeit ausgesprochen, daß es dabei um materielle Beobachtungsmittel und nicht um den menschlichen Beobachter geht, wie nach wie vor in vielen Büchern zu lesen ist:

»Der Schnitt zwischen dem zu beobachtenden System und den Meßapparaten ist durch unsere Fragestellung naturgemäß gegeben, bezeichnet aber offenbar keine Diskontinuität des physikalischen Geschehens. Aus diesem Grunde muß die Lage des Schnitts innerhalb gewisser Grenzen frei wählbar sein: auch das Verhalten der Meßapparate soll ja den Gesetzen der Quantenmechanik nicht widersprechen.«

Der wesentliche Punkt ist also nicht der menschliche Beobachter mit seinem Bewußtsein, wie Primas festhält, sondern die Tatsache,

»daß in der Quantenphysik der Heisenberg-Schnitt zwischen dem materiellen Untersuchungsobjekt und dem materiellen Meßgerät prinzipiell nicht vermeidbar, aber auch nicht naturgesetzlich festgelegt ist. Diese Situation führt zu der gegenüber der klassischen Physik neuen Möglichkeit von *prinzipiell gleichberechtigten, aber einander ausschließenden komplementären Naturbeschreibungen.* Eine genauere Analyse zeigt, daß komplementäre Beschreibungen nicht nur möglich, sondern auch notwendig sind: die materielle Welt kann nur durch eine Vielheit von komplementären Beschreibungen vollständig erfaßt werden. *Jede ist richtig, keine genügt für sich allein, alle sind notwendig. Falsch wird eine Beschreibung, sobald sie als einzig wahre behauptet wird. Nur die Gesamtheit aller komplementären Beschreibungen kann die ungeteilte materielle Realität repräsentieren. Die Notwendigkeit komplementärer Beschreibungen ist eine Folge der Natur der materiellen Realität selbst,* und nicht etwa auf Einflüsse der Psyche oder Beschränkungen unserer Meßapparaturen zurückzuführen. Die Struktur der Welt, die dadurch zum Ausdruck kommt, daß sie komplementär beschrieben werden kann, reflektiert einen *ganzheitlichen Aspekt der materiellen Natur.*«

Der Heisenberg-Schnitt zum zweiten

Die Idee der Komplementarität, die wesentlicher Teil der Kopenhagener Deutung der Quantentheorie von Bohr und Heisenberg ist, wirkt für viele Betrachter immer noch mehr wie eine Begrenzung der Forschung, gegen die sie sich zu wehren meinen müssen. Wieso läßt sich nicht entscheiden, was Licht ist? Wieso kommt man bei ihm und den Atomen nicht über den Welle-Teilchen-Dualismus hinaus und dabei zu einer eindeutigen Beschreibung der materiellen Wirklichkeit?

Wer so fragt, sieht nicht die Freiheit, die Heisenbergs Ablösung und Auflösung der alten Trennung schafft. Was bei Descartes und bis zum Aufkommen der Quantenmechanik starr und unbeweglich war, wird nun »innerhalb gewisser Grenzen frei wählbar«, wie es bei Heisenberg heißt; es lohnt sich zu fragen, ob diese Einsicht nicht eine über die Physik hinausreichende Gültigkeit haben könnte. Warum soll auf die Atome beschränkt bleiben, was doch viel eher Platz in der Lebenswelt zu haben scheint, nämlich die Wählbarkeit des Schnittes zwischen einem Subjekt und seinem Objekt und die Möglichkeit, mein Gegenüber als jemanden zu betrachten, der zwei Seelen in seiner Brust trägt und neben materiellen auch geistige Bedürfnisse und Dimensionen aufweist?

Wer sich danach erkundigt, wie dieser spannende Gedanke Eingang etwa in die wissenschaftliche Psychologie oder auf anderen Feldern gefunden hat, sieht sich bald dem eher deprimierenden Befund gegenüber, daß bislang viel zu wenig versucht worden ist, die philosophisch-menschlichen Grundgedanken der Quantenphysik in anderen wissenschaftlichen Disziplinen konkret fruchtbar zu machen. So hat sich zum Beispiel erst im Januar 2000 der Tübinger Mediziner Friedrich Schmahl gemeinschaftlich mit Carl Friedrich von Weizsäcker an eine »Überwindung des Descartesschen Dualismus« in der Medizin gewagt und versucht, auf dieser gedanklichen Grundlage eine »ganzheitliche medizinische Sichtweise« vorzuschlagen. Sie soll unter anderem im Falle einer Rehabilitation bei koronaren Herzerkrankungen sowohl somatische als auch psychische Faktoren beim Umgang mit dem Patienten berücksichtigen.

Der Cartesianische Schnitt sitzt immer noch zu tief in unserem Kopf, er gehört zu sehr zu unseren Denkgewohnheiten, um dem Heisenberg-Schnitt Platz zu machen, der an seine Stelle treten und die menschliche Freiheit vergrößern könnte. Dabei braucht die Naturwissenschaft – braucht der einzelne Naturwissenschaftler – wahrscheinlich genau diese Freiheit, um der gegenwärtigen Enge zu entkommen. Sie brauchen mit anderen Worten ausreichend Mut, um sich zum Heisenberg-Schnitt zu bekennen und dem Spuk der zwei Kulturen ein rasches Ende zu bereiten; in der Cartesianischen Version gilt nur das »Ich denke, also bin ich«, und damit reduziert sich jedes wissenschaftliche Vorgehen auf logische und rationale Mechanismen, die sich in philosophischen Seminaren eintrichtern und prüfen lassen. Von Gefühlen und vom Erleben ist dabei keine Rede.

In der Heisenbergschen Version der Wissenschaft könnten diese und andere Qualitäten (die Offenheit für mystische Erfahrungen) zum Tragen kommen. Wer sich seinem Untersuchungsgegenstand im Sinne des Heisenberg-Schnitts nähert, agiert so, wie es Goethe in seiner »Farbenlehre« beschrieben hat. Der »größte Mensch«, wie Heisenberg ihn (Goethe) verehrend nennt, denkt hier über das Verhältnis von Kunst und Wissenschaft nach, um beide zusammen als Ganzheit erfahren zu können. Wie kann dies einem Forscher gelingen?

Abbildung 28: Werner Heisenberg 1975 bei seinem letzten öffentlichen Auftritt in München

Goethes Antwort gibt dem eingangs diskutierten Satz einen weiteren Sinn. Wenn Wissenschaft von Menschen gemacht wird und man diesen Satz ernst meint, dann darf man »keine der menschlichen Kräfte bei wissenschaftlicher Tätigkeit ausschließen«, schreibt Goethe. Er meint speziell »die Abgründe der Ahndung, ein sicheres Anschauen der Gegenwart, mathematische Tiefe, physische Genauigkeit, Höhe der Vernunft, Schärfe des Verstandes, bewegliche sehnsuchtsvolle Phantasie, liebevolle Freude am Sinnlichen, nichts kann entbehrt werden zum lebhaften Ergreifen des Augenblicks«.

Vermutlich ist Heisenberg der Zugang zu den imaginären Räumen der Quanten genau auf diese Weise gelungen. Seine Wissenschaft steht als Kunstwerk vor uns, das wir schätzen können. Sein Mut hat uns den Zugang zu einem Ganzen eröffnet, das niemand zu teilen braucht, weil wir alle an ihm teilhaben.

Gegen Kleinmut und Müdigkeit

Heisenberg läßt seine Autobiographie mit Worten von Bohr enden. Bevor Heisenberg zu ihnen kommt, weckt Musik des jungen Beethoven in ihm das »Vertrauen in die zentrale Ordnung«, das sich »überall gegen Kleinmut und Müdigkeit durchsetzt«. Dabei entsteht in Heisenberg zwar »die Gewißheit, daß es, in menschlichen Zeitmaßen gemessen, immer wieder weitergehen wird, das Leben, die Musik, die Wissenschaft«, aber sein eigenes Leben war längst sehr gefährdet. Aus dem stürmenden und drängenden jungen Heisenberg, der theoretische und sportliche Höchstleistungen vollbrachte, war ein älterer Herr geworden, der mit einem Leberleiden zu kämpfen hatte, das ihn schwächte und Schwindel verursachte. In der Mitte der siebziger Jahre entdeckten die Ärzte, daß

Heisenberg Krebs hatte, und sein Zustand verschlechterte sich rasch. Er starb am 1. Februar 1976, einem Sonntag. Am nächsten Tag kamen Freunde, Mitarbeiter und Kollegen zu Heisenbergs Haus in München, um Kerzen auf seine Stufen zu stellen. Vielleicht wäre ihm lieber gewesen, sie hätten die Kerzen mitgenommen und ihr Licht in die Welt getragen – das Licht der Wissenschaft. Heisenberg wollte, daß es den Menschen leuchtet.

Anhang

Werke von Werner Heisenberg

Werner Heisenberg, *Gesammelte Werke – Collected Works,* hg. von Walter Blum, Hans-Peter Dürr und Helmut Rechenberg. Abt. A: Wissenschaftliche Originalarbeiten – Original Scientific Papers; Abt. B: Wissenschaftliche Übersichtsartikel, Vorträge, Bücher – Scientific Review Papers, Talks, and Books; Abt. C: Allgemeinverständliche Schriften – Philosophical and Popular Writings. A und B sind erschienen im Springer Verlag, Berlin und Heidelberg; C ist erschienen im Piper Verlag, München.

Die berühmten frühen Arbeiten von Heisenberg:

1925
Über quantentheoretische Umdeutung kinematischer und mechanischer Beziehungen
Zeitschrift für Physik 33, 879–893 (1925)

1927
Über den anschaulichen Inhalt der quantentheoretischen Kinematik und Mechanik
Zeitschrift für Physik 43, 172–198 (1927)

Literaturhinweise zu den einzelnen Kapiteln

Vorspiel:

Ernst Peter Fischer, *Eine verschränkte Welt,* Mannheimer Forum 87/88, hg. von Hoimar v. Ditfurth, S. 61–103, Mannheim 1988

Michael Frayn, *Copenhagen.* Methuen Drama, London 1998

Werner Heisenberg, *Ordnung der Wirklichkeit,* in: Gesammelte Werke CI. Piper Verlag, München 1984, S. 217–306

Wolfgang Pauli, *Wissenschaftlicher Briefwechsel mit Bohr, Einstein, Heisenberg u.a.,* Band I, 1919–1929. Springer Verlag, New York–Heidelberg–Berlin 1979

1. Kapitel:

Das Motto findet sich in: Werner Heisenberg, *Deutsche und Jüdische Physik,* hg. von Helmut Rechenberg. Piper Verlag, München 1992, S. 120

Die Weltformel findet sich bei: David C. Cassidy, *Werner Heisenberg.* Spektrum Akademischer Verlag, Heidelberg 1992, S. 659

Sächsische Akademie der Wissenschaften zu Leipzig, *Werner Heisenberg in Leipzig 1927–1942,* hg. von Christian Kleint und Gerald Wiemers. Akademie Verlag, Berlin 1993

Paul A. M. Dirac, *Die Prinzipien der Quantenmechanik.* Hirzel Verlag, Leipzig 1930

Das englische Zitat von Dirac findet sich in: Burton Feldmann, *The Nobel Prize.* Arcade Publishing, New York 2000, S. 131

Sam Treiman, *The Odd Quantum.* Princeton University Press, Princeton 1999

Erster Exkurs:

Das Motto findet sich in Heisenbergs Autobiographie *Der Teil und das Ganze,* zuerst erschienen im Piper Verlag, München 1969

2. Kapitel:

Das Motto findet sich in: *Ordnung der Wirklichkeit,* Band CI der Gesammelten Werke; das Zitat steht auf S. 303.

Richard Rhodes, *The Making of the Atomic Bomb.* Simon and Schuster, New York 1986

Paul L. Rose, *Heisenberg and the Nazi Atomic Bomb Project – A Study in German Culture.* University of California Press, Berkeley 1998

Thomas Powers, *Heisenbergs Krieg.* Hoffmann und Campe, Hamburg 1993

Dieter Hoffmann (Hg.), *Operation Epsilon: Die Farm-Hall-Protokolle oder die Angst der Alliierten vor der deutschen Atombombe*. Berlin 1993

Zweiter Exkurs:

Das Motto findet sich in: Ernst Peter Fischer, *An den Grenzen des Denkens*. Herder Verlag, Freiburg 2000, S. 137

3. Kapitel:

Das Motto findet sich in: Werner Heisenberg, *Deutsche und Jüdische Physik,* hg. von Helmut Rechenberg. Piper Verlag, München 1992, S. 120

Die *Allgemeinverständlichen Schriften* von Werner Heisenberg liegen im Rahmen seiner *Gesammelten Werke* als Abteilung C vor, erschienen ab 1984 im Piper Verlag, München. Die hier erwähnten Vorträge und Aufsätze finden sich in den Bänden CI bis CIII, die alle unter dem *Titel Physik und Erkenntnis* erschienen sind und die Jahre 1927–1955 (CI), 1956–1968 (CII) und 1969–1976 (CIII) umfassen.

Mehr zu den Ansichten von Pauli in: Ernst Peter Fischer, *An den Grenzen des Denkens*. Herder Verlag, Freiburg 2000

Erich Heller, *Reise in das Innere der Kunst*. Suhrkamp Verlag, Frankfurt a.M. 1973

Coda:

Das Motto findet sich in: John Searle, *Die Konstruktion der sozialen Wirklichkeit.* Fischer Verlag, Frankfurt a.M. 1998, S. 16

Über Paulis Ansätze und den Heisenberg-Schnitt kann man sich informieren in: Harald Atmanspacher u.a. (Hg.), *Der Pauli-Jung-Dialog und seine Bedeutung für die moderne Wissenschaft.* Springer Verlag, Heidelberg 1995; der Beitrag von Hans Primas *Über dunkle Aspekte der Naturwissenschaft* findet sich auf den Seiten 205–238; das Zitat steht auf S. 216.

Über die Ansichten von Habermas und Koeppen findet man mehr bei Elisabeth Emter, *Literatur und Quantentheorie.* Walter de Gruyter Verlag, Berlin 1995

Die Debatte über die zwei Kulturen nimmt Bezug auf das Buch von Helmut Bachmaier und Ernst Peter Fischer (Hg.), *Der Streit der Fakultäten.* Konstanzer Universitätsverlag, Konstanz 1994

Friedrich W. Schmahl und Carl Friedrich von Weizsäcker, *Moderne Physik und Grundfragen der Medizin.* Deutsches Ärzteblatt 97, Heft 4, 28. Januar 2000, S. C-132 – C-135

Weitere Literaturhinweise

Jeremy Bernstein (Hg.), *Hitler's Uranium Club.* Copernicus Books, Springer Verlag, New York 2001 (2. Aufl.)

Gerd W. Buschhorn und Helmut Rechenberg, *Werner Heisenberg auf Helgoland.* Max-Planck-Institut für Physik, München 2000

Ernst Peter Fischer, *Leonardo, Heisenberg & Co.* Piper Verlag, München 2000

Samuel A. Goudsmit, *Alsos.* Henry Schuman, New York 1947

Max Planck, *Vorträge und Erinnerungen.* Wissenschaftliche Buchgesellschaft, Darmstadt 1968

Carl Friedrich von Weizsäcker, *Wahrnehmung der Neuzeit.* Hanser Verlag, München 1985

Carl Friedrich von Weizsäcker, *Zeit und Wissen.* Hanser Verlag, München 1992

Ernst Zimmer, *Umsturz im Weltbild der Physik.* dtv München, 1964

Kurzbiographien der genannten Wissenschaftler

Aristoteles (384–322 v. Chr.),
griechischer Philosoph und Naturforscher, der seine Prinzipien dem unmittelbaren Erfahrungsbereich entnimmt und eine Bewegung nach ihrem Ziel beurteilt. Verfasser einer berühmten Schrift, die über die Physik hinausging (*Metaphysik*).

Erich Bagge (1912–1996),
Mitarbeiter von Heisenberg im »Uranverein«, später Professor für Theoretische Physik an der Universität Kiel; Autor des Buches (gemeinsam mit Kurt Diebner und Kenneth Jay) *Von der Uranspaltung bis Calder Hall*. Rowohlt Verlag, Reinbek 1957.

Felix Bloch (1905–1983),
Schweizer Physiker, der vor allem zu grundlegenden Fragen der Festkörperphysik beigetragen hat (Verhalten von Elektronen in Kristallgittern). Bis 1933 Assistent von Heisenberg in Leipzig; später Mitarbeit am Manhattan-Projekt in den USA.

Niels Bohr (1885–1962),
dänischer Physiker, berühmt für sein Atommodell (1912), die Erklärung des Periodensystems der Elemente. Nobelpreis für Physik 1922. Geistiges und moralisches Zentrum der entstehenden Quantenmechanik; mit Heisenberg zusammen Begründer der »Kopenhagener Deutung der Quantentheorie«.

Max Born (1882–1970),
deutscher Physiker, der ein riesiges Werk hinterlassen hat (über 20 wissenschaftliche Bücher) und für seine Wahrscheinlichkeitsdeutung der Wellenfunktion mit dem Nobelpreis für Physik ausgezeichnet worden ist (1954).

Louis de Broglie (1892–1987),
französischer Physiker, 1929 Nobelpreis für Physik für seinen Mut, neben dem Licht auch der Materie eine Doppelnatur zuzuerkennen (Dualismus von Welle und Teilchen).

Hendrick Casimir (1909–2000),
holländischer Physiker, der viel mit Bohr zusammengearbeitet und als Professor in Leiden zur Deutung der Supraleitung und der Superfluidität beigetragen hat; später arbeitete er in den Forschungslaboratorien von Philips.

James Chadwick (1891–1974),
britischer Physiker, der 1930 eine eigentümliche Strahlung beobachtete, die beim Beschuß von Beryllium durch Alpha-Strahlen auftrat. 1932 konnte er nachweisen, daß sie aus Neutronen bestand. Nobelpreis für Physik 1935.

Max Delbrück (1906–1981),
aus Berlin stammender Physiker, der später die amerikanische Staatsbürgerschaft annahm. In den dreißiger Jahren wechselte er zur Biologie. Nobelpreis für Medizin 1969 für Experimente, die den Weg zur Molekularbiologie bereiteten.

René Descartes (1569–1650),
französischer Philosoph und Naturforscher, der den Satz »Ich denke, also bin ich« prägte und den Schnitt in eine *res cogitans* (Geist) und eine *res extensa* (Materie) durchführte, welcher erst durch die Quantentheorie gekittet wurde. Der Kartesische (Cartesianische) Schnitt ist überholt und durch den Heisenberg-Schnitt zu ersetzen.

Kurt Diebner (1905–1964),
deutscher Kernphysiker und Sprengstoffachmann, Mitarbeiter von Heisenberg im »Uranverein«; Autor des Buches (gemein-

sam mit Erich Bagge und Kenneth Jay) *Von der Uranspaltung bis Calder Hall.* Rowohlt Verlag, Reinbek 1957.

Paul Dirac (1902–1984),
britischer Physiker, der unabhängig von Heisenberg eine systematische Quantentheorie entwickelte und später in der Lage war, sie relativistisch zu erweitern. Dafür erhielt er 1933 den Nobelpreis für Physik.

Robert Döpel (1895–1982),
Professor für Strahlenphysik in Leipzig von 1938–1945, später Professor für Experimentelle Physik an der TH Ilmenau; Mitarbeiter von Heisenberg im »Uranverein«.

Albert Einstein (1879–1955),
weltberühmter Physiker, »Mann des 20. Jahrhunderts«, Vater der Relativitätstheorie, Mitbegründer der Quantentheorie, Pazifist; prägte so eingängige Formulierungen wie »Gott würfelt nicht«, »Naturgesetze sind freie Erfindungen des menschlichen Geistes«. Nobelpreis 1921.

Enrico Fermi (1901–1954),
italienischer Physiker, der als Theoretiker wie auch als Experimentator wesentliche Beiträge zur Forschung geleistet hat. Nobelpreis für Physik 1938. Emigration in die USA, wo er den ersten funktionierenden Kernreaktor baute.

Richard Feynman (1918–1981),
amerikanischer Physiker, der als Verfasser der *Feynman Lectures of Physics* (1963) und durch seine »Feynman-Diagramme« berühmt wurde, mit deren Hilfe die Quantenelektrodynamik zur genauesten Theorie der Physik geworden ist. Nobelpreis 1965.

Otto Robert Frisch (1904–1979),
deutscher Physiker, Neffe von Lise Meitner, der bis 1939 bei Bohr gearbeitet und mit seiner Tante die Physik der Kernspaltung erklärt hat; Mitarbeiter in Los Alamos; Verfasser einer Autobiographie *Woran ich mich erinnere* (1981).

Samuel Goudsmit (1902–1978),
amerikanischer Physiker, der zusammen mit George Uhlenbeck den Spin des Elektrons entdeckte (ohne dafür den Nobelpreis zu bekommen). Professor für Physik in Michigan und am MIT. Nach dem Krieg Leiter der Alsos-Mission, die nach deutschen Atomwaffen suchte (*Alsos,* 1947).

Otto Hahn (1879–1968),
deutscher Chemiker, der sich früh der Radiochemie zuwandte und im Dezember 1938 entdeckte, daß Uran gespalten werden kann. Nach dem Krieg langjähriger Präsident der Max-Planck-Gesellschaft. Nobelpreis für Chemie 1944.

Walter Heitler (1904–1981),
Schweizer Physiker, der zusammen mit Fritz London eine Methode zur Berechnung der chemischen Bindung in einem Wasserstoffmolekül entwickelte und so die Brauchbarkeit der Quantenmechanik unter Beweis stellte.

Friedrich Hund (1896–1997),
deutscher Physiker, der lange Jahre als Assistent von Heisenberg in Göttingen gearbeitet hat und später dort den Lehrstuhl für Theoretische Physik übernahm. Wichtiger Lehrer der heutigen Generation von Physikern. Bücher über die *Geschichte der Quantentheorie* und *Einheit der Physik.*

Pascual Jordan (1902–1980),
deutscher Physiker, der mit Heisenberg und Born mit zu der berühmten Dreimännerarbeit von 1925 beigetragen hat. Im Krieg Tätigkeit für die Kriegsmarine. Nach 1945 Bundestagsabgeordneter (CDU).

Tsung Dao Lee (*1926),
chinesischer Physiker, der 1957 mit dem Nobelpreis für Physik ausgezeichnet wurde (gemeinsam mit C.N. Yang). Entdeckung der Nichteinhaltung von Symmetriegesetzen bei schwachen Wechselwirkungen.

Philipp Lenard (1862–1947),
deutscher Physiker, der zu den bedeutendsten Experimentatoren am Beginn des 20. Jahrhunderts gehörte. Nobelpreis für Physik 1905. Später antisemitische Wende, bekämpfte die »jüdische Physik« und propagierte eine »Deutsche Physik«.

Fritz London (1900–1954),
deutscher Physiker, der zusammen mit Walter Heitler eine Methode zur Berechnung der chemischen Bindung in einem Wasserstoffmolekül entwickelte und so die Brauchbarkeit der Quantenmechanik unter Beweis stellte.

Lise Meitner (1878–1968),
österreichisch-schwedische Physikerin, die in Berlin mit radioaktiven Atomen experimentierte, bis sie 1938 nach Schweden emigrieren mußte. Im Winter 1938/39 lieferte sie gemeinsam mit O.R. Frisch die erste Erklärung für die Kernspaltung.

J. Robert Oppenheimer (1904–1967),
amerikanischer Physiker, der in Göttingen studiert hat. »Vater der Atombombe«, später Leiter des Institute for Advanced

Study in Princeton. Heinar Kipphardts Drama *In der Sache J. Robert Oppenheimer* handelt von ihm.

Wolfgang Pauli (1900–1958),
österreichischer Physiker, der neben seinen kreativen Beiträgen (Ausschließungsprinzip; Nobelpreis für Physik 1945) vor allem als Kritiker seiner Kollegen aufgetreten ist (die »Geißel Gottes«) und eine intensive Nachtseite voller spannender Träume hatte.

Rudolf Peierls (1907–1995),
deutscher Physiker aus Berlin, der lange bei Bohr und Heisenberg war; gilt als Begründer der »Quantentheorie der Festkörper«. Führende Rolle bei der Entwicklung der Atombombe in Los Alamos; später Professor in England.

Max Planck (1858–1947),
deutscher Physiker, der die Farben eines erhitzten (schwarzen) Körpers dadurch erklären konnte, daß er eine Unstetigkeit in die Natur einführte – das Quantum der Wirkung. Nobelpreis für Physik 1918; verfaßte viele philosophische Schriften; wichtige politische Aktivitäten.

Ernest Rutherford (1871–1937),
neuseeländischer Physiker, der die unterschiedlichen Strahlungen, die radioaktive Atome aussenden, vermessen und genutzt hat; entdeckte den Atomkern und war ein bedeutender Lehrer; Nobelpreis für Chemie 1908.

Paul Scherrer (1890–1969),
Schweizer Physiker, der gemeinsam mit Peter Debye eine Methode entwickelte, Kristalle mit Röntgenstrahlen zu analysieren (Debye-Scherrer-Methode). Professor an der Univer-

sität Zürich und Vorsitzender der Schweizerischen Atomenergiekommission.

Erwin Schrödinger (1887–1961),
österreichischer Physiker, der 1926 nach Heisenberg mit der Wellenmechanik die zweite Form der Quantenmechanik formulierte; dabei ist die Schrödinger-Gleichung entstanden, die wohl am meisten benutzt wird in der täglichen Physik. Nobelpreis für Physik 1933.

Arnold Sommerfeld (1868–1951),
deutscher Physiker, der mit Bohr zusammen die alte Quantentheorie vorangebracht hat; vor allem groß als Lehrer (von Heisenberg und Pauli) und als Verfasser grundlegender Lehrbücher der theoretischen Physik.

Johannes Stark (1874–1957),
deutscher Physiker, hat die Aufspaltung von Spektrallinien im elektrischen Feld entdeckt; 1933–39 Leiter der Physikalisch-Technischen Reichsanstalt in Braunschweig; Antisemit, Verfasser von *Adolf Hitler und die deutsche Forschung* (1935).

Fritz Straßmann (1902–1980),
deutscher Chemiker, der seit 1935 bei Hahn und Meitner arbeitete und die Spaltung des Urankerns mitentdeckt hat; seit 1946 in Mainz, zuletzt Ordinarius und Direktor des Instituts für Anorganische Chemie.

Edward Teller (*1908),
ungarischer Physiker, Schüler von Heisenberg, nach 1933 Emigration in die USA; Experte auf dem Gebiet der thermonuklearen Physik und frühe Mitarbeit am Manhattan-Projekt, »Vater der Wasserstoffbombe«.

George Uhlenbeck (1900–1988),
holländisch-amerikanischer Physiker, der zusammen mit Samuel Goudsmit den Spin des Elektrons entdeckte (ohne dafür den Nobelpreis zu bekommen). Professor für Physik in Michigan und New York. Fachmann für Atomstruktur und Kernphysik.

Victor Weisskopf (*1908),
österreichischer Physiker, der mit Heisenberg, Bohr, Pauli und Oppenheimer gearbeitet hat. Später viele Jahre in den USA, dann umfassende Tätigkeit als Direktor des CERN. Autobiographie *The Joy of Insight (Mein Leben).*

Carl Friedrich von Weizsäcker (*1912),
deutscher Physiker und Philosoph. Schüler und Freund von Heisenberg. Direktor des Max-Planck-Instituts zur Erforschung der Lebensbedingungen der wissenschaftlich-technischen Welt. Unter anderem Autor von *Aufbau der Physik, Zeit und Wissen.*

Chien-Shing Wu (1912–1997),
chinesisch-amerikanische Physikerin, die experimentell die Nichteinhaltung von Symmetriegesetzen bei schwachen Wechselwirkungen zeigte. Im Krieg Mitarbeiterin am Manhattan-Projekt. Professorin in Princeton und in Los Angeles (UCLA).

Chen Ning Yang (*1922),
amerikanischer Physiker chinesischer Herkunft, der 1957 mit dem Nobelpreis für Physik ausgezeichnet wurde (gemeinsam mit T. D. Lee). Entdeckung der Nichteinhaltung von Symmetriegesetzen bei schwachen Wechselwirkungen.

Pieter Zeeman (1865–1943),
holländischer Physiker, ausgezeichneter Experimentator, entdeckte die (nach ihm benannte) Aufspaltung von Spektrallinien einer Lichtquelle unter dem Einfluß eines Magnetfeldes. Nobelpreis für Physik 1902.

Glossar

Alpha-Teilchen: Helium-Kerne, die beim radioaktiven Zerfall entstehen.

Beta-Teilchen bzw. **Beta-Strahlen**: die beim radioaktiven Zerfall von Atomen entstehenden Elektronen.

Hilbert-Raum: der mathematisch definierte Raum, in dem die Funktionen der Quantengleichungen definiert und berechnet werden. Das Geschehen im Hilbert-Raum läuft determiniert ab; das Geschehen im Raum unserer Anschauung kann durch ableitbare Wahrscheinlichkeiten bestimmt werden.

Imaginäre Zahlen: So wie reale (reelle) Zahlen als ein Vielfaches von 1 dargestellt werden können, lassen sich imaginäre Zahlen als ein Vielfaches von $i = \sqrt{(-1)}$ darstellen. Das i ist die Lösung der Gleichung $x^2+1=0$. Imaginäre Zahlen wurden lange Zeit als Monster zwischen Sein und Nichtsein angesehen.

Isospin: eine raffinierte Quantenzahl zur Charakterisierung von elementaren Teilchen.

Isotop: Atom oder Atomkern, der sich von einem anderen desselben chemischen Elements in seiner Massenzahl unterscheidet.

Komplementarität: die Zusammengehörigkeit von gleichberechtigten Beschreibungen der Natur, die sich oberflächlich widersprechen.

Komplexe Zahlen: Zahlen, die aus einem Realteil und einem Imaginärteil bestehen; reale Zahlen sind aus dem Alltag bekannt; imaginäre Zahlen mußten erst mühsam in der Renaissance akzeptiert werden.

Quantenmechanik: zuerst von Heisenberg und Schrödinger formulierte Bewegungsgesetze für den atomaren Bereich, die wesentlich imaginäre Elemente mit einschließen.

Quantentheorie: frühe Version einer Theorie der Atome, die eine Mischung aus klassischen Annahmen und Quantenbedingungen darstellt.

Quantenzahl: Wenn sich Systeme nur sprunghaft ändern können, wird es möglich, sie durch Angabe von Zahlen zu charakterisieren; die Zahlen stellen physikalische Eigenschaften (Energie, Impuls) als Vielfaches von Grundeinheiten dar, die selbst durch das Quantum bestimmt werden.

Quantenzustand: Zustand eines elementaren Systems (z. B. eines Atoms), der sich nicht kontinuierlich ändern kann; ein Quantenzustand kann durch Quantenzahlen charakterisiert werden.

Quantum: eine nicht weiter teilbare (und nicht begründbare) Größe der Natur, die als Wirkung (Energie mal Zeit) angegeben wird; praktisch durch Quantensprünge (unstetige Änderungen der Energie) nachweisbar.

Spektrallinie: Das Licht, das Atome nach Anregung aussenden, läßt sich durch feste Wellenlängen charakterisieren; man sieht kein breites Spektrum, sondern einzelne Spektrallinien.

Spin: eine klassisch nicht beschreibbare Zweideutigkeit von elementaren Systemen, die oft durch einen Eigendrehimpuls veranschaulicht wird, dem zwei Richtungen (links oder rechts) zur Verfügung stehen.

Unbestimmtheit: Unbeobachtete Atome oder Elektronen befinden sich in keinem bestimmten Zustand, sondern verfügen noch über alle ihre Möglichkeiten; sie nehmen einen bestimmten Zustand durch einen experimentellen Eingriff an.

Wirkung: Produkt aus Energie und Zeit; die Größe der Natur, die quantifiziert ist.

Zeeman-Effekt: Aufspalten von Spektrallinien unter dem Einfluß eines Magnetfeldes; beim normalen Zeeman-Effekt werden aus einzelnen doppelte Linien, beim anormalen Zeeman-Effekt treten noch mehr Linien auf.

Personenregister

Bildnachweis

(Autor und Verlag haben sich bemüht, die Inhaber der Bildrechte zu ermitteln. Wir bitten gegebenenfalls um zusätzliche Hinweise an den Verlag.)

Familienarchiv Heisenberg: S. 44, 68 (Foto von Friedrich Hund), 139, 185, 238 (Foto: CERN), 261 (Foto: Margret Reiter, München)

S. Harris (aus »All Ends Up – Cartoons by S. Harris«, William Kaufmann, Inc., Los Altos, CA, 1980, ursprünglich erschienen in »American Scientist«): S. 29

Max-Planck-Institut für Physik (Werner-Heisenberg-Institut), München: S. 69, 98

Methuen Drama, London (Umschlagentwurf von Michael Mayhew): S. 24

»New Scientist«, 27. Mai 1989: S. 80

Niels-Bohr-Archiv, Kopenhagen: S. 106, 107, 111, 181, 206, 233

nld-Foto: S. 196

PIPER

Bart Kosko

Die Zukunft ist fuzzy

Unscharfe Logik verändert die Welt. Aus dem Amerikanischen von Thorsten Schmidt. 444 Seiten. Mit 6 Abbildungen. Geb.

»Soweit sich die Gesetze der Mathematik auf die Wirklichkeit beziehen, sind sie nicht gewiß. Und soweit sie gewiß sind, beziehen sie sich nicht auf die Wirklichkeit.« In dieser Aussage, die von Albert Einstein stammt, steckt der Kern des fuzzy-logischen Weltbilds. Danach lassen sich Schwarz und Weiß oder Richtig und Falsch nur selten klar voneinander unterscheiden Die zweiwertige Logik des Aristoteles hat mit der Wirklichkeit eben doch wenig zu tun, denn in dieser Wirklichkeit gibt es unzählige Graustufen, und die Logik ihrer Beschreibung muß unscharf sein. Bart Kosko ist der Wegbereiter der revolutionären Theorie der Fuzzy-Logik, die inzwischen längst Einzug in die neueste Technik gefunden hat. So werden etwa Internet-Spam-Filter oder der VW Beetle von fuzzy-logischen Systemen gesteuert. In diesem Buch zeigt Kosko, wie fuzziges Denken alle Bereiche unseres Lebens im digitalen Zeitalter – von Politik und Genetik über Technik und Kunst – durchdringen wird. Dies erklärt er an einer Fülle von Beispielen.

Ernst Peter Fischer
Aristoteles, Einstein & Co.

Eine kleine Geschichte der Wissenschaft in Porträts.
447 Seiten. Serie Piper

In seinem spannenden, leicht und vergnüglich zu lesenden Buch stellt Fischer die Großen der Wissenschaft von der Antike über Arabien, das mittelalterliche und moderne Europa bis ins Amerika unseres Jahrhunderts vor – ihr Leben, ihr Werk, ihre privaten Vorlieben und Vorzüge. Er erzählt von Bacon, Galilei, Kepler und Descartes, den vier Wissenschaftlern, die vor 400 Jahren die Wende zur Moderne möglich machten und damit alles, was wir heute denken und tun, beeinflußten. Oder von Newton, den die Alchemie umtrieb und der doch zum Wegbereiter der modernen Physik wurde. Oder von Marie Curie, die in einer von Männern beherrschten Wissenschaft unendlich viel geleistet hat und dafür gleich zweimal den Nobelpreis erhielt. Ob Albertus Magnus, Faraday, Einstein, Pauling oder Feynman – dieses Buch macht neugierig auf Wissenschaft, zeigt, wie spannend und intellektuell faszinierend die Geschichte der Wissenschaft und ihrer Hauptpersonen ist.